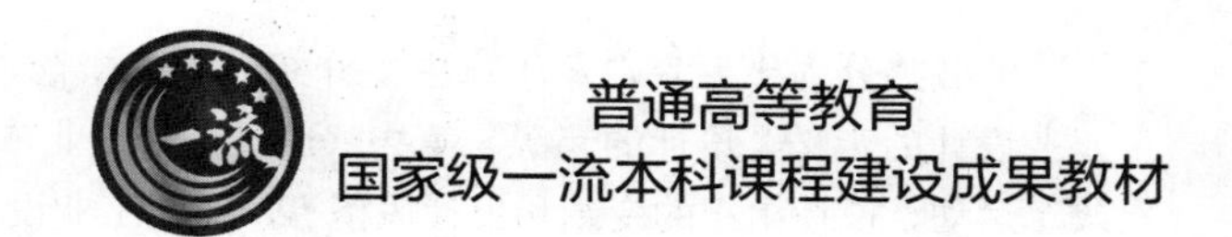

工业设计概论

刘立妍
主　编

余露露
李　辉
副主编

General Introduction of Industrial Design

化学工业出版社
·北京·

内容简介

本书共分为十五章，第 1 章主要介绍设计的概念、设计的领域、工业设计的定义、设计的起源；第 2 章通过介绍工业革命以来的设计改革运动、设计组织的变革和设计风格等，厘清工业设计发展的脉络；第 3 章列举了工业设计方面一些具有代表性的国家和地区，深入探讨了不同文化背景下的工业设计差异，为读者展现了设计的多样性和包容性；第 4 章至第 7 章依次介绍工业设计与市场、材料、技术、文化、环境等相关领域的联系；第 8 章至第 11 章进一步深入探讨了工业设计与符号学、形态学、美学、心理学等相关学科的交叉融合；第 12 章以前瞻性的视角概括了未来工业设计的发展趋势；第 13 章则详细介绍了工业设计的相关方法，为读者提供了实用的设计工具和技巧；第 14 章强调了工业设计师的社会责任；第 15 章展示了国内外的著名设计竞赛大奖及获奖作品、工业设计大师及其作品和设计驱动型品牌（BDD）及其优秀作品案例，以进一步激发读者对优秀设计的思考和追求。

本书内容翔实、深入浅出，可作为本科设计专业的教材，也可供广大设计爱好者作为拓宽视野、提升设计素养的读物使用。

图书在版编目（CIP）数据

工业设计概论 / 刘立妍主编 ; 余露露 , 李辉副主编. -- 北京 : 化学工业出版社 , 2024. 8
ISBN 978-7-122-45756-1

Ⅰ. ①工… Ⅱ. ①刘…②余…③李… Ⅲ. ①工业设计-高等学校-教材 Ⅳ. ① TB47

中国国家版本馆 CIP 数据核字（2024）第 107576 号

责任编辑：丁文璇　　文字编辑：孙月蓉
责任校对：宋　玮　　装帧设计：张　辉

出版发行：化学工业出版社
（北京市东城区青年湖南街 13 号　邮政编码 100011）
印　　刷：北京云浩印刷有限责任公司
装　　订：三河市振勇印装有限公司
787mm × 1092mm　1/16　印张 $13^1/_2$　字数 361 千字
2024 年 9 月北京第 1 版第 1 次印刷

购书咨询：010-64518888　　售后服务：010-64518899
网　　址：http://www.cip.com.cn
凡购买本书，如有缺损质量问题，本社销售中心负责调换。

定　　价：49.00 元　

前言

在当前的“工业 4.0”和“中国制造 2025”背景下，工业设计作为提升产品质量和增强企业市场竞争力的核心手段，得到了广泛认同。近年来，工业和信息化部积极行动，认定了四批国家级工业设计中心，这些中心覆盖装备制造、电子信息、消费品等多个行业，并遍布全国 31 个省（自治区、直辖市）。这一举措有效推动了工业设计与制造业各领域深度融合，为实体经济注入了新的活力。工业设计在满足人类对美好生活的向往方面发挥着不可替代的作用。随着第三产业的高度发展，工业设计的内涵已经从单纯的有形产品扩展到了无形的服务与体验。工业设计的创新能够为服务业带来显著提升，更好地满足人们日益增长的对高品质服务和体验的需求，为创造一个更加美好的世界提供了强有力的支持。工业设计的重要性不言而喻，对于促进国家经济增长和提高人民生活质量具有深远的影响。

“工业设计概论”是普通高等学校工业设计专业的专业基础课，在课程体系中具有重要的作用，学生通过学习这门课可以全面地了解工业设计学科的知识结构体系，为后期的课程奠定坚实的认识基础。本书是国家级一流本科课程“工业设计面面观”的配套教材，“工业设计面面观”课程目前在中国大学 MOOC 平台运行，面向高校及社会学员已免费开放 13 个学期，累计选课人数超 2 万人。

本书为国家级一流本科课程建设成果，与线上一流课程的大纲结构相同，以更全面的视角帮助读者了解工业设计这门既古老又年轻的学科。本书中有大量优秀设计实例，通俗易懂，可读性较强，能够体现“工业设计面面观”通识课的特点，读者可配合书中的二维码阅读，相信会带来不一样的体验。当然，本书也可作为工业设计专业课教师开展混合式教学的配套资源，为教师减轻教学负担。

本书由刘立妍担任主编，余露露、李辉担任副主编，王一工、王双华参编，全书由刘立妍统稿。

由于编者水平有限，书中难免有不足之处，望读者批评指正。

编　者

2023 年 10 月于郑州大学

目录

第1章

设计与工业设计

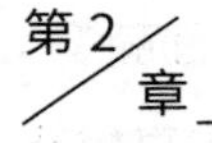

第2章

工业设计简史

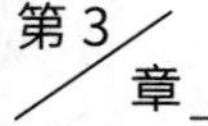
第3章

世界工业设计发展

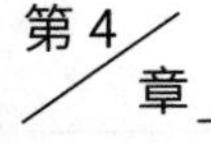
第4章

工业设计与市场

第5章

工业设计与材料、技术

第6章

工业设计与文化

第7章

工业设计与环境

第8章

设计与符号学

第9章

设计与形态学

第10章

工业设计与美学

第11章

设计与心理学

第12章

工业设计发展趋势

第13章

工业设计方法论

第14章

工业设计师的社会责任

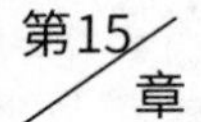

第15章

优秀工业设计作品及案例

参考文献

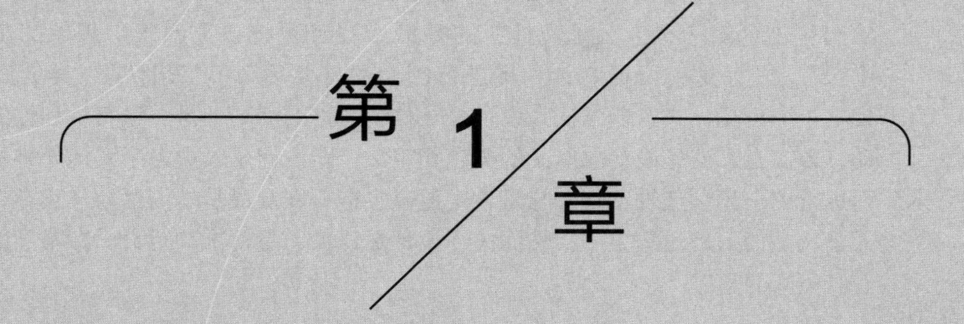

设计与工业设计

1.1 什么是设计

1.1.1 设计的概念

人们在日常的工作和生活中总会提到“设计”一词，如建筑设计、机械设计、服装设计、包装设计、广告设计、产品设计、交互设计、动漫设计等，似乎大家对设计的含义非常了解。

图 1-1 为在线课程中发起的“谈一谈你对设计的认识”的主题帖，学员们给出了他们对于“什么是设计”的答案：“设计是把自己脑子中想象的东西表现出来”“设计是有目标有计划地进行创作的首要环节”“设计是人类创造力的体现”……可见，大家普遍认为设计是一种创造性的活动，是一项有计划性的脑力劳动。事实上，这是设计的广义的概念和定义，即设计是人类为了实现某种特定目的而进行的一项创造性活动，它是人类得以生存和发展最基本的活动，它存在于一切人造物品的形成过程之中。然而关于设计更详细、更精准的定义，在不同的文献中有着不同的阐述。

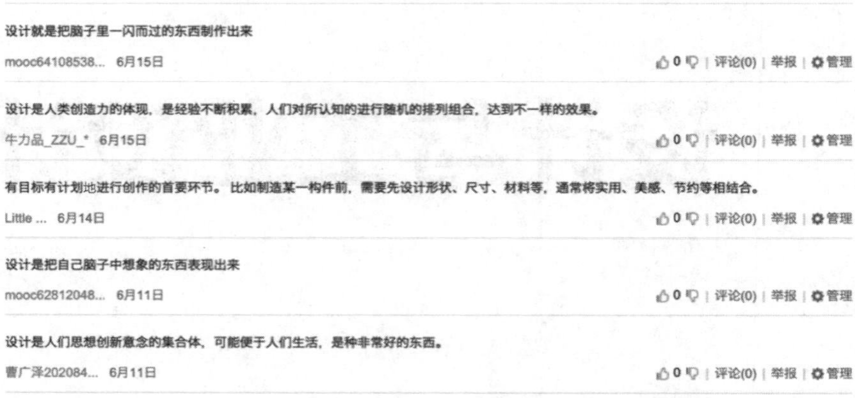

图 1-1 中国大学 MOOC 网站截图

例如，1768 年初版《不列颠百科全书》（*Encyclopedia Britannica*）中对“design”（设计）的解释是：指艺术作品的色彩、结构、轮廓、线条、形状，在动态和审美方面的协调。英国《韦伯斯特大词典》（*The Merriam-Webster Dictionary*）对“design”给出的解释如下：① 在头脑中想象和计划；② 谋划；③ 创造独特的功能；④ 为达到预期目标而计划；⑤ 用商标、符号等表示；⑥ 对物体和景物的描绘、素描；⑦ 想象及构建零件的形状和配置等含义。1974 年《不列颠百科全书》（第 15 版）中对“design”又有了更明确的解释：进行某种创造时的计划、方案的展开过程，即头脑中的构想。《牛津英语大词典》（*Oxford English Dictionary*）中对“design”的解释为：① 意味着指示；② 建立计划，进行构想、规划；③ 指画草图、制作效果图等。日本的《广辞苑》辞典中，对汉字“设计”的解释为：在进行某项制造工程时，根据其目的，制订出有关费用、占地面积、材料，以及构造等方面的计划，并用图纸或其他方式明确表示出来。我国的《现代汉语词典》（第 7 版）对“设计”的解释包括：在正式做某项工作之前，根据一定的目的要求，预先制定方法、图样等。

从上述各国的词典对设计的定义可以看出，在数百年中，“设计”一词的词义内涵和重点不断发生变化，突破了早期的美术或纯艺术的范畴。同时，从这些定义可以总结出设计的内涵包括以下三个阶段：第一阶段为计划、构思、设想等的形成；第二阶段为将计划、构思、设想等利用视觉传达的方式表现出来，如图纸、制作效果图、模型等；第三阶段为将设计的方案实施完成。

不同的专家、学者和设计师对于设计也给出了不同的解释，德国包豪斯设计学院（Bauhaus）创始人、第一任校长瓦尔特·格罗皮乌斯（Walter Gropius）对设计有如下描述："一般来说，设计这个词包括了我们周围的所有物品，或者说包含了人的双手创造出来的所有物品的整个轨迹。"格罗皮乌斯的这个定义可以被称为广义的定义，它几乎涵盖了人类有史以来的一切文明创造活动以及其中所蕴含的构思和创造性行为过程。柳冠中教授在《工业设计学概论》一书中指出：设计应该被认为是一种方法论，应提高到"一切人为事物"的角度来认识。李砚祖教授提出：设计是人类改变原有事物，使其变化、增益、更新、发展的创造性活动，设计是构想和解决问题的过程，它涉及人类一切有目的的价值创造活动。尹定邦教授认为：设计其实就是人类把自己的意志加在自然界之上，用以创造人类文明的一种广泛的活动，设计是一种文明。美国设计师查尔斯·伊姆斯（Charles Eames）提出：所谓设计，就是为了完成一个特定目标而对各种元素进行合理安排的统筹规划。美国设计师、教育家维克多·丁帕帕奈克（Victor Papanek）于 1971 年出版的《为真实的世界设计》一书中提到：设计是一种系统的解决方案，它最重要的问题是维护一种秩序，通过这种秩序来进行有目的有意义的创作活动。德国设计师、教育家拉兹洛·莫霍利·纳吉（László Moholy Nagy）认为：设计是一种综合性地运用社会学、人类学、经济学、艺术学各方面的知识来进行创作的一种活动。

综上所述，不同的人在不同历史时期、以不同的角度对设计的看法不同，但对设计有一个基本的共识，即设计是与人类文明和社会发展紧密相关的创造性活动。

1.1.2 设计的特征

设计是人类为了实现某种特定的目的而进行的一项创造性活动，它是人类得以生存和发展的基本的活动之一，它包含于一切人造物品的形成过程之中。设计应具备以下四个最基本的特征。

（1）目的性

人类的任何设计活动都具有明确的目的性，也就是说在活动开始前，在头脑中就已经有了构想和规划，正如成语"胸有成竹"所表达的一样。如今的现代社会，设计的手段、技术、方法达到了前所未有的发达程度，然而，在任何一项设计活动开始前，设计师仍然需要在头脑中事先规划和构思并确定设计的方向和目的。

（2）创造性

设计是人类得以生存和发展的基本的活动之一，它几乎涵盖在人类有史以来的一切造物活动中。创造性是设计最本质的特征，没有了创造性，设计就像无源之水，所以设计必须具有独创性和新颖性，打破思维惯性，提出新方案，不断迭代更新。

（3）可行性

设计不只是在头脑中的设想和规划，还需要将这些设想和规划形成方案实施完成，在完成设计方案的过程中，设计受到人力、物力、财力、时间、空间、信息、物质条件等因素的制约，设计师在综合考虑、协调各个因素之后，综合评价设计方案的可行性。没有条件制约、天马行空、不具备实施可行性的设计方案是不存在的，也是没有意义的。

（4）系统性

设计是"为了完成一个特定目标而对各种元素进行合理安排的统筹规划"，所以需要设计师具有系统性的观念和思维，能够系统地思考和协调各个元素之间的关系，使制约设计目标达成的各个元素之间达到一种平衡，最终得到最优化的系统解决方案。

1.1.3 与设计相关的其他概念

"设计是人类未来不被毁灭的第三种智慧"，这是清华大学柳冠中教授提出的观点。他认为科学是第一种智慧，艺术是第二种智慧，设计是第三种智慧。事实上，设计与科学、设计与艺术之间都有着密不可分的联系。

（1）设计与科学

首先，科学技术的发展促进设计的巨大变革。第一，科学技术的进步催生了全新的设计领域。例如，工业 2.0 时代电的发明和电力的广泛运用，促进了电话、风扇、收音机等具有划时代意义的电器产品的诞生；工业 3.0 时代信息技术的发展，促进了手机、个人电脑的横空出世；工业 4.0 时代，物联网、云计算、人工智能等技术催生了智能可穿戴、智能家居等全新的智能产品设计领域。第二，科学技术的发展革新了设计行业的分工。手工艺时代，设计和制造总是联系在一起的，工匠既是设计师又是制造者，有经验的工匠通过招收学徒的方式把制造工作分配给学徒，设计并未完全独立出来作为一种职业。工业革命后，随着蒸汽机技术的发明，机器生产代替了手工劳作，设计和制造开始实现分化，出现了行业分工。信息化时代，设计行业的分工随着科技的发展变得更加细致，如手机设计不仅包含工业设计（industrial design，ID），还包含用户体验（user experience，UX）设计、用户交互（user interaction，UI）设计以及相关的包装设计等。如今，人类迈入智能化时代，人工智能将会取代部分从事重复性的简易设计工作的人员，实现对设计行业内部的调整和重新分工。第三，科学技术的发展革新了设计的手段和方法。工业 3.0 时代，随着计算机技术的高速发展和普及，人类进入了一个信息爆炸的全新时代，社会、经济、文化等各个方面发生了前所未有的大变革。作为人类技术与文化融合结晶的工业设计产生了重大的革新，计算机的应用极大地改变了工业设计的技术手段和工业设计的程序与方法。

其次，设计为科学的发展和进步指明了方向。例如悉尼歌剧院，这座具有极高艺术价值的现代地标性建筑在建筑史上却是一座有争议的建筑，由于结构复杂，建设施工难度大，这座建筑工程造价超出预算 1400 倍，历时 14 年才最终落成。在施工的过程中，工程师们不断研究各种不同的方法，最终使用了折合式的混凝土结构墙以保证不破坏设计师最初的建筑外观设计，同时，利用电脑做结构分析。这是历史上第一次使用电脑进行结构计算的工程，为计算机辅助设计的发展指明了方向。

（2）设计与艺术

设计与艺术之间既有紧密的联系，又有着本质上的区别。

纵观人类设计发展的历史，从新石器时代原始人类加工和制造的石器工具可以看出，古代石器工具上出现的对称线条、几何构形等审美要素，是其功能性和美观性的有机融合。在工业革命前漫长的人类文明发展进程中，历代手工艺人创造出了种类繁多、技艺精湛的手工艺品，不只满足了当时经济、社会条件下人们的生产生活需要，也展现出了极高的审美价值，设计和艺术在造物活动中体现了高度的融合。所以说，设计和艺术有着密不可分的、天然的联系。

设计与艺术开始分化始于18世纪60年代的第一次工业革命，人类步入工业社会，社会生产力、生产方式发生了翻天覆地的变化，以标准化设计、大批量生产为前提的现代工业设计应运而生，原来的艺术形式和审美标准不能适应机器加工制造的产品，现代设计开始重新探讨形式与功能之间的关系。

如今，新兴的增材制造、柔性制造、智能制造等技术使得设计可以摆脱生产工艺等限制，打破了设计的标准化和市场化，通过大数据的精准匹配，让小众化的设计作品也能对接到目标用户，实现设计的定制化，任何人的审美感受和审美理想都可以得到满足，艺术与设计之间的界限也变得越来越模糊。

设计与艺术之间有着本质的区别，艺术区别于其他意识形态的根本特征在于它的审美价值，艺术家通过艺术作品传达自己的审美感受和情感，欣赏者通过艺术欣赏获得情感的满足和审美的需要，艺术家更多的是感性思维；而设计的本质是围绕目标的问题求解过程，需要设计师具有分析、比较、抽象与概括等理性思维，体现出更多的理性特征。除此之外，设计师不仅要以人为本，还要更多地关注社会经济的发展、环境的可持续发展、弱势群体的保护等社会问题，这也体现出设计的理性特征。

设计可以统筹协调科学、艺术之间的关系，使这种关系既能满足人类不断发展变化的物质需求，也能满足人类渴望的精神需求，从而促进人类社会向着美好、和谐、可持续的方向发展。

1.2 设计的领域

生活世界是由人、社会、自然共同组成的，以人（man）- 自然（nature）- 社会（society）构成的生活世界三要素为对象，可将设计分成三个领域，即视觉传达设计、产品设计和环境设计。人类要进行真善美的探索、追求和创造，就必然会面对人与自然、人与社会、人与自身之间的重要矛盾——克服这些矛盾只能靠设计。图1-2所示为设计的世界。

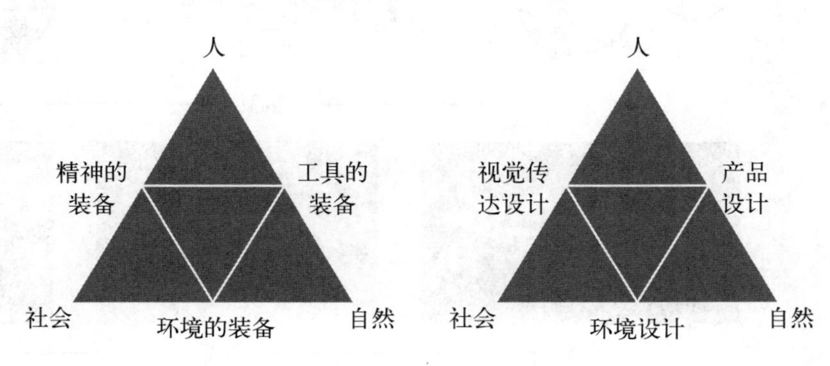

图1-2 设计的世界

1.2.1 视觉传达设计

视觉传达设计（visual communication design）是以印刷或计算机信息技术为基础，以视觉符号为媒介，传达具有形式美感的视觉信息，并能对受众产生一定影响的构思、行动过程。“视觉符号”和“传达”是视觉传达的两个基本概念。视觉符号是指人的视觉器官（眼睛）所看到的能表现事物一定性质的符号，如文字、图形、色彩、线条、肌理和空间等。传达是信息发送者利用视觉符号向受众传递信息的过程。

视觉传达设计的范围非常广泛，涵盖了许多领域。其中包括品牌设计、包装设计、广告设计、UI/UX 设计等。无论是数字媒体还是印刷品，视觉传达设计都扮演着至关重要的角色，它不仅仅是为了吸引目光，更是为了传达信息、引起共鸣、激发情感，并产生深远的影响。在视觉传达设计中，有时传达的是商业性信息，用于传达设计委托方的商业意图、产品信息等，如广告设计、包装设计、企业形象设计等；有时传达的是非商业性信息，用于传达社会公德、设计师的自我情感、非商业组织的理念及公共信息等，如公益海报设计、城市导向识别设计、政府活动宣传设计等。图 1-3 为杭州第 19 届亚运会体育图标，图标以亚运会会徽的扇形为底纹，体现出具有中国特色的设计风格。

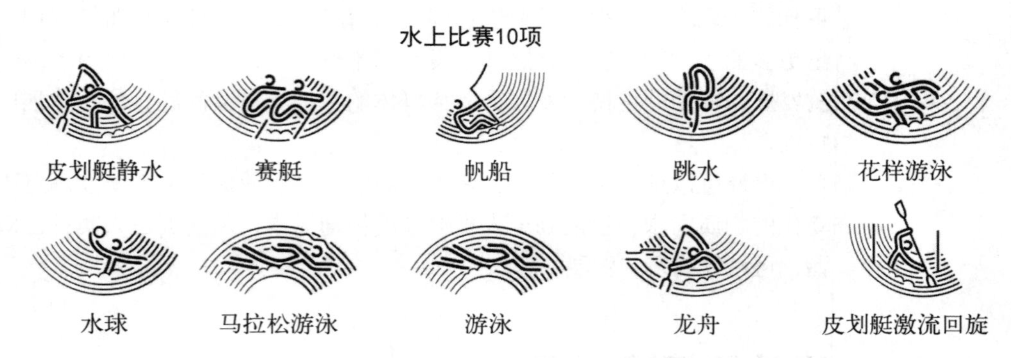

图 1-3 杭州第 19 届亚运会体育图标

1.2.2 产品设计

产品是指具有使用价值的物品或服务，产品设计是对产品的造型、结构、功能、材料、工艺、形态、色彩、表面处理和装饰等因素方面进行综合性的设计，以便生

图 1-4 汽车的外形变化

产和制造出符合人们需要的实用、经济、美观的人造产品。

产品设计的目标是通过创新、用户导向和综合考虑多个因素，如功能、性能、外观、材料、工艺、成本等，设计出具有竞争力和吸引力的产品。产品设计需要综合考虑产品的可行性和可制造性，以满足市场需求和用户需求。总的来说，产品设计是将人的某种目的或需要转换为一个具体的物理形式或工具的过程，是把计划、规划设想、问题解决的方法通过具体的载体，以美好的形式表达出来的一种创造性活动过程。如图 1-4 所示，为汽车的外形变化，影响汽车外形演变的主要有三个因素，即机械工程学、人机工程学和空气动力学，汽车外形的演变就是三者协调发展的结果。

1.2.3 环境设计

环境设计是一门新兴的学科，它综合了美学、建筑学、城市规划学等各学科的知识，隶属于设计学科。“环境设计”可以理解为用艺术的方式和手段对建筑内部和外部的空间进行规划与设计，它涉及创造、改善和保护人类居住和工作环境的过程和方法。它包括建筑设计、景观设计、城市规划、室内设计等多个领域，旨在创造功能合理、美观舒适的环境，以提升人们的生活质量和幸福感。

环境设计不仅仅关注建筑本身的外观和结构，还考虑到其与自然环境、文化背景、社交互动等方面的综合影响。它需要综合运用建筑、景观、材料、光线、色彩等元素，以及考虑人们的行为和需求，来创造出具有艺术性、功能性和可持续性的环境。如图 1-5 所示的北京 2022 年冬奥会首钢滑雪大跳台——“雪飞天”，设计灵感来源于敦煌壁画中的飞天，近看是滑雪跳台，远看则犹如一条美轮美奂的彩虹丝带，在冬奥历史上第一次实现竞赛场馆与工业遗产再利用、城市更新完美结合。

图 1-5　首钢滑雪大跳台——“雪飞天”

1.3 工业设计的定义

世界设计组织（World Design Organization，WDO）成立于 1957 年，是个民间非营利组织，汇集了来自世界各地的专业设计社团、教育机构、企业以及独立设计师，其成立的初衷是共同推动设计产业的发展，促进国际合作与交流。

在历史上，世界设计组织为工业设计进行过五次正式的定义，均是结合特定历史时期下政治、经济、科技、文化、伦理、生态环境发展的综合的社会大背景提出来的。

（1）1959 年的第一次定义

“工业设计师是这样一种人，他们凭借训练、技术知识、经验和视觉感知能力，而有资格决定批量生产的工业产品的材料、结构、形态、色彩、表面处理、装饰等所有方面或其中几个方面。当包装、广告、展示和销售等问题的解决需要视觉鉴赏力、技术知识和经验时，工业设计师也可以去关注。那种以手工工艺生产的、基于工业或商贸的工艺品的设计师，当按他的图纸或模型生产的作品是商业性质的、大批量的，而不是手工艺人的个人作品时，也被认为是一位工业设计师。"

这个定义并未直接表述工业设计是什么，而是从侧面界定工业设计师是做什么的。该定义强调了工业设计的对象是批量化的产品，且是面向商业和市场的产品，工业设计从诞生之日起，就决定了它和商业之间密不可分的联系。

（2）1967 年的第二次定义

"工业设计师的职能是为物品和服务赋予这样的形式，引导它们使人类的生活变得高效和令人满意。目前，工业设计师的活动范围几乎涵盖了所有类型的人工制品，尤其是那些大规模生产和机械驱动的人工制品。"

这次修正同样是从工业设计师的职责范围方面论述工业设计的含义，强调了工业设计的对象不只有物品还有服务，当然前提条件还是大规模生产的人工制品。

（3）1969 年的第三次定义

"工业设计是一项创造性活动，其目的是确定工业生产的产品的形式方面的品质。这些形式方面的品质不只包括外部特征，主要是从生产者和用户的角度考虑结构与功能相统一的产品系统。"它将工业设计的领域延伸到以工业生产为条件的人类环境的所有方面。

（4）2002 年的第四次定义

"（工业）设计是一种创造性的活动，其目的是为物品、过程、服务以及它们在整个生命周期中构成的系统建立起多方面的品质。因此，（工业）设计既是创新技术人性化的重要因素，也是经济文化交流的关键因素。

（工业）设计致力于发现和评估与下列项目在结构、组织、功能、表现和经济上的关系：增强全球可持续性发展和环境保护（全球道德规范）；给全人类社会、个人和集体带来利益和自由；在世界全球化的背景下支持文化的多样性（文化道德规范）；赋予产品、服务和系统以表现性的形式（语义学）并与它们的内涵相协调（美学）。"

该定义是对前三次定义的补充和修订，明确指出了工业设计的对象不只包括产品，还包括制造过程、后期服务，即工业设计师应当关注产品整个生命周期中设计扮演的角色。同时，WDO 指出了工业设计在创新技术人性化、经济文化交流和可持续发展中的关键作用。

（5）2015 年的第五次定义

"工业设计是一个战略性的问题解决过程，它通过创新性的产品、系统、服务和体验推动创新，促进商业成功，并带来更好的生活质量。工业设计弥补了现实与可能性之间的鸿沟。它是一个跨学科的职业，利用创造力来解决问题并和团队共同创造解决方案，旨在使产品、系统、服务、体验或商业变得更好。从本质上讲，工业设计通过将问题重新定义为机遇，提供了一种更乐观地看待未来的方式。它将创新、技术、研究、商业和消费者联系起来，在经济、社会和环境领域提供新的价值和竞争优势。"

从 WDO 对工业设计给出的最新定义中可以看出，工业设计是一个战略性的问题解决过程，要系统地考虑创新、技术、商业和消费者的关系，设计师是创新过程中的战略利益相关者，具有独特的优势，可以将不同的专业学科和商业利益联系起来。他们重视工作对经济、社会和环境的影响，以及他们对共同创造更好生活质量的贡献。同时，WDO 也指出，设计要以人为中心，设计师应通过同理心深入了解用户需求，并应用务实的、以用户为中心的问题解决流程来设计产品、系统、服务和体验。

美国工业设计师协会（Industrial Designers Society of America，IDSA）成立于1965 年，是历史上最悠久、规模最大的工业设计协会之一。

美国工业设计师协会认为："工业设计是一项专业性的实践工作，为世界上的数百万人设计日常所需的产品、设备和服务。工业设计师不仅关注产品的整个生产周期，尤其专注于产品的物理外观、功能和可制造性，而且关注为用户提供整体持久价值和体验的产品或服务。您每天在家、办公室、学校或其他公共环境中与之交互的每个对象都是设计过程的结果。在此过程中，工业设计师（及其团队）做出无数决定，旨在通过执行良好的设计改善您的生活。"

从美国工业设计师协会给出的工业设计的定义可以看出，工业设计的服务对象是消费者和最终用户，为他们提供具有持久价值和体验的产品和服务，设计以人为本，为人类提供更美好的生活。

1.4 设计的起源

整个人类的设计活动分为三个阶段：设计的萌芽阶段、手工艺设计阶段和工业设计阶段。石器工具的出现标志着人们有意识的设计活动的开始，人类设计活动进入设计的萌芽阶段；陶器的发明与制作标志着人类进入了手工艺设计阶段；1750 年第一次工业革命爆发，机器生产代替了手工生产，整个人类的设计活动进入了一个崭新的阶段——工业设计阶段。

1.4.1 设计的萌芽阶段

"设计"这一术语在 18 世纪才出现，然而人类的设计活动却可以追溯到旧石器时代，人类从自然界中挑选形状和大小合适的石块进行有目的性的打制，加工成人们所需要的工具，例如手斧、削刮器和杵等，每种工具都适用于特定的工作。

人类早期使用的石器一般是打制成型的，较为粗糙。世界上最早的石器（图 1-6）是在非洲发现的，距今有 300 万至 500 万年，现藏于伦敦大英博物馆，从它的造型形态上可以看出，石器的两端大小不等，一端比较粗大，另一端比较尖锐，从使用的角度来看，粗大的一端是手持的部分，而尖锐的一端可能是它的工作面，考古学家猜想这是原始人类制作的生活用具，用来从事日常的劳作，比如切割食物、去掉坚硬的果实外壳等。同时，石器凹凸不平的表面特征是由材料及加工技术的限制决定的。

图 1-6　打制石器

在远古时代，人类不仅要为应对生活中的各种困难而设计制作生产工具，还要抵御猛兽的袭击，于是早期的武器和猎具就产生了。这些用作武器和猎具的石器的基本造型形态是一致的，但有不同的尺寸和大小。图 1-7 是在澳大利亚西北部发现的新石器

图 1–7　矛头和箭头

图 1–8　湖北出土的钻孔石铲

时代的石器，小的是箭头，较大的则被用作矛头，这些都是根据猎物的不同种类而设计的。由此可见，人类在早期的设计活动中已经有了一定程度的标准化。

新石器时代的石器工具显然比旧石器时代的石器工具看起来更加精致、圆润和美观。湖北出土的钻孔石铲（图 1-8），在蓝灰色的石料上布满了浅灰色的天然纹理，弧形的铲口与圆形的钻孔十分协调，而这种曲线又与石铲两边的直线形成对比，显得格外悦目。石料的选择和对称法则在造型上的运用都说明古人早已有了审美意识。这种审美意识并不是意识直接的产物，而是人类在造物过程中反复地、有意识地探索最适用于生产和生活需要的形体过程中自然而然产生的。这正体现了形式是由功能决定的，功能性和形式感的完美统一是设计所应回归的初心。

1.4.2 手工艺设计阶段

1.4.2.1　中国的手工艺设计

纵观中国古代手工艺设计的发展历史，手工艺人在不同时代创造出了不同种类的具有代表性的手工艺产品，按照不同的制作材料分类，主要分为陶器、青铜器、漆器、瓷器和明代家具等。

（1）陶器

制陶，是人类首次通过改变材料的化学属性来制作产品，在此之前，人类只能对自然材料进行加工，并只在于改变外在形状。陶器的出现大大丰富了生活用具，出现了适应不同功能要求的新兴容器，如水器、石器、炊具、储盛器等。如图 1-9 所示，四个陶器分别是鬲、甗、豆和簋，其中鬲和甗属于炊具，用于烹饪食物。鬲是陶器中最常见的煮食器皿，它有三只中空而肥大的足，便于炊煮食物时增大受热面积，缩短烧煮时间。同时三条款足也起着灶的作用，形成稳定的支撑，使用方便，在造型上也颇有特色。甗是一个蒸煮结合的炊具，它由两部分结构组成，上面用于蒸食物，下面用于煮食物，其形态真实地反映了这一使用特点。豆和簋属于储盛器，

鬲

甗

豆

簋

图 1–9　鬲、甗、豆和簋

是用来盛装食物的器具。从上半部分的造型上看，它们与现代厨房的盘子和碗很像。它们的共同点是都有高高的底座，这样的底座既便于取食，又更加稳定。

古代的制陶工艺大致经历挖陶泥、搓泥条、制陶坯、修整坯形、装饰、烧制等几个步骤。陶泥一般要选取细腻的黄土，淘去杂质，如需高温火烧，则要掺入沙子，以防燥裂。制作陶器最早是用手捏制，把陶泥搓成泥条，再盘筑成陶坯，进一步对陶坯进行修整，在陶坯上进行装饰，最后完成烧制工作。陶器表面加工有多种方法，例如用石或者骨制的光滑器具，反复打磨陶坯的表面使其更光滑，在器物表面涂施色衣使其呈现不同的色彩，用拍压、戳刺、刻画、黏附、彩绘的方式在陶坯表面施绘各种纹样，以达到美观的效果。

新石器时代晚期，制陶技术已发展到了很高水平，能制作出非常优美的彩陶。图 1-10 所示是陕西临潼出土的小口尖底瓶，现存于陕西省历史博物馆。它是仰韶文化半坡类型的典型水器，泥质红陶，杯形小口，细颈，深腹，尖底，腹偏下部有环形器耳一对，腹中上部拍印斜向绳纹。它是汲水和存水的水具，之所以设计成尖底，一方面是便于汲水，另一方面便于固定在土坑中使用。同时，由于瓶口小，搬运时水又不容易溢出。正是由于这些优点，小口尖底瓶成为仰韶文化最为典型的器类之一。图 1-11 所示是陕西半坡出土的人面鱼纹彩陶盆，现收藏于中国国家博物馆，是国家一级文物。这种陶盆与现代的盆器造型很相似，但它并不是用来装食物或水的，它是一种特制的葬具，作为儿童瓮棺的棺盖来使用。在陶盆砖红色的内壁上绘有两组图案，呈对称分布，一组是两条用线条描画的鱼，另一组是两个人面鱼纹图案，图案上小孩的脸部、发髻清晰可辨认，小孩的两眼紧闭，嘴角处各画着一条大鱼，两只耳朵被两条小鱼咬着。关于陶盆上的图案的含义，有的考古学家认为这种人面鱼纹图案可能与巫术或当时的图腾崇拜有关，有的考古学家则认为这与当时半坡人的渔猎生活相关，这种鱼纹装饰是他们生活的真实写照。

图 1-10　陕西临潼出土的小口尖底瓶

图 1-11　陕西半坡出土的人面鱼纹彩陶盆

（2）青铜器

青铜器的出现使得人类设计进入一个崭新的阶段。青铜是铜与锡的合金，作为青铜器的材料在商代得以广泛应用。商周时期的青铜器多为礼器，如出土于河南安阳的后母戊鼎。战国时，素器开始流行，到了汉代，铜器已向生活日用器皿方面发展并取得了较高成就。图 1-12 所示是河北满城汉墓出土的长信宫灯，现藏于河北省博物馆。它是西汉时期

图 1-12　河北满城汉墓出土的长信宫灯

的青铜灯具，由侍女头部、身体、灯罩、灯座、灯盘等部件组装而成，侍女的左手托住灯的底座，右手宽大的袖子搭在灯罩上，这样点亮烛火时产生的烟气就会顺着袖子进入体内，融于预置的水中，从而既保持了室内环境的清新，又避免了环境的污染，体现了两千多年前人类的环保理念。巧妙的设计不仅如此，整个灯罩是由两块弧形的遮光板组装而成，通过调整两块遮光板的位置关系可以调整灯光的明暗和方向。除此之外，由于整个宫灯是组装而成，可以很方便地把各个部件拆卸下来，方便了后期的清理和维修。古人精巧的构思和设计理念在这款宫灯的设计上体现得淋漓尽致，无愧于它“中华第一灯”的称号。

（3）漆器

漆器是以木或其他材料造型，经髹漆而成的器物，具有实用功能和欣赏价值。中国是世界上最早认识漆的特性并将漆调成各种颜色，以作美化装饰之用的国家，在距今六七千年的河姆渡文化中已经出现漆器，考古工作者在河姆渡遗址中发现了一只木胎红色漆碗，由此揭开了中国漆器制造史上光辉的第一页。漆器的制作工艺较为复杂，人们在新石器时代就开始探索漆器的加工制作，到了汉代，漆器的制作工艺已相当成熟，并出现了明确而细致的分工，共有制作漆胎灰底的素工、在漆胎上涂漆的髹工、做彩绘的画工等 11 类工种，这就使漆器能较大规模地进行批量的手工生产。汉代的漆器涉及杯、食器、化妆盒等一些生活用品，不仅满足了日常的功能需求，而且外观设计精美，制作精良，具有极高的艺术审美价值。

图 1-13 所示是在 1972 年出土于长沙市马王堆一号汉墓的云纹漆鼎，云纹漆鼎是西汉时期的文物，现收藏于湖南省博物馆。它是一种盛食器，整体呈椭球体，分为盖子和器身两部分，盖子为球面形，器身鼓腹，底略呈圆形，有一对直耳。鼎的底部有红色字体的“二斗”字样，表明了该器物的容量。从漆鼎的表面装饰上看，盖面中心绘有一个变形的龙纹，龙纹周围绘有 S 形卷云纹、涡纹、变形鸟纹，盖边绘有宽、细弦纹各一道；器身两耳绘有勾云纹，腹上部在宽、窄两道朱色弦纹之间绘有一道菱形、水波纹组成的几何纹装饰带，腹下部绘有几何云纹、涡纹和变形鸟纹，错落有致，足部绘有兽面纹。从颜色搭配上看，云纹漆鼎采用黑红配色，在木质胎底上先涂满黑漆，再用红色的漆绘制表面的各种样式的纹样，既美观又醒目。

图 1-14 所示是 1972 年在长沙市马王堆一号汉墓出土的双层九子漆奁，现收藏于湖南省博物馆。奁的高度是 19.2 厘米，直径 33.2 厘米，它是专门放置梳妆用具的器物。此奁的主人是贵为丞相夫人的辛追，估计生前用此类梳妆奁存放自己的梳妆用具和贴身物品。器身分上下两层，连同器盖共三部分。器身和器盖利用脱胎法工

图 1-13 长沙市马王堆一号汉墓出土的云纹漆鼎

图 1-14 长沙市马王堆一号汉墓出土的双层九子漆奁

艺制成，即先用木头或泥土制成器型，作为内模，然后将多层麻布或丝帛附于内模上，逐层涂漆，干实以后，去掉内模。双层九子漆奁的底部采用的是木胎，木胎上加工有不同形状的 9 个内槽，可放置 9 个小奁，其中椭圆形 2 个、圆形 4 个、马蹄形 1 个、长方形 2 个。小奁内放置假发、胭脂、丝绵粉扑、梳、篦、针衣等物品。上层放置手套三双，丝绵絮巾、组带、绢地“长寿绣”镜衣各一件。从功能上来讲，该奁在空间的排列方面设计巧妙，是一件实用性很强的器物。从漆奁的表面装饰工艺上来看，漆器表面髹有黑褐色漆，漆上贴有金箔，金箔上施以油彩绘。器身表面饰有云龙纹、云气纹、点纹、几何纹等，大大提升了漆奁的审美价值，这件漆器集实用性和美观性于一身，堪称漆器中的精品，对我们现在的产品包装设计仍具有借鉴意义。

（4）瓷器

中国是瓷的故乡，瓷器是中华民族最引以为豪的文化遗产之一。中国真正的瓷器出现是在东汉时期，经过长时间的发展，宋代瓷器的制作工艺水平达到第一个高峰期，其瓷器古朴深沉、素雅简洁，同时又千姿百态、各竞风流。宋朝出现了汝、官、哥、钧、定五大名窑并称于世的现象。其中，汝窑是北宋后期的宋徽宗年间建立的官窑，位居五大名窑之首。汝窑以青瓷为主，釉色有粉青、豆青、卵青、虾青等，汝窑瓷胎体较薄，釉层较厚，有玉石般的质感，釉面有很细的开片。从制作工艺方面看，汝窑瓷采用支钉支烧法，瓷器底部一般会留下细小的支钉痕迹。器物本身制作上胎体较薄，胎泥极细密，呈香灰色，制作规整，造型庄重大方。器形多仿造古代青铜器式样，以洗、炉、樽、盘等为主。汝窑传世作品不足百件，因此非常珍贵。

图 1-15 是现藏于故宫博物院的瓷器，是北京故宫博物院的镇院之宝，它出土于汝窑，名为天青釉弦纹樽，该樽造型呈圆筒状，口部和底部的直径仅相差两毫米，在外壁的上侧和下侧各有两道弦纹，在外壁中部有三道凸起的弦纹。樽的下部有三个足，足外底有五个细小支烧钉痕。从造型设计上看，它的器型规整，造型简洁明快，干净利落，没有多余的装饰。从色彩上看，此樽的内外施天青色釉，釉色莹润光洁，浓淡对比自然。作为汝窑瓷器中的精品，目前记录在案的传世宋代汝窑天青釉弦纹樽只有两件，另外一件由英国伦敦大维德中国艺术基金会收藏。

汝窑瓷器最令人称道的就是它的釉色，文献记载，汝窑“天青为贵，粉青为尚，天蓝弥足珍贵”。天蓝釉的形成，主要是在烧制过程中窑位与火候恰臻妙处，因此成品率极低，传世极少。图 1-16 是现藏于河南博物院的天蓝釉刻花鹅颈瓶，是 1987

图 1-15 汝窑天青釉弦纹樽

图 1-16 汝窑天蓝釉刻花鹅颈瓶

年出土于河南省宝丰县清凉寺村的一件汝官窑瓷器，它不仅是汝官窑遗址考古发掘中获得的唯一一件完整的天蓝釉器物，而且是唯一的一件刻花作品，稀少难得，因此它也被列入河南博物院的九大镇馆之宝的名册。从造型上来看，此瓶设计简洁大方，敞口细颈，鼓腹圈足，颈部和腹部比例均衡；从表面装饰来看，器物表面饰有若隐若现的折枝莲花纹，器表满施天蓝釉，釉层匀净莹润，开片疏密有致，具有极高的审美价值。

（5）明代家具

明代是自汉唐以来，我国家具历史上的又一个兴盛期。明代家具用料讲究、造型简洁优美、结构合理、工艺水平极高、注重形式与功能的完美统一，在国际上享有盛誉，明代被誉为“中国家具的黄金年代”。从历史上看，明代家具繁荣发展的根本原因主要体现在三个方面。第一，随着当时经济的繁荣，城市的园林和住宅建设也兴旺起来，贵族、富商们新建成的府第，需要装备大量的家具，这就形成了对于家具的大量需求。第二，明代社会稳定，农业和手工业发达，工匠获得更多的创作自由，加上明代的一批文化名人，热衷于家具工艺的研究和家具审美的探求，他们的参与对于明代家具风格的成熟，起到一定的促进作用。第三，郑和下西洋，从盛产高级木材的地区运回了大量的花梨、紫檀等高档木料，这也为明代家具的发展创造了有利的条件。

明代家具的造型非常简洁明快，工艺制作和使用功能都达到前所未有的高峰。以明代的椅子为例，最为典型的样式有交椅、圈椅、官帽椅三种。在等级社会中，座椅是最有等级性的家具，英语中“主席”（chairman）一词便是坐在椅子上的人的意思。在所有的椅子中，地位最为显赫的，除了宝座，就是交椅了，俗语中“第一把交椅”的说法便由此而来。交椅是一种特殊形制和功能的座椅，图 1-17 是常见的交椅造型，交椅在古代多设在中堂显著位置，等级较高，一般只供男主人和贵客使用，“有凌驾四座之势”，颇具威仪。交椅，是尊贵身份的象征。

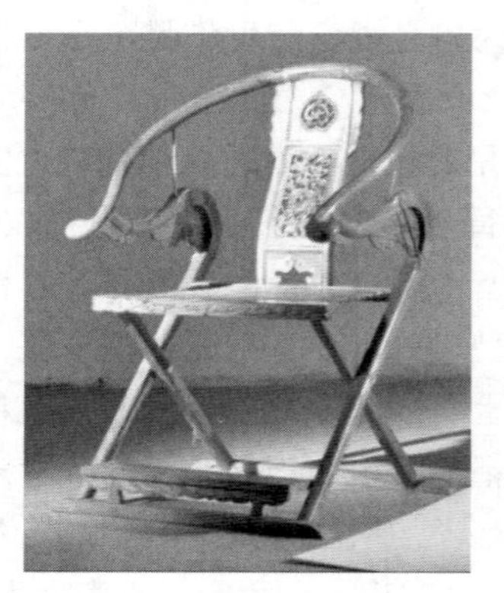

图 1-17 交椅

交椅的使用场景不仅限于室内，由于其可折叠的结构特点，在外出时携带非常方便，搬运便捷，所以皇室成员、官员或富户外出巡游，皇帝外出狩猎常会携带交椅。

图 1-18 圈椅

圈椅（如图 1-18）是中华民族独具特色的椅子样式之一，它是在交椅造型的基础上发展而来的一种形制的椅子，由于圈椅是陈设于室内的家具，所以它的椅腿造型不是交叉的结构，而被设计成了四条直立的腿作为稳定的支撑，非常结实。圈椅最典型的特点是圈背和扶手相连，从高到低一顺而下，使人在坐靠的时候手臂可以自然地倚靠着圈形的扶手，十分舒适。从造型上看，圈椅线条圆润优美，体态丰满而硬朗，比例适中，刚柔并济，具有极高的审美价值。从文化内涵来看，圈椅的造型为上圆下方、外圆内方，暗合了中国传统文化中的乾坤之说，而外圆内方则是中国传统文化中所崇尚的一种品德。

图 1-19　官帽椅

官帽椅（如图 1-19）因其形状酷似古代官吏所戴的帽子而得名，明式官帽椅多用黄花梨木制成，背板做成 S 形曲线，大方的造型和清晰美观的木质纹理，给人以秀美、高雅的感觉。从文化内涵角度来看，官帽椅的名称蕴含了官运亨通的含义，它是中国典型的文人家具，尤其是四出头官帽椅，更是谐音“仕出头”，配套的步步高管脚枨亦是象征仕途步步高升，各处结构均蕴含了明代文人的内心诉求。

图 1-20　酸枝雕龙扶手椅

明代家具在中国乃至世界家具设计史上都享有赞誉，从设计的角度看，有三个非常显著的特点。第一，具有良好的功能性。从上述的交椅、圈椅、官帽椅的例子可以看出，所有背板造型呈 S 形设计，这是为了和人体脊柱曲线相吻合，满足人在坐靠时的舒适性需求，扶手造型自然圆润，高度适中，为人的手臂提供了一个舒适的搁置处。第二，具有极高的审美价值。工匠在进行家具的设计制造时，不仅能够很好地控制整体形体的比例与尺度，而且在细节部分的处理上也恰到好处，例如，在牙子、券口等结构部件上辅以装饰，以和整体风格相统一，使整个家具有了精致的亮点。另外，明代家具设计充分利用了木材本身的特点，突出了材料的天然质感和纹理，不加修饰，色泽典雅，柔和光洁，具有较高的艺术审美价值。第三，具有独特的工艺。家具各个部件之间的连接方式很特别，不是用钉或者是胶连接，是通过榫卯的结构来实现，榫卯是极为精巧的结构，反映了古代匠师们的智慧和巧思。

明代的后期，家具的发展逐渐地走向极端，木家具的装饰和雕刻大量增多，并将玉石、陶瓷、珐琅、贝壳等做成镶嵌，这反而破坏了家具的整体形象、比例和色调的统一和谐。这种趋势到清代后期更为明显，使产品往往流于庸俗和匠气，在艺术上渐离美学境界（如图 1-20）。

1.4.2.2　国外的手工艺设计

工业设计是从国外发展起来的，要探求工业设计的源流就必须要了解国外手工艺发展的脉络。国外手工艺发展的历史悠久，不同国家和地区受经济水平、历史文化等影响出现了精彩纷呈、丰富多彩的手工艺设计作品。本节将会介绍具有代表性的古埃及的设计、古希腊及古罗马的设计、欧洲中世纪的设计、文艺复兴后的设计。

（1）古埃及的设计

古埃及作为四大文明古国之一，它的文明是完全借助于其得天独厚的自然地理条件和泛神论的宗教信仰而发展的。石头作为埃及最丰富、最主要的自然资源，被广泛应用于其建筑设计和手工艺品的设计中，另外，由于埃及极其干燥的气候，许多古代的手工制品得以完好无损地保留至今。同时古代埃及盛行厚葬之风，从法老

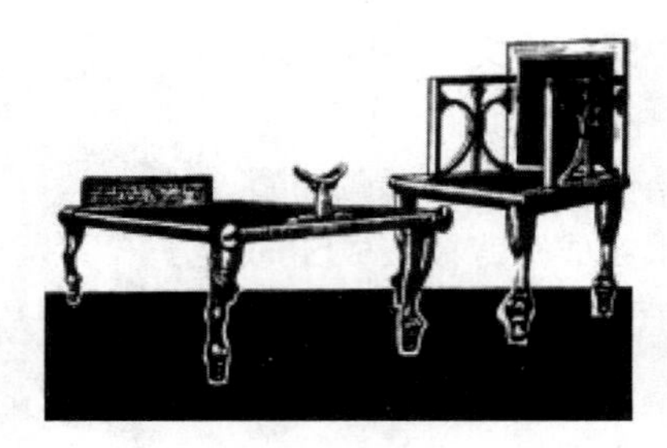

图 1-21　吉萨金字塔出土的随葬床和椅

图 1-22　图坦卡蒙的法老王座

图 1-23　加有斜撑的古埃及座椅

和贵族的墓地中挖掘出来的随葬品不计其数，这为后人研究古埃及的手工艺设计提供了宝贵的资料。

图 1-21 是吉萨金字塔出土的赫特菲勒斯一世女王的随葬床和椅，这个随葬床的一头高一头低，高的这头装配了一个硬木枕头，从使用功能的角度来看，枕头并不舒服，只是要显示女王尊贵的地位而已。椅子最典型的特征是其腿部的造型，腿部采用较为具象的兽足样式，而且兽足的方向都是朝着同一个方向，这是古埃及家具与后来古希腊、古罗马家具的一个重要区别。

古埃及家具设计中最辉煌的案例当属国王图坦卡蒙的随葬家具了，其中最著名的就是图 1-22 所示的金碧辉煌的法老王座，现存于埃及开罗博物馆。这是一件木质靠背座椅，表面镀有黄金，且镶嵌有象牙和宝石，座椅前端设有两个狮头，椅腿形似狮腿，王座靠背上的图案是浮金雕刻的，展现了法老生前的日常生活场景：法老坐在宝座上，右手搁在椅背上，王后立于一侧，将右手搭在他的左肩上，两人均盛装华冠，而姿势较随意，气氛很温馨。画面上方为光芒四射的太阳，象征着太阳神。从座椅的使用功能角度来看，这个王座的椅背的线条是僵直的，且突起的浮雕并不能提供一个舒适的背部支撑，这说明设计者在设计时并没有把座椅的使用功能放在首位，而重在体现座椅的等级性的象征意义。到了古埃及的后期，家具设计师们开始意识到这一点，这一时期的座椅靠背多数被设计成了倾斜造型，且在家具背部加有支撑（如图 1-23），不仅保证了座椅靠背的强度，而且大大提高了坐靠的舒适性，这种认识在世界家具发展史上具有极其重要的意义。

（2）古希腊、古罗马的设计

古希腊是欧洲文化的摇篮，在艺术、文学、哲学、科学等方面都取得了辉煌的成就，特别是建筑艺术，深深地影响了欧洲两千多年。古希腊建筑风格主要体现在其柱式上，古希腊建筑的古典柱式有三种，即陶立克（Doric）柱式、爱奥尼克（Ionic）柱式和科林斯（Corinthian）柱式。

第一种是陶立克柱式［图 1-24（a）］，它的柱头呈倒圆锥状，没有柱础，整体也没有其他多余的装饰，给人的感觉干净利落，一般认为这种造型代表了男性的阳刚和力量。除了在古代的帕特农神庙（图 1-25）上用的是这种柱式，在一些人们熟知的建筑中也有体现，例如位于美国华盛顿的林肯纪念堂（图 1-26）。第二种是爱奥尼克柱式［图 1-24（b）］，这种柱式比较华丽优美，柱头是呈对称分布的一对涡卷，底部有柱础，柱身上窄下宽，整体给人一种精致华丽的感觉，就像一个高贵而又优雅的女人。第三种是科林斯柱式［图 1-24（c）］，这种柱式的柱头设计得较为复杂，饰以繁复的毛茛叶，毛茛叶层叠交错环绕，看起来就像一个花枝招展的花篮被置于圆柱顶端。科林斯柱式整体给人的感觉是豪华富丽，装饰性很强。雅典的宙斯神庙用的就是这种柱式。古希腊柱式不仅被广泛用于各种建筑物中，也被后人作为古典文化的象征，用于家具、室内装饰、日用产品之中，工业革命早期的一些机器甚至按古希腊柱式做立柱。因此，了解古希腊柱式结构，对于学习工业设计史是十分必要的。

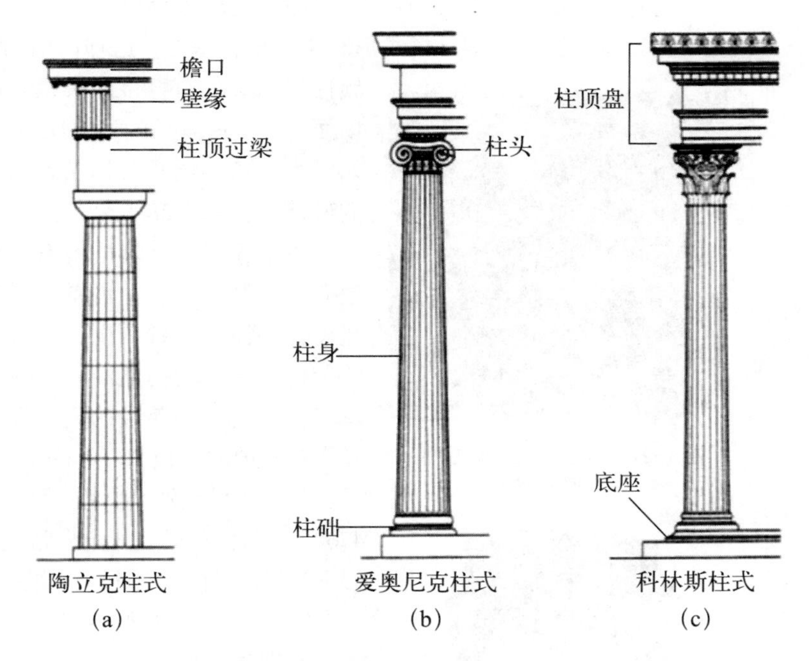

图 1-24　古希腊建筑三种古典柱式

图 1-25　帕特农神庙

图 1-26　林肯纪念堂

古希腊不仅有辉煌的建筑艺术，古希腊时期的家具设计也常被后来的家具设计师视为典范。古希腊家具中有一件非常经典的座椅，我们从西方的陶器、绘画和雕塑中可以找到它的影子，它的历史可以说和西方文明一样久，它就是著名的克里斯姆斯（Klismos）椅子（如图 1-27）。今天，这种基本造型的设计还可以在一些家具中看到。从造型上来看，它有三个显著的特征：首先，椅子的四条腿是弯曲且向外张开的，这有别于古埃及家具中四条椅腿方向一致的特点；其次，克里斯姆斯椅子有一个弯曲的背部支承结构，其流畅的线条体现了古希腊人的审美观；最后，椅子靠背采用一块窄的弯曲木板，形成和人体背部环抱的态势。克里斯姆斯椅子整体的线条流畅，柔和、优雅，曲线的运用和古埃及椅子中那种僵直的线条形成了鲜明对比，确立了古希腊家具设计的美学原则，对于后来的古罗马家具设计产生了深远的影响。

古罗马家具除了沿袭了古希腊家具的结构和造型特点外，也有自己的风格。首先是材料的突破，由于青铜铸造工艺的发展，大量青铜家具涌现。其次，与优雅的古希腊家具相比，古罗马椅子形态更厚重、笨拙，这种风格的出现与古罗马人的民族性格和文化有直接的关系，古罗马人喜欢壮丽的场面，所以古罗马的建筑比古希腊的更加雄伟壮观，如巨大的角斗场和万神庙等。这一点也体现在家具的设计中，图 1-28 是罗马庞贝出土的三脚凳，这是一个青铜家具，从造型上看，它的三条椅腿方向一致向外张开，沿袭了古希腊家具的设计风格。但椅腿设计得比较粗壮，少了几分优雅，多了一些繁复的装饰。椅子腿仍然沿用了古埃及、古希腊时期家具设计的造型，兽足的设计具象生动，传达了古罗马人对于神的信赖和好斗的精神内核。

图 1-27 18 世纪的绘画作品中的克里斯姆斯椅子

公元 4 世纪到 5 世纪，罗马帝国日趋衰落。公元 476 年，西罗马最后一个皇帝被废黜，欧洲历史进入漫长的封建时代，设计风格也因此发生了巨大的变化。

图 1-28 罗马庞贝出土的三脚凳

（3）欧洲中世纪的设计

欧洲中世纪指的是自公元 476 年西罗马帝国灭亡至公元 1500 年，这一时期是欧洲的封建专制统治时期，长期的封建割据、没有统一的政体、常年的战争使人们生活在水深火热之中；教会成为最重要的统治力量，提倡禁欲，鼓励人们过着清教徒般的生活。这一时期的设计形式简单，几乎没有任何装饰，不论是贵族阶层还是平民百姓都重视所用的家具和日用品良好的功能性，当时的手工匠师把精力放在产品结构的逻辑性和经济性上，设计出来的东西都很理性和规范。这一时期的设计风格成为了后世，尤其是现代主义设计大师们所推崇的设计风格。

如图 1-29 所示画面中是中世纪的一把折叠椅，看起来就像是一件现代主义风格的设计，造型简单，没有任何多余的装饰，线条简洁优美，结构清晰。

图 1-29 中世纪的折叠椅

中世纪的手工生产中存在着高度的标准化，这得益于当时成立的许多行会。不同的行业都有自己的行会，在行会内确定了设计标准，提高了生产效率，也保证了设计的质量，对使用者负责。例如在英国，制陶行业有制陶行会，行会为制陶制定了一个标准的形态系列（图1-30），同样的形状又有大小不同的尺寸系列。

图 1-30 中世纪英国制陶业的标准形态系列

中世纪设计的最高成就是哥特式教堂。哥特式教堂的主要设计特点有三个：第一，尖形的拱门、高耸的尖塔使整个建筑呈笔直向上的态势；第二，在建筑中广泛运用簇柱、浮雕等层次丰富的装饰；第三，采用大面积绘有圣经故事和宗教画的彩色玻璃。这些设计特点均体现了封建专制统治下的教会的政治目的，通过高耸的尖塔、恢宏壮观的设计将人们的目光引向无限上升的高空，让人们忘却世间的烦恼而把希望寄托于未来的天堂。法国的巴黎圣母院、德国的科隆大教堂（如图1-31）都是典型的哥特式建筑。

图 1-31 科隆大教堂

建筑设计中的哥特式风格对于手工艺品的风格影响很大，尤其体现在家具设计中。例如，制造于1410年的马丁王银座（图1-32），简直就像哥特式建筑的一个微型模型。从造型上来看，整把椅子呈挺直向上的态势，椅子的后背高耸，有类似于尖塔的造型，也有类似建筑中拱门的造型，椅子腿笔直向上，就像建筑中的柱子一样。除此之外，椅子还具有极强的装饰性，如旋涡形的结构、椅子表面繁复的雕刻纹样等。从功能上看，这个造型的设计对于使用者来讲并不能增加舒适度，只是能体现椅子这一极具等级地位的家具的象征意义罢了。

图 1-32 马丁王银座

（4）文艺复兴后的设计

文艺复兴是指发生在14世纪到17世纪的一场反映新兴资产阶级要求的欧洲思想文化运动。和中世纪不同，此时教会已经渐渐失去了它的政治统治地位和对人们思想的控制，新兴的资产阶级开始逐渐改变对现实生活的悲观态度，开始转向追求世俗人生的乐趣，人文主义思想深入人心。文艺复兴后至工业革命爆发的相当长的时间里，先是出现了以皇权思想为中心的烦琐奢华的时尚设计风格，如巴洛克风格、洛可可风格；欧洲封建统治阶级没落后，新兴资产阶级掌握政权，他们希望通过大型公共建筑设计、产品设计、平面设计风格来凸显他们的政治立场，于是引发了对于古代的各种风格的热情，通过一系列的设计运动，形成了所谓的新古典主义风格。

巴洛克风格是17世纪到18世纪中期在欧洲盛行的一种艺术风格，它涉及建筑、装饰艺术、绘画、音乐等整个艺术领域。巴洛克风格具有以下的设计特点：第一，带有强烈的宗教主义色彩。巴洛克风格应用最广的领域是教堂建筑设计。和文艺复兴时期理性而克制的教堂风格不同，巴洛克风格打破了和谐而严谨的比例，造型上繁复夸张，追求空间感、立体感，在教堂建筑中采用了宗教题材的绘画和雕塑，教会试图通过艺术风格的引导进一步确立教会的权威。巴洛克风格的教堂富丽堂皇，而且能营造相当强烈的神秘气氛，也符合天主教会炫耀财富和追求神秘感的要求。第二，带有享乐主义色彩。17 世纪由于欧洲强权扩张，掠夺海外殖民地积聚了大量财富，生活上提倡豪华享受，教会也不排斥异端的感官享受，所以巴洛克风格强调豪华奢侈，在教堂建筑设计上，造型上气势恢宏、富丽堂皇，内部装饰上采用昂贵的材料、繁复的工艺和夸张的艺术表现形式，满足了皇室和教会炫耀财富的心理和提倡享乐主义的世俗思想。第三，巴洛克是一种激情艺术。它打破了理性与秩序，宣扬人文主义精神，强调人的价值和尊严，释放人的天性，所以在绘画、建筑、雕塑中到处可见大尺度的人物裸体形象。如图 1-33 所示的著名雕塑《被掳掠的普洛塞庇娜》就是典型的巴洛克风格的艺术作品。第四，巴洛克风格强调运动与变化。运动与变化可以说是巴洛克艺术的灵魂。在建筑设计方面，建筑师喜欢采用弧形、波浪形来营造运动的错觉，使整个建筑物看起来就像一个有生命力的有机体。绘画方面，通过透视、光影等技法营造画面的三维立体感和运动感，例如彼得罗·达·科尔托纳绘制的天顶画《神意的胜利》（图 1-34），作品中人物繁多，画面浩大，所有人物呈升腾飞翔状，一致朝向天顶中央的方向，给人一种引向天堂的运动感，天顶中央的人物是一个女性的形象，以胜利的姿态站在云端，云彩与洒满金光、明亮而开阔的天空形成了鲜明对比。家具设计方面，巴洛克风格的家具在造型设计上实现了历史上的创新，图 1-35 所示家具椅腿的设计用麻花状的扭曲盘旋的腿代替方木或柱式的腿，这种形式突破了历史上家具的稳定感，给人一种运动的视错觉，这种运动和变化正是巴洛克风格的重要特征。巴洛克风格在路易十四的推动下进入了全盛发展时期，所以巴洛克风格的家具又被称为路易十四式家具。

洛可可风格是 18 世纪产生于法国、后遍及欧洲的一种艺术形式或艺术风格，盛行于路易十五统治时期，因而又称作路易十五式风格，该艺术形式具有轻快、精致、细腻、繁复等特点。洛可可风格被广泛应用在建筑、装潢、绘画、家具、服装、音乐等领域。在建筑方面，主要体现在室内装潢设计中。洛可可风格常常采用不对称手法，喜欢用弧线和 S 形线，尤其爱用贝壳、旋涡、山石作为装饰题材，卷草舒花，缠绵盘曲，连成一体。天花和墙面有时以弧面相连，转角处布置壁画。室内墙面粉

图 1-33 《被掳掠的普洛塞庇娜》

图 1-34 《神意的胜利》

图 1-35 巴洛克风格的家具

刷，爱用嫩绿、粉红、玫瑰红等鲜艳的浅色调，线脚大多用金色。在服装设计方面，洛可可风格的服装华丽、精致、柔美，如裙子上布满了繁复的蕾丝和花边，色彩上采用嫩绿、粉红等鲜艳柔和的色彩，营造出浪漫和轻松愉悦的感觉。在家具设计方面，洛可可风格的家具体型纤巧、做工精致、装饰繁复，能够体现妇女轻盈的体态，迎合宫廷贵族的审美趣好和追求享乐的心理。如果说巴洛克风格是豪华、雄壮、奔放的，洛可可风格则是秀丽、纤巧、娇媚的。

洛可可风格的诞生和发展主要有两个方面的原因：第一，路易十五及其情妇蓬帕杜夫人的推动。蓬帕杜夫人被认为是洛可可风格的缔造者，从洛可可风格中体现的女性的轻盈、娇小、柔和可见，这种风格符合贵族女性的审美趣好。第二，沙龙文化的兴起。18 世纪初，以法国巴黎为中心逐渐兴起了独特的沙龙文化。沙龙主要是宫廷贵族的一种聚会形式，聪男慧女聚集在一起谈论政治、理性思想和时事热点。在沙龙中，女性成为主导者。在相对狭小的室内空间中，需要体型较小、方便移动和华丽舒适的椅子或沙发，于是洛可可风格的家具就诞生了。如图 1-36 所示是洛可可风格的躺椅，名为公爵夫人躺椅。从功能上来讲，这种躺椅具有良好的功能性，它是由三件坐具组合而成，是为了适合不同的休息姿势而设计的，这种躺椅对沙龙的女主人来讲特别方便，可以代替床，盖上毛毯就可休息。使用后，每件家具可拆开放置，非常方便。从形式上来讲，躺椅的腿部线条纤细柔美，体现了洛可可风格的豪华和优雅，因此受到了贵族上层女性的青睐，被称为“公爵夫人”。洛可可风格是 18 世纪法国主流的艺术装饰风格，在蓬帕杜夫人的推动下蓬勃发展，直到拿破仑上台，这种风格被另外一种新的艺术风格所取代，就是新古典主义风格。

图 1-36 公爵夫人躺椅

新古典主义风格源于新古典主义运动。18 世纪后半叶到 19 世纪上半叶，欧洲几个主要的资本主义国家相继出现了建筑和设计上的复古主义现象，其中以法国的古典主义复兴、英国的新哥特主义复兴以及美国为代表的折中主义古典复兴三个浪潮最具有代表性，设计史上将它们统称为新古典主义运动。新古典主义运动的产生主要是出于政治需要，新兴的资产阶级希望通过大型公共建筑设计、产品设计、平面设计风格来凸显他们的政治立场。他们希望从建筑、产品上展现出与以往的贵族、皇室、地主阶级鲜明的区别，而不愿意成为被他们推翻的统治王朝的延续。这样一来，便引发了对于古代的各种风格，尤其是古希腊、古罗马风格的热情。除了政治上的考虑，18 世纪欧洲考古界取得的考古史上的重大进步也为新古典主义风格提供了设计上的灵感，尤其是庞贝古城的发掘，使他们看到了罗马以前的一个近乎理想国度的社会形态，而那个时代的建筑也体现出高度的理性和理想主义色彩，与他们希望强调的自由、民主、博爱立场具有千丝万缕的内在联系。于是，通过复古古希腊、古罗马风格来体现资产阶级的新政治立场，成为当时新古典主义风格一度兴盛的主要原因。

新古典主义风格主要体现在建筑设计和家具设计上。

在建筑设计方面，新古典主义风格的建筑沿袭了古罗马、古希腊建筑的理性、简洁、典雅，摒弃了巴洛克风格和洛可可风格的曲线、弧线，多采用简练的几何线条，所以建筑更显挺拔庄严。在法国，为了炫耀拿破仑功绩而兴建的大型纪念性建筑基本上在外形上依照古罗马的形制，是典型的古典主义、复古主义作品。这些建筑的政治象征性要远远大于实际功能性。比如巴黎著名的地标性建筑雄狮凯旋门（如图 1-37），它是典型的新古典主义风格的建筑。雄狮凯旋门以罗马帝国雄伟庄严的建筑为灵感和样板。古罗马凯旋门尺度巨大，外形简洁，追求形象的雄伟、冷静和威严。雄狮凯旋门以古罗马凯旋门为范例，但其规模更为宏大，结构风格更为简洁。整座建筑除了檐部、墙身和墙基以外，不做任何大的分划，不用柱子，连扶壁柱也被免去，更没有线脚。雄狮凯旋门摒弃了古罗马凯旋门的多个拱券造型，只设一个拱券，简洁庄严。

在家具设计方面，新古典主义风格的家具设计同样也参照古典主义家具的形制，基本不做任何创新，因此仿古的成分在设计中占很重要的地位。

新古典主义风格的家具对于形式非常重视，其目的是要让家具表现出强烈的古典感觉，舒适感倒在其次了。为了达到这个目的，设计上就要严格遵照古典的比例、尺度，线条要简洁。与巴洛克风格比较，新古典主义风格的家具鲜用曲线、弧线、旋涡装饰，因而更显挺拔庄严。新古典风格的家具经常采用珍贵木料镶嵌，用金箔和其他金属材料点缀等装饰手法，追求奢华和庄严感。如图 1-38 所示是法国路易十六时期的一张书桌，大约制造于 1780 年。从造型上看，书桌整体采用直线结构处理，腿部圆柱形自上而下逐渐收缩变细，并沿着长度方向镂刻出直线状的槽作为装饰，整体显得纤巧、挺拔、优美。整体造型简洁明快，在高度上被均衡分成了三个部分，整体比例协调，结构清晰，体现了新古典主义理性、节制、严谨、端庄、典雅的设计特点。从材料上看，这张桌子用了柠檬木、郁金香木等名贵木材，凸显了新古典主义奢华的特点。从装饰上看，这张桌子采用鎏金工艺，桌子顶部一圈的装

图 1-37 雄狮凯旋门

图 1-38 路易十六时期的书桌

饰和桌子下板一圈的装饰相呼应，利用简单且重复的几何图形设计尽显秩序感，四周边角处利用金箔作装饰，桌子和桌腿连接处以及椅脚处运用铜质部件，尽显奢华。

新古典主义风格是对古希腊、古罗马风格的照搬，是一种复古主义风格，进入19世纪以来，设计史上的复古风潮此起彼伏，古埃及、古罗马、古希腊、哥特式、巴洛克、洛可可等众多历史风格哪一种才能成为建筑上的主流风格？历史风格是否有优劣之分？传统的建筑和未来的建筑之间是否存在一定的联系？这些在当时没有明确的答案。直到19世纪中期，随着工业技术的不断进步，新的建筑材料、建筑技术及建筑结构的不断发展，传统建筑形式本身迎来巨大的冲击，少数先进的思想家认识到：传统的建筑风格和未来的建筑风格之间可能存在冲突和矛盾，工业化大背景下的建筑不应该一味地模仿旧有历史风格，而应该探索一条适应新时代背景的现代风格。接下来在欧洲出现了一场轰轰烈烈的现代设计改革运动。

第2章 工业设计简史

随着工业革命的到来，机械化大生产代替了手工劳作，人类的设计历史从手工艺设计阶段转向了工业设计阶段。工业革命颠覆了旧有的生产模式，将一种全新的生产关系和生产模式引入设计领域，新旧设计思潮开始斗争，在欧洲掀起了一场轰轰烈烈的改革运动，在这些设计改革运动中，影响最为深远的两次运动，分别是工艺美术运动和新艺术运动。

2.1 工艺美术运动

2.1.1 工艺美术运动诞生的背景

工艺美术运动的导火索是第一次国际工业博览会，即首届世博会。这次国际工业博览会最引人瞩目的就是它的主场馆——水晶宫，如图 2-1 所示。这座建筑在整个建筑史上具有巨大的影响力，它的造型完全突破了传统西方建筑的造型特点，运用了极其简单的几何造型，这主要是由于它的材料的局限性，设计师用钢铁和玻璃这样的工业材料来制造该建筑，完全摒弃了传统建筑中的石材。从形式上来看，这座建筑也比较特别，看起来就好像是一个巨大的温室。

各国送展的展品大多数是机器制造的产品，其中不少还是为了参展而特制的。展品中有各式各样的样式，反映出一种普遍的、为装饰而装饰的热情，几乎完全忽视了产品的使用功能，忽略了基本的设计原则。如图 2-2 是在水晶宫展出的部分家具，这些家具注重装饰性，有极其繁复的造型，同时将洛可可等历史风格堆叠到家具上，忽略了家具本身的功能性。像右下角的桌子的设计，桌面上沿桌边的位置被布置上了烛台、立体的造型和装饰图案；桌面下方桌腿与桌腿连接处也设计了大面积的造型挡板，造型挡板上有各种装饰性图案，挡板边缘卷曲繁复的造型，尽显装饰之能；桌子腿部造型繁复，弯弯曲曲不规则的形状比洛可可的风格还要矫揉造作，细小的桌腿看起来像是无法支撑这么一个华丽的庞然大物。这些展出的家具许多过度重视装饰，甚至不惜牺牲部分家具的舒适性和功能性。

图 2-1　水晶宫

图 2-2　水晶宫展品

图 2-3 所示是水晶宫中展出的一个花瓶，花瓶的装饰性已经到了

登峰造极的地步，从图上可以看出，作为花瓶的功能性已经被其繁复的装饰所掩盖，整体造型就像一朵被藤蔓和叶子包围的牵牛花，具象又生动，弯曲缠绕的线条、褶皱感的边缘、肌理感的描绘无不向人们展示了它极强的装饰性。

图 2-3 花瓶

首届世博会的举办引起了巨大的社会反响，也遭到了来自社会批评家、理论家、建筑师、设计师的批评。英国美术理论家、批评家拉斯金（John Ruskin）认为展品中的工业产品存在着烦琐装饰的问题，他发现功能与形式严重脱离，深感问题严重和紧迫，因此逐渐形成了自己的理论主张。在拉斯金及其追随者的领导下，英国掀起了一场轰轰烈烈的设计改革运动，即工艺美术运动。

2.1.2 工艺美术运动的代表人物

（1）拉斯金

图 2-4 约翰 · 拉斯金

约翰 • 拉斯金（John Ruskin）（图 2-4）是英国著名的作家、雄辩家、艺术批评家，他本身并不直接参与设计实践工作，主要是通过他极富雄辩和影响力的说教来宣传其思想。他在参观了水晶宫国际工业博览会后，对于“水晶宫”和其中展出的展品表示了极大的不满。在随后的几年中，他通过著书立说和四处演讲表达了他的设计美学主张。拉斯金为建筑和产品设计提出了三条设计准则：

① 师承自然，从大自然中汲取营养，而不是盲目地抄袭旧有的样式。这个观点的提出为当时混乱的设计局面指明了方向，具有较强的理论指导意义。对于今天的设计来讲，这个观点同样具有进步性，它告诉设计从业者要具有创新精神，而不是盲目抄袭，因循守旧。

② 使用传统的自然材料，反对使用钢铁、玻璃等工业材料。拉斯金对于工业化是持反对意见的，对于工业材料也是极其厌恶的，他完全否定了工业产品可以具有美学价值的可能性，这一点体现了英国社会和知识分子僵化、守旧、刻板的特点。拉斯金对于中世纪的手工艺设计极其热衷，他特别强调了哥特风格的重要性，认为这种风格是“诚挚的”“真实的”，主张在设计上回归中世纪的传统，恢复手工艺行会传统。这种反对工业化、因循守旧的思想很明显不符合时代发展的规律，工业化是有长处的，工业化的产品也可以具有较高的美学价值。

③ 忠实于材料本身的特点，反映材料的真实质感。这一点其实是强调了设计的诚实，材料不能以次充好，他把用廉价且易于加工的材料来模仿高级材料的手段斥之为犯罪。这个观点对于当代的设计也同样有启示意义，企业不能单纯为了商业盈利就采用廉价的材料以次充好，损害消费者和使用者的利益。

拉斯金提出的设计三大准则为当时的艺术家、设计家们提供了重要的思想依据，在19世纪下半叶，直到第一次世界大战爆发，拉斯金的影响都是巨大的，对于英国的工艺美术运动起到了重要的推动作用。

（2）莫里斯

威廉·莫里斯（William Morris）（图2-5）是拉斯金思想最直接的传人，和拉斯金不同的是，他不仅是雄辩家，还是设计的实践者，他身体力行地用自己的设计作品诠释了他的设计理念。莫里斯在17岁时和自己的母亲参观了水晶宫国际工业博览会，对于当时展出的展品过度矫饰的问题，他认为是和机械化和大工业生产方式息息相关的，他认为根本原因是劳动分工割裂了工作的一致性，因而造成了不负责任的装饰，他能从生产技术和社会层面来寻找问题的根源。

图2-5　威廉·莫里斯

莫里斯第一次开始尝试他的设计实践是在他结婚时，为了给新婚家庭安排起居，他跑遍了大小商店，居然无法买到一件令他感到满意的家具和生活用品，于是他自己动手开始为婚房设计家具、墙纸、地毯、纺织品等，他本身就是一位平面设计师，所以对纺织品、地毯、墙纸的装饰图案设计等非常擅长，在他的设计中多以植物为题材，有时加上几只小鸟，颇有自然气息并反映出一种中世纪的田园风味（图2-6）。这正是继承了拉斯金“师承自然”的设计思想，并对后来风靡欧洲的新艺术运动产生了一定影响。

图2-6　莫里斯1862年的墙纸设计图

为了宣传自己的设计思想，莫里斯与几位志同道合的朋友成立了自己的商行，历史上称为莫里斯商行。商行是类似于中世纪的行会组织，也可以说是早期的设计公司，他们自行设计产品并组织生产，以对抗工业化的商业组织。如图2-7是莫里斯商行设计生产的一把椅子，这把椅子整体造型简洁大方，看不到繁复的装饰，基本的结构部件如椅子腿、扶手、靠背都是用了简单的柱状结构，整体看起来挺拔有力，有一种建筑的稳定感，从形式上看，多少有些中世纪的哥特式建筑的风格。莫里斯商行成为了19世纪后半叶出现于英国的众多工艺美术设计行会的发端。

图2-7　莫里斯商行设计的椅子

（3）沃赛

查尔斯 • F.A. 沃赛（Charles F.A.Voysey）是工艺美术运动的中心人物，他不仅从事家具、墙纸、染织品和铜制品的设计实践工作，而且创办了工艺美术运动时期最具影响力的《工作室》杂志。沃赛的设计作品有两个特点：第一，造型简洁大方，例如 1898 年设计的橡木椅（图 2-8），椅子的基本结构部件如椅子腿、管脚枨等都用类似于圆柱体的结构，简洁而不失美观，尤其是椅子的两条后腿，圆柱状的造型从下到上逐渐收缩，像两根哥特式风格的柱子直冲云霄，将哥特式风格用最简洁的语言表达了出来。第二，独创了心形、郁金香形的设计语言，可以在橡木椅的靠背板和火钳和煤铲中（图 2-9）找到。沃赛的作品不但继承了拉斯金、莫里斯所提倡的美术与技术结合以及向哥特式和自然学习的精神，另外还使自己的作品更加简洁和大方，成为了英国工艺美术运动的范例。

图 2-8 沃赛 1898 年设计的橡木椅

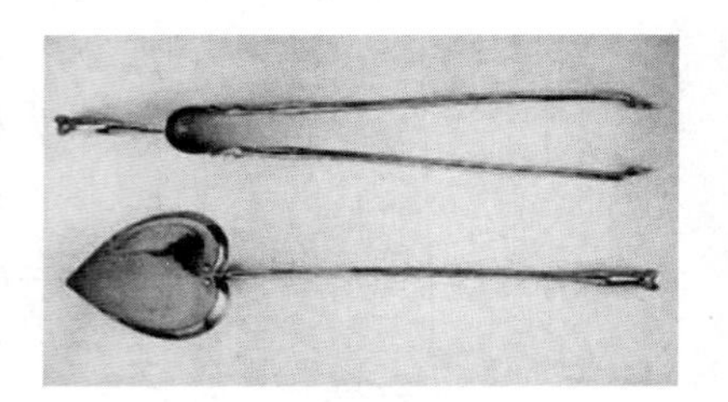

图 2-9 沃赛设计的火钳与煤铲

（4）阿什比

查尔斯 • R. 阿什比（Charles R.Ashbee）是一名极富天分的银匠，擅长制作金属器皿，这些器皿一般都是用榔头锻打成型，并饰以宝石，能反映出手工艺金属制品的共同特点。图 2-10 是阿什比在 1902 年设计的银质水具，从工艺上来看，它保留了手工锻打的特点，从造型上看，水具的两个把手采用了纤细、起伏的线条，盖钮的位置也采用了几条弯曲起伏的线条，使这个水具造型更加灵动。这种纤细起伏的线条和新艺术运动时期提倡的造型语言很像，因此被认为是新艺术的先声。阿什比也创办了自己的手工艺行会，主要生产珠宝、金属器皿等手工艺品，并在 1902 年把行会搬到了农村。由于行会远离城市也就切断了与市场的联系，并且手工艺生产效率低，因此难以与大工业生产竞争，他的手工艺行会在 1908 年宣布解散。自此，阿什比意识到工业是有长处的，并抨击拉斯金、莫里斯等人的思想为“理智的卢德主义”。

图 2-10 阿什比在 1902 年设计的银质水具

（5）德莱赛

克里斯多夫 • 德莱赛（Christopher Dresser）是工艺美术运动时期的一位设计师，不同于大多数反对工业化生产方式的设计师，德莱赛意识到工业化生产方式的进步性，他与许多企业建立了合作关系，绘制设计图纸然后交给机器来加工生产。他是率先以合理的方式去分析产品功能和形式之间关系的设计师，如图 2-11 所示是他在 1881 年设计的电镀茶壶，从造型上看，这个茶壶最独特的地方在于它的把手，壶的把手是倾斜的，他在思考壶的把手和壶嘴之间的一种有效功能关系。如图 2-12 所示是德莱赛为英国伯明翰一家公司设计的镶银玻璃水具，这两个水具造型简洁优美，适于工业化批量生产，但两个水具又有各自的造型特点：左边的水具瓶身为直线的几何形态，为了造型上的统一，把手就被设计成了圆柱形，而右边的水具的把手被设计成了圆圈和弧线，这主要也是考虑和玻璃的壶身实现造型上的统一。因此，可以看出德莱赛在设计时会有意识地思考产品的各个部分之间的形态关系。

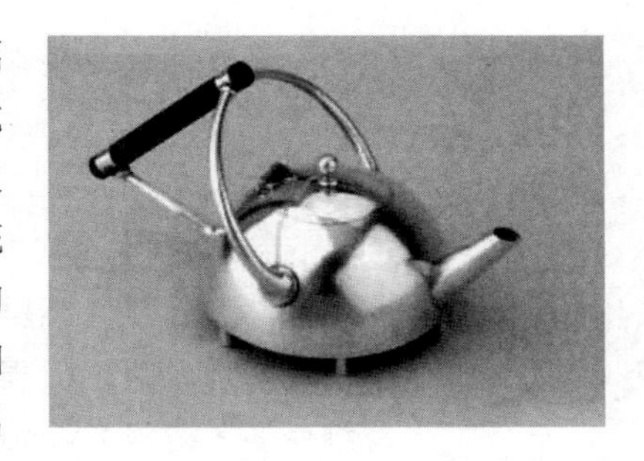

图 2-11　德莱赛在 1881 年设计的电镀茶壶

工艺美术运动对于设计改革的贡献是巨大的，表现在两个方面：第一，它首先提出了“美与技术结合”的原则，主张美术家从事设计，反对纯艺术。第二，工艺美术运动强调“师承自然”、忠实于材料和适应实用目的，从而创造出了一些朴素而实用的作品。然而，工艺美术运动也有其天然的局限性，它是反对大工业和机械化生产方式的，这无疑是违背历史发展潮流的，英国也因此在工业设计的道路上走了弯路。

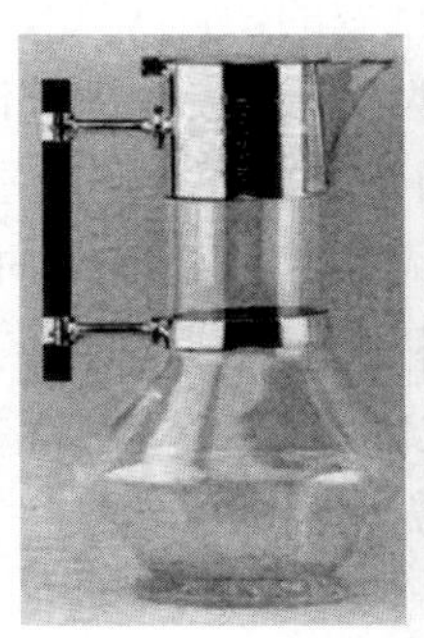

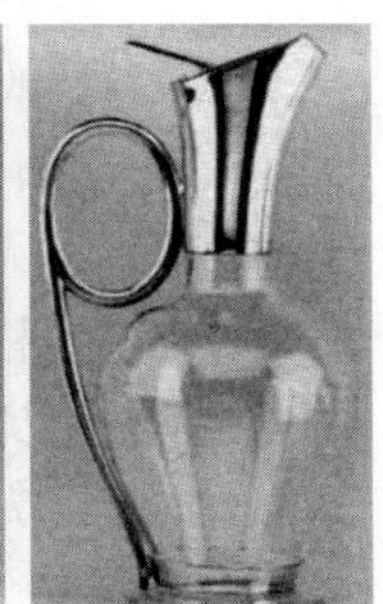

图 2-12　德莱赛设计的镶银玻璃水具

2.2　新艺术运动

新艺术是流行于 19 世纪末 20 世纪初的一种建筑、美术及实用艺术的风格，就像哥特式风格、巴洛克风格、洛可可风格一样，新艺术风格一时风靡欧洲大陆，由此引发了一场设计改革运动——新艺术运动。

2.2.1　新艺术运动产生的背景

新艺术运动发生和发展的因素是多方面的。

① 政治方面：自普法战争后，欧洲进入了一个较长的和平时期，政治和经济形势稳定。不少新统一的国家力图跻身于世界民族之林，就需要确立能够代表新政权，区别于以往历史风格的一种新的、非传统的艺术表现形式。

② 文化方面：整体艺术的哲学思想在艺术家中甚为流行，整体艺术强调人类视觉环境中的任何人为元素都应该精心设计，以获得和谐一致的总体艺术效果，他们致力于将视觉艺术的各个方面，包括绘画、雕塑、建筑、平面设计及手工艺等与自然形式融为一体。这些艺术家们需要找到一种新的风格来体现整体艺术的理念。所以，新艺术风格出现的潜在动机就是与历史风格决裂，抛弃旧有风格的元素，创造出一种全新的风格来，这种风格需要具有青春活力和现代感。新艺术运动的艺术家们受到工艺美术运动的思想启发，决定从大自然界中寻找灵感，他们找到了一种典型的纹样，这种纹样是从自然草木中抽象出来的，多是流动的形态和蜿蜒交织的线条，充满了内在活力。这些纹样被应用在建筑和设计的各个方面，成为了自然生命的象征和隐喻。

2.2.2 新艺术运动的代表人物

新艺术运动影响欧洲各国及美国，主要代表人物如下。

（1）霍塔

新艺术运动的发源地是比利时，比利时是欧洲大陆工业化最早的国家之一，在比利时，新艺术运动最富代表性的人物是霍塔和威尔德。维克多·霍塔（Victor Horta）是一位建筑师，他最具代表性的建筑是为布鲁塞尔都灵路12号住宅做的设计（如图2-13），从建筑内部的立柱造型上来看，像是自然界自然生长的树木，从旋转楼梯的扶手上看，采用了如葡萄藤蔓般相互缠绕和螺旋扭曲的线条，室内墙壁和地毯上同样运用了这种线条，这种起伏有力的线条成了比利时新艺术风格的代表性特征，因此也被称为“比利时线条”。

图2-13 布鲁塞尔都灵路12号住宅

（2）威尔德

亨利·凡·德·威尔德（Henry van de Velde）是著名的画家和平面设计师，他在比利时是非常有影响力的人物，他不仅是设计实践家还是雄辩家，威尔德不仅设计自己的住宅，而且设计家具和室内装饰（图2-14），甚至他夫人的服装，这正体现了新艺术运动所倡导的“整体艺术”的艺术理念。1908年，威尔德出任德国魏玛工艺学校校长，这所学校即是后来包豪斯学校的直接前身。图2-15是威尔德设计的餐具，造型既简洁又优雅，从刀叉的手柄造型设计上可以看出具有新艺术风格的装饰特点，然而这种装饰并不影响产品的使用功能，体现了设计中的理性。图中的瓷盘图案设计简洁大方，威尔德用类似于植物叶子的形态作为基本形态，将它均匀分布在盘子边缘，呈中心对称，营造出一种优美动感的表面装饰。

图2-14 威尔德设计的室内装饰

图2-15 威尔德设计的餐具

（3）宾

萨穆尔·宾（Samuel Bing）是一名商人和出版家，他是法国新艺术运动的重要代表人物，尽管宾并不参与实际的设计工作，但他却资助了一些志趣相投的艺术家并在巴黎开设了一家名为“新艺术之家”的艺术商号，从事家具与室内设计工作。这些设计多采用植物弯曲回卷的线条，不久便流行开来，“新艺术”由此而得名。

（4）吉马德

赫克托·吉马德（Hector Guimard）也是法国新艺术运动的领军人物，他最著名、最有影响力的设计作品是为当时的巴黎地铁所做的设计。图2-16是吉马德设计的巴黎地铁入口，吉马德充分发挥了他的自然主义特点，模仿植物的结构来设计造型，例如，入口处的灯柱，它就像一个自然生长的植物的茎，顶部的灯被花骨朵形状的造型所包裹，具有典型的新艺术风格特点，栏杆处的造型像是自然界的蝴蝶，又像是植物的缠枝花卉，同样体现了新艺术风格的特点。从材料和工艺上来看，这些自然有机的线条通过铸铁铸造而成，表面刷上了绿漆，用以模仿自然界植物的绿色及体现新艺术所提倡的具有新时代精神的生命力。

图 2-16　吉马德设计的巴黎地铁入口

（5）盖勒

埃米尔·盖勒（Emile Galle）是一位从事玻璃工作的法国艺术家，被认为是法国南锡新艺术运动的先锋人物，盖勒聚集了一大批艺术家成立了南锡学派，进行玻璃制品、家具和室内装修设计，影响很大。盖勒的父亲是一位彩陶师和家具制造商，盖勒年轻时学习哲学、植物学和绘画。后来他在迈森塔尔学习玻璃制造，并在普法战争后来到他父亲位于南锡的工厂工作。他的早期作品是饰有珐琅的透明玻璃，但他很快就转向了一种原始风格，在玻璃上采用雕刻或蚀刻工艺装饰植物图案，通常这些植物图案有两种或多种颜色（如图 2-17）。盖勒设计的玻璃制品在 1878 年的巴黎世界博览会上受到了广泛赞誉，从此他的职业生涯开始腾飞。他强调自然主义和使用花卉图案，引领了南锡的新艺术运动蓬勃发展。除此之外，盖勒擅长将新的技术和工艺融入他的设计作品中，例如金属铂和气泡，他建立了工作室来批量生产他和其他艺术家的设计作品，振兴了玻璃工业。

图 2-17　盖勒设计的玻璃花瓶

（6）高迪

安东尼奥·高迪（Antonio Gaudi）是西班牙新艺术运动的主要代表人物。高迪一生设计过很多作品，主要有古埃尔公园、米拉公寓、巴特罗公寓、圣家族大教堂等，其中有 17 项被西班牙列为国家级文物，7 项被联合国教科文组织列为世界文化遗产。高迪的建筑被称为塑性建筑，在巴塞罗那上空俯瞰可以一眼识别出高迪的建筑，具有独树一帜的风格和特点。和几何线条的建筑不同，他的建筑就像是一个巨大的流动的有机体，充满动势，在高迪的建筑造型中几乎找不到任何直线，正如他所说："大自然是没有直线存在的，直线属于人类，而曲线才属于上帝。"

米拉公寓（图 2-18）是高迪的一件代表性建筑作品。米拉公寓坐落于一处街道的转角，由三个呈一定角度的外立面组合而成，地面以上共六层（含屋顶层），这座建筑的墙面凹凸不平，屋檐和屋脊有高有低，呈蛇形曲线。建筑物造型仿佛是一座被海水长期浸蚀又经风化布满孔洞的岩体，墙体本身也像波涛汹涌的海面，富有动感。米拉公寓的屋顶（如图 2-19）高低错落，屋顶上分布了一些奇形怪状的突出物，有的像披上全副盔甲的军士，有的像神话中的怪兽，有的像教堂的大钟。其实，这是特殊形式的烟囱和通风管道。

图 2-18 米拉公寓

图 2-19 米拉公寓屋顶

（7）霍夫曼

约瑟夫·霍夫曼（Josef Hoffmann）是奥地利新艺术运动的代表人物，在奥地利，新艺术运动的发起组织是维也纳分离派。维也纳分离派的主张和新艺术运动的主张基本保持一致，强调摒弃旧有的风格，但它提倡的设计风格不是自然主义的有机形态的运用，而是抽象几何形态的运用，如直线条、方格、矩形等。霍夫曼一生在建筑设计、室内设计、家具设计、平面设计、金属器皿设计方面成就斐然，他偏爱使用黑白方格图形做装饰，因此被学术界戏称为"方格霍夫曼"。霍夫曼不仅设计了著名的普克斯多夫疗养院，而且为普克斯多夫疗养院设计了室内装饰和家具，图 2-20 是霍夫曼设计的名为"坐的机器"的躺椅，这把具有 100 多年历史的椅子在家具史上具有重要的地位。椅子的整体造型采用了几何形式，椅子侧面的两块板上有矩形和长条状镂空，椅子后背有极具霍夫曼个人设计风格的方格子镂空，这些并不是为了装饰，而是出于透气的功能的考虑；扶手后侧的球形凸起物既有装饰意味同时可以调节靠背倾斜度；椅座下面还配套设计了一个可以抽拉的歇脚凳，不使用的时候可以隐藏在椅子下面，节省了空间。这把椅子的设计体现了霍夫曼理性的功能主义思想。

图 2-20 扶手椅（坐的机器，1905 年）

（8）麦金托什

查尔斯·伦尼·麦金托什（Charles Rennie Mackintosh）是英国新艺术运动的代表人物，他的设计领域非常广泛，涉及建筑、家具、室内、灯具、玻璃器皿、地毯、壁挂等，他曾为苏格兰的格拉斯哥市设计了多座建筑，其中格拉斯哥艺术学院（图 2-21）被认为是英国第一座

图 2-21 格拉斯哥艺术学院

新艺术风格的建筑，它既保留了英国传统建筑的风格特征，又体现了现代建筑的特点。从建筑形式上来看，麦金托什在设计时采用简单的纵横直线、简洁的几何造型，室内大量采用木料结构，建筑内外协调，形成一种统一的风格。为了达到高度统一的设计风格，他还统一设计了建筑内部的家具和用品，家具使用原色，注重纵向线条的运用，利用直线搭配进行装饰，尽量避免过多的装饰。从建筑材料上来看，麦金托什除了采用传统的大理石和铁条，还大面积使用玻璃等新材料，将传统建筑与现代设计风格完美统一，展现出麦金托什非凡的创造力和审美意识。

与别的新艺术流派相比，麦金托什在设计中偏向于使用直线和简洁的几何造型，但他并不排斥装饰，他对形式的追求是在保证结构和功能的基础上发展而来的，比如，他在家具设计中，把几何形态作为主要造型语言。麦金托什一生设计了大量的家具，均具有几何形态的高直风格。高靠背椅（图 2-22）是麦金托什几何形态家具设计的典型代表。这把椅子没有任何烦琐的具象装饰，只是运用结构语言和规整的几何形态来表达他的风格。

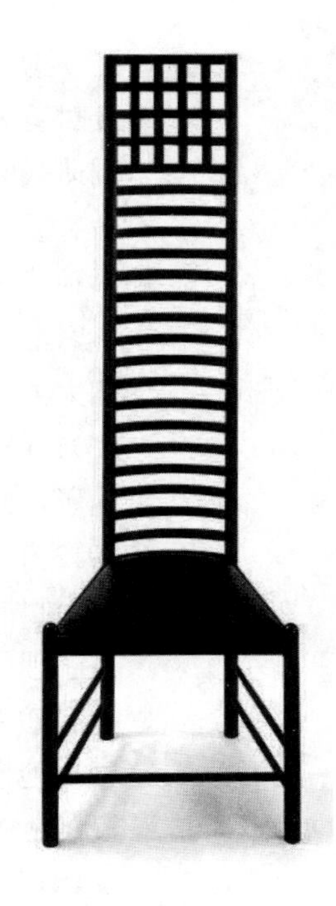

图 2-22　高靠背椅

2.2.3 新艺术运动与工艺美术运动的异同

新艺术运动与工艺美术运动在本质上是一场设计改革运动，在理念上有不少相似的地方，例如，两者都是对矫饰的巴洛克风格、洛可可风格、维多利亚风格等历史风格的反对，都强烈反对机械化大生产和工业化进程，都遵循师承自然的设计理念。新艺术运动和工艺美术运动的不同之处表现在两个方面，第一，新艺术运动提倡摈弃所有历史风格，强调从自然界中获取灵感，以大自然为最基本的创作源泉，寻找一种全新的设计风格，所以具有历史进步性；而工艺美术运动却提倡以中世纪为楷模，以复兴手工业为己任，提倡建立以手工艺为主导的生产模式，并没有认识到工业是有它的长处的，因此具有一定历史局限性。第二，工艺美术运动发生在 19 世纪下半叶，新艺术运动发生在 19 世纪末 20 世纪初，它是工艺美术运动的延续，同时也是古典主义走向现代主义的一个转折。

2.3 德意志制造联盟

2.3.1 德意志制造联盟的历史作用

19 世纪下半叶至 20 世纪初，欧洲各国兴起了形形色色的设计改革运动，他们在不同程度和不同方面为设计发展提出了新的方向和思路，并在设计实践中探索出了一条新的通向工业化的道路。然而，无论是英国的工艺美术运动还是欧洲的新艺术运动，都没有在实际上摆脱拉斯金等人否定机器生产的思想，更谈不上将设计与工业有机结合起来。工业设计真正在理论上、组织上和实践上的突破，是来自 1907 年成立的德意志制造联盟。

德意志制造联盟对于现代工业设计的贡献是巨大的，主要表现在以下三个方面：

① 德意志制造联盟的口号是:“通过艺术、工业与手工艺的合作，用教育、宣传及对有关问题采取联合行动的方式来提高工业劳动的地位。”这句口号表明了德意志制造联盟对于工业的肯定和支持态度，这无疑是具有历史进步意义的。

② 它通过各种途径宣传现代主义思想，揭开了现代主义运动的序幕，推动了世界现代主义设计的发展。例如，德意志制造联盟通过举办展览、讨论会的形式将设计家汇集在一起，共同研讨设计问题、学术问题，举办讲座，宣传制造联盟的宗旨，如大力主张功能主义设计思想，坚决反对任何装饰；承认现代工业，肯定工业化生产方式；主张实现标准化和批量化等。德意志制造联盟不仅对于德国的工业设计产生了直接的、巨大的促进作用，对欧洲各国乃至世界的工业设计发展同样影响深远。1912 年，奥地利“制造联盟”成立，1913 年瑞士“制造联盟”成立，1915 年瑞典“设计协会”成立，同年，英国的设计与工业协会（DIA）成立，这些组织的成立促进了现代主义设计的发展。

③ 德意志制造联盟的设计师们通过大量的设计实践推动了现代工业设计的发展，他们针对工业产品展开了广泛的设计，如餐具、家具以及轮船内部设计，这些设计大多具有无装饰、构件简单、表面平整等特点，适合机械化大批量生产，同时又体现出一种新的美学风格。德意志制造联盟里最优秀、最富创新性的产品当属家用电器等新兴电子产品，这类产品需要设计师具有超凡的创造力和创新精神，制造联盟里涌现出的不少产品是现代产品的经典雏形。

2.3.2 德意志制造联盟的代表人物

（1）穆特修斯

赫尔曼·穆特修斯（Hermann Muthesius）是一位建筑师，他为德意志制造联盟做出了突出贡献，是联盟创始人之一。1896 年他被任命为德国驻伦敦大使馆的建筑专员，一直工作到 1903 年。在此期间，他不断地报告英国建筑的情况以及在手工艺及工业设计方面的进展。除此之外，他还对英国的住宅进行了大量调查研究，写成了三卷本的巨著《英国住宅》。虽然书中大部分的内容都与建筑有关，但却为德国未来的设计与其他领域奠定了重要的基础。

穆特修斯认为实用艺术（即设计）同时具有艺术、文化和经济的意义。他强调工业生产的重要性，强调建立一种统一的美学标准，以便能够实现机械化的大批量生产，以获取更多的经济价值，这一观点和联盟中的另一位重要人物威尔德截然不同，威尔德认为:“工业绝不应为了获得更多的利益就可以牺牲作品的美和材料的高质量。对那些既不注重美，也不注重使用材料，因而在生产过程中毫无乐趣的产品，我们不必去理睬。”穆特修斯和威尔德的观点恰恰代表了德意志制造联盟中两种对立的思想，这两种思想的较量最终以穆特修斯的胜利告终，他的思想也影响了不少现代主义建筑大师，如密斯、格罗皮乌斯和柯布西耶，他们在设计实践中都遵循了穆特修斯的想法，采用了高度标准化的材料和设计，使得大规模建造廉价住宅成为可能。

（2）贝伦斯

彼得·贝伦斯（Peter Behrens）同样是德意志制造联盟的缔造者，是德国现代主义设计的重要奠基人之一，被称为德国现代设计之父，他不仅培养了密斯、格罗皮乌斯和柯布西耶这几位建筑大师，而且用自己大量的设计实践推动了现代主义设计运动的发展。贝伦斯于 1868 年出生于汉堡，曾在艺术学院学习绘画，1891 年后在慕尼黑从事书籍插图和木版画创作，后改学建筑。1893 年成为慕尼黑“青年风格”组织的成员，期间他受到了当时的激进艺术的影响。1903 年（35 岁）他被任命为杜塞尔多夫艺术学院的校长，在学校推行设计教育改革。1907 年他被德国通用电气公司（AEG）聘请担任建筑师和设计协调人。贝伦斯一生设计了无数有影响力的作品，涉及建筑设计、平面设计和产品设计领域。在建筑设计方面，1909—1912 年他参与建造 AEG 公司的厂房建筑群，其中他设计的透平机车间成为当时德国最有影响的建筑物，被誉为“第一座真正的现代建筑”（如图 2-23）。

图 2-23 透平机车间

从造型上看，整座建筑造型非常简洁，没有任何附加的装饰，采用大型的门式钢架，钢架的顶部呈多边形，侧柱从上而下逐渐收缩，在地面处形成铰接点。透平机车间的造型体现了石房结构的特点，但是经过贝伦斯的处理，整个工厂顶部又带有一种纪念性的古典庄重的气派，所以它是一座既合理又富有表现力的工厂建筑。从材料上看，贝伦斯大胆采用钢筋、混凝土、玻璃等新型工业材料，使建筑建成后有非常鲜明的外部特征，钢筋架构特点明显。透平机的两侧墙体上的宽阔玻璃窗不仅保证了厂房内的照明，而且减弱了建筑庞大体积带来的视觉效果，为现代建筑提供了简洁明快的风格样式模板。

图 2-24 电热水壶

贝伦斯设计了大量的工业产品，如电热水壶、风扇、电钟等，在工业设计上贝伦斯也有独到的见解和成就。他在建筑设计上表现的简洁明快的特点也体现在了工业产品的设计上，并且贝伦斯认为工业设计的本质应该是简洁的外观和实用的功能，功能主义的设计思想正是源于这里。他的设计理念是以标准化、批量化生产为出发点，将产品的各个部件设计成标准件，然后通过不同的组合方式制造出多样化的产品。如图 2-24 是贝伦斯设计的电热水壶，水壶的把手、壶身、壶嘴、底座等都是标准化的零件，利用这些零件可以灵活地装配出 80 余种水壶，这种用有限的标准零件组合来提供多样化的产品的探索，使得贝伦斯成为了世界上第一位现代工业设计师。

贝伦斯的平面设计具有强烈的个人特征，采用标准的方形网络方式，严谨地把图形、字体、文字说明、装饰图案工整地安排在方形网络之中，清晰易读，让人一目了然，同时在字体选择上选用自己改良的罗马体，因此具有减少主义的初期特征。这种设计特征极大地影响了当时设计的风尚。他为 AEG 公司设计的标识在几年时间内数易其稿一直沿用至今，并成为欧洲最著名的标识之一。

2.3.3 德意志制造联盟的贡献

德意志制造联盟十分注重宣传工作，常举行各种展览，并用实物来传播他们的主张，还出版了各种刊物等印刷品。在1912年出版的第一期制造联盟年鉴中，介绍了贝伦斯设计的厂房和电器产品。在1913年的年鉴中，着重介绍美国福特汽车公司的流水装配作业线，希望将标准化与批量生产引入工业设计中。1916年联盟与一个文化组织合作出版了一本设计图集，推荐诸如茶具、咖啡具、玻璃制品和厨房设备等家用品的设计，其共同特点是功能化和实用化，并少有装饰，而且价格为一般居民所能承受。这本图集是制造联盟为制定和推广设计标准而出版的系列丛书中的第一本。这些宣传工作不但在德国影响很大，促进了德国工业设计的发展，而且对欧洲其他国家也产生了积极的影响，一些国家先后成立了类似制造联盟的组织，对欧洲工业设计发展起了很重要的作用。

2.4 包豪斯

2.4.1 包豪斯的历史

包豪斯是音译名，德文名叫作“Bauhaus”，是格罗皮乌斯根据德语“建造”和“房屋”两个词拼合而成的新词，从字面上看，这应该是一所建筑学校，但在包豪斯成立后近十年时间内，是没有开设建筑专业的（直到米斯担任第三任校长时，才把教学重心转移到建筑上来），学校设立的有绘画、排版、纺织品设计、陶瓷、雕塑、剧院设计、金属加工等专业，是一所设计学校。包豪斯是现代主义思想的集大成者，它继承了工艺美术运动以来各种设计改革运动的精髓，继承了德意志制造联盟的优良传统。

1919年，包豪斯在德国的魏玛成立，第一任校长是格罗皮乌斯，他亲自为包豪斯设计了校舍。1925年，由于受到魏玛反动政府的迫害，校址被迫迁到了德绍。1928年，格罗皮乌斯被迫辞去了校长的职务，迈耶成为了包豪斯的第二任校长，然而在迈耶担任了两年校长后，1930年，由于同样的原因，迈耶被迫辞职，密斯担任校长。1933年，由于希特勒政府的上台，包豪斯被迫解散。今天回头看包豪斯的发展史，可以说是命运多舛，由于政局的动荡和反动政府的上台，它仅仅存在了14年的时间，然而这所只有14年建校历史的设计学校却在整个现代设计史上具有举足轻重的地位。

2.4.2 包豪斯的教学体系和理念

包豪斯的教学体系，完全是根据格罗皮乌斯的主张建立起来的。他坚决反对艺术与技术的分离，主张艺术家、建筑师、技术人员应该充分合作，抛弃纯理论知识和单纯书本的教学方法，主张艺术与技术、教学与实践相结合的教育。

包豪斯的教学体系的建立分为两个阶段，即魏玛时期和德绍时期。魏玛时期是包豪斯教学体系的初建期，教学上采用双轨教学制度，每一门课程都由一位造型教师（形式导师）担任基础课教学和一位技术教师（工作室导师）共同教授，使学生共同接受艺术与技术的双重影响。形式导师负责教授形式内容，如绘画、色彩与创造思维内容；技术教师负责教授学生技术，如手工艺和材料学内容。

1925 年，包豪斯迁到德绍后，自己培养的技术与艺术兼备的学生加入教学阵营，原来的双轨制教学宣告结束，成熟的教学体系逐渐形成。在格罗皮乌斯的指导下，包豪斯形成了一套完整的艺术设计教育理念。

在设计理论上，包豪斯提出了三个基本原则：

① 艺术与技术的新统一；

② 设计的目的是人而不是产品；

③ 设计必须遵循自然与客观的法则来进行。

这些观点对于工业设计的发展起到了积极作用，使现代设计逐步从理想主义走向现代主义，即用理性的、科学的思想来代替艺术上的自我表现和浪漫主义。

2.4.3 包豪斯的代表人物

包豪斯作为一所培养设计人才的学校，不仅聘请了一大批来自世界各地的开创性的艺术天才来做他们的教师，如荷兰的蒙德里安、杜斯伯格、里特维尔德。俄国的康定斯基，瑞士的伊顿。匈牙利的纳吉，德国的施莱默和挪威的蒙克，而且成就了大批具有国际影响力的现代主义设计大师，如格罗皮乌斯、密斯、柯布西耶，为了躲避欧洲的战火和政治上的迫害，这些大师后来到了美国，他们对 20 世纪的艺术与设计产生了深远而持久的影响。

（1）风格派代表蒙德里安、杜斯伯格和里特维尔德

皮特 • 蒙德里安（Piet Mondrian）、特奥 • 凡 • 杜斯伯格（Theo van Doesburg）和格里特 • 托马斯 • 里特维尔德（Gerrit Thomas Rietveld）是荷兰风格派的代表人物，三位曾先后在包豪斯任教。蒙德里安是荷兰著名的现代派画家，是风格派的典型代表人物。蒙德里安在 1917 年与杜斯伯格、莱克三人共同创立了名为“风格派”的社团并创立了《风格》杂志，进而形成了以蒙德里安为首的抽象派美术理论的体系。主要作品有《灰色的树》（图 2-25）、《红黄蓝构图》（图 2-26）等。1921 年，杜斯伯格把风格派抽象主义带到包豪斯，不仅使包豪斯摆脱了表现主义观念的束缚，甚至影响了包豪斯的教学方法和设计风格。20 世纪 20 年代到 30 年代，里特维尔德设计了许多商店、住宅和座椅，这些作品具有强烈的现代构成主义风格。他的主要代表作是《红蓝椅》和施罗德住宅，其中《红蓝椅》在形式上是对画家蒙德里安作品《红黄蓝构图》的立体诠释。

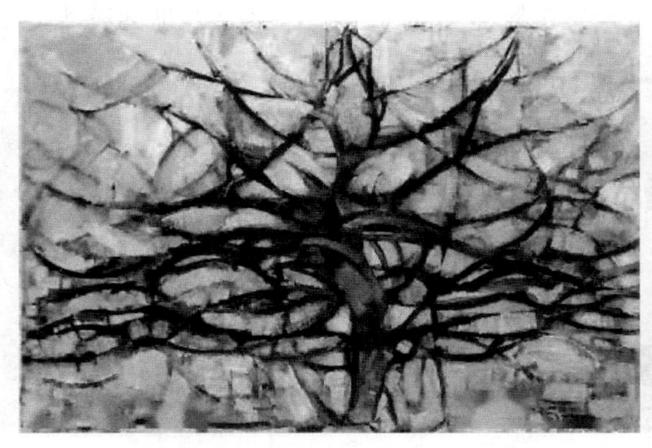

图 2-25 《灰色的树》

图 2-26 《红黄蓝构图》

（2）伊顿

约翰尼斯·伊顿（Johannes Itten）是瑞士表现主义画家、设计师、教师、作家和理论家，1919—1922 年任教于包豪斯，是包豪斯学院色彩构成与基础课程体系的奠基人，为后世的色彩理论做出非凡贡献。伊顿在理论思想上受到抽象主义以及中国古典哲学的影响，强调将中国传统文化与西方的科学技术相结合。在其教育实践中，引进了老庄的哲学思想和道教的气功修炼。要求学生在做专业训练之前，先要磨炼自己的身体和意志，辅助手段是躯体拉伸、呼吸控制、沉思冥想。伊顿出版过两本理论著作——《色彩艺术》和《造型基础》，总结了一套普适性的色彩和造型客观规律，揭示了艺术与设计的底层逻辑，是色彩与造型领域的开山之作，也是色彩与造型研究的源头。

（3）纳吉

拉兹洛·莫霍利·纳吉（László Moholy Nagy）是匈牙利著名的画家、摄影师，还是一位多产的艺术家，他在雕塑、电影、戏剧和写作方面都做出了开创性的贡献。他在 1923 年收到格罗皮乌斯的邀请到包豪斯任教，取代伊顿接手了当时的预备课程的教学和金属车间。纳吉对现代材料和工艺非常感兴趣，他强烈主张将技术和工业融入艺术。在金属车间，他带领学生利用车间工业机器，尝试对各种材料进行加工、组合、再加工、再组合，他要求学生们必须非常理性、客观地通过加工和组合，让材料自身的特性忠实地表现出来。纳吉一生最大的贡献在于他把包豪斯的理论和教学观念带到了美国，并在芝加哥创办了一个“新包豪斯”学校，这就是以后的芝加哥设计学院（今伊利诺伊理工大学，IIT）。

（4）施莱莫

奥斯卡·施莱莫（Oskar Schlemmer）是一位多才多艺的德国艺术家，他在绘画、雕塑、平面设计、舞蹈和舞台设计方面取得了诸多成就，1921—1929 年他在包豪斯任教，期间先后主持过包豪斯的壁画工坊、石材工坊、木材工坊和舞蹈工坊，他开设了人体研究基础课，创办了独具一格的戏剧工作室，是包豪斯最受学生欢迎的大师之一。他的代表作品有包豪斯的人像标志（图 2-27）、油画《包豪斯楼梯》和舞剧《三元芭蕾》（图 2-28），其中《三元芭蕾》是最具革命性和创新性的芭蕾舞剧之一，自 1922 年在斯图加特国立剧院首演以来，成为了广受欢迎的先锋艺术舞蹈剧，舞剧中的三位演员身穿几何图形组成的服装，做着机器人一样的简单动作，与不停变换的舞台背景相互映衬。《三元芭蕾》的成功演出使得包豪斯的设计理念也广为传播。

图 2-27 包豪斯人像标志图

图 2-28 《三元芭蕾》舞剧

（5）格罗皮乌斯

瓦尔特·格罗皮乌斯（Walter Gropius）1883 年出生于德国的建筑世家，父亲和叔叔都是建筑师，他是包豪斯学校的创始人、第一任校长，是现代主义建筑学派的倡导人和奠基人之一。1925 年，他为包豪斯设计了校舍，这个校舍是一座综合性的建筑群，包括教学楼、办公楼、实验工厂和学生宿舍等（图 2-29）。格罗皮乌斯完全摆脱了传统建筑中的形式和材料的束缚，开创性地运用钢筋、混凝土、玻璃等现代工业材料设计新时代建筑，与复古主义设计思想划清了界限，因此，包豪斯校舍被认为是现代建筑中具有里程碑意义的典范作品。

图 2-29 包豪斯校舍模型

包豪斯校舍具有明显的现代主义风格特点，整个建筑简洁而单纯，没有任何多余的装饰。包豪斯校舍的设计特点如下：第一，整体设计是从建筑物的实用功能出发，按各部分的实用要求及其相互关系定出各自的位置和体型。这是一个多入口、多立面、多轴线的建筑物，为了使基地不被建筑隔断，公共活动部分和行政办公楼底层透空，有利于行人和车辆通行。第二，每个建筑物都有自己的独特的结构形式和外形特点。例如实验工厂（图 2-30），它采用钢筋混凝土框架和悬挑楼板，外墙最显著的特征就是大面积的贯通三层的玻璃幕墙，既有利于采光，又表现出与其他建筑部分不同的外形。学生宿舍楼（图 2-31）采用钢筋混凝土楼板和承重砖墙的混合结构；白色的墙面和黑色的窗框形成鲜明对比，每个宿舍都设有一个小阳台，凸出的阳台与水平带形窗比例协调，带来一种有节奏和韵律感的美感。屋顶的设计也史无前例，屋顶全是平顶，在空心楼板上设保温层，铺有油毡和预制沥青板，人们可以在屋顶上面活动。第三，在造型上采取不对称构图和对比统一的手法。一个个没有任何装饰的立方体，由于体量组合得当，大小长短和前后高低错落有致，透明的玻璃和实墙虚实相衬，深色窗框和白粉墙黑白分明，垂直向的墙面或窗和水平向的带形窗、阳台、雨篷比例适度，显得生动活泼。

图 2-30 包豪斯校舍的实验工厂

图 2-31 包豪斯校舍的学生宿舍楼

（6）密斯

路德维希·密斯·凡·德·罗（Ludwig Mies van der Rohe），著名的设计理论家、现代主义建筑大师，生于德国，后移民美国，1926 年曾担任德意志制造联盟的副理事长，1930 年任包豪斯学校的第三任校长。在设计理论上，密斯提出“少即是多”（less is more）、“上帝在细节中”（god is in the details）的设计原则，对于后世的建筑师、设计师影响很大，并同时指导着自己的设计实践，他最成功的作品是为 1929 年巴塞罗那世界博览会设计的德国馆，以及内部的家具、室内设计，特别是著名的巴塞罗那椅成为了现代设计史上的经典作品。

1929 年，西班牙在巴塞罗那举行世博会，密斯被邀请主持德国馆（图 2-32）的设计工作。巴塞罗那世博会德国馆后来被简称为巴塞罗那馆，整个设计坐落在一个平台上，由场内和场外两个部分合成：建筑顶部是钢筋混凝土薄型平顶，屋顶用镀镍的钢柱支撑；室内空间宽敞，仅仅采用浅棕色的条纹大理石、绿色的提尼安大理石和半透明的玻璃薄壁做了部分的分隔，以形成几个不同的展览区域；室外是一个长方形的水池，除了一端摆放一座女性人体雕塑之外，没有任何多余的装饰。巴塞罗那馆是密斯“少即是多”设计理念的极好证明，它也成为了密斯设计生涯中重要的转折点和里程碑。

巴塞罗那馆内部几乎没有任何的装饰，但馆内摆放的几把椅子却格外地引人注目，这就是设计史上著名的巴塞罗那椅（图 2-33）。巴塞罗那椅是为了迎接西班牙国王和王后而设计的椅子，它的造型简洁而优美，没有多余的装饰，既体现了简洁的现代主义风格又不失贵族的优雅气质。巴塞罗那椅是一把无扶手靠背椅，采用钢结构框架，椅子主体由弧形交叉状的不锈钢结构架支撑，极具美感的 X 形脚是椅子最亮眼的设计，非常优雅且功能化。这种极简、功能化的设计正符合密斯所倡导的“少即是多”的设计理念，该理念是包豪斯主义风格的核心。

图 2-32 巴塞罗那世博会德国馆

图 2-33 巴塞罗那椅

（7）柯布西耶

勒 • 柯布西耶（Le Corbusier）是法国著名现代主义建筑大师，现代主义设计思想的理论奠基者、机器美学的重要奠基人，被称为“功能主义之父”。他在《走向新建筑》一书中，提出了自己的机器美学观点和理论系统，他主张设计上、建筑上要向前看，否定传统的装饰。他认为最能代表未来的是机械的美，未来的世界基本是机械的时代，他认为“房屋是居住的机器”。柯布西耶不仅通过讲学、出版著作提出自己的现代建筑思想和理论，而且通过大量的设计实践践行自己的理论探索。他一生设计过许多具有国际影响力的建筑作品，遍布世界各个角落，如阿根廷、比利时、法国、德国、印度、日本和瑞士。2016年联合国教科文组织（UNESCO）正式公布，为了纪念柯布西耶对现代主义运动的杰出贡献，将其设计的17个著名建筑作品列为世界文化遗产，这在建筑界还是首例。

萨沃伊别墅和朗香教堂是柯布西耶所有建筑作品中最广为人知的两个，两座建筑的风格特点完全不同，体现了柯布西耶在早年和晚年的设计风格的变化和他自身自我否定与革新的创造性精神，这也是他作为一名伟大的建筑大师最令人钦佩之处。

萨沃伊别墅（如图2-34）位于法国巴黎郊区的普瓦西镇，是柯布西耶为萨沃伊家族设计的私人别墅。这栋别墅占地面积很大，周围被树林环绕，且面对着塞纳河畔的美丽景观，后来这座别墅废弃而成为了一座公共建筑。整座建筑采用几何造型，没有任何多余的装饰，采用白色墙体，简洁而干净。这是一座典型的现代主义建筑，建筑的底层架空，用柱子代替了墙体承重，水平向的玻璃窗最大限度地将光线引入到室内，使室内和窗外的美景融为了一体。建筑的顶部设有花园，适合房屋主人休闲和娱乐。萨沃伊别墅的设计充分体现了柯布西耶著名的“新建筑五点”理论：第一，建筑的底层要架空并用柱子做支撑，而不是传统的墙承力结构；第二，房子不但使用平顶结构，而且将其设计为屋顶平台，作为天台花园；第三，室内采用完全敞开的设计，尽量减少用墙面隔绝房间的传统方式；第四，使用完全没有装饰的自由立面；第五，采用条形、横向长窗。柯布西耶设计的萨沃伊别墅，与1925年格罗皮乌斯设计的包豪斯校舍、密斯1929年设计的巴塞罗那世界博览会德国馆齐名，一同成为世界现代主义建筑重要的里程碑，昭示了现代建筑发展的方式和前途。

朗香教堂（图2-35）是位于法国东部上索恩省朗香镇的一座罗马天主教小教堂。朗香教堂于1955年落成，它的形式不同于之前任何一种为人们所熟知的古典形式的教堂，也不同于柯布西耶早期提出的现代主义设计思想与主张，柯布西耶标新立异地为朗香教堂设计了独特的造型并大量采用了曲线，这个设计方案一经推出便立刻受到了保守派的反对，他们认为这个造型过于创新，也不符合传统的天主教堂的风格，但却得到了建筑界专业人士及信徒们的认可和肯定。日本著名建筑大师安藤忠雄说：“从我第一次亲身体验到朗香教堂开始，我对该建筑的记忆一直伴随在我的建筑设计中。我通过朗香教堂，从柯布西耶那里学到的并不是对‘形’的手法，而是只用光也能实现建筑的可能性。当你走进由自由的墙壁和双重混凝土屋顶构成的朗香教堂的内部空间时，首先感受到的是与外界隔离的黑暗，但给你印象最深的是透过窗户、墙壁上地缝般的缝隙照射进来的多样的光线。建筑物采光窗户的形态断

图2-34 萨沃伊别墅

图2-35 朗香教堂外景

绝了内外空间的尺度，这样巧妙的设计使我有了对空间进行了解和分析的冲动，但最终我还是沉迷于那梦幻般的光线洪流中不能自拔。我在这里意识到的并不是建筑物的‘形’，而是空间体量感和由光线演绎的美感。”

朗香教堂最著名的不仅是它极具雕塑感而富有表现力的外形，更重要的是柯布西耶通过建筑结构的设计将自然界中的光线引入到教堂内部，创造出了“一部光线的交响曲”，为人们带来了一种具有宗教活动意味的强烈感受。例如，那像修女帽子般弯曲翘起的屋顶和混凝土墙体之间有一条约40厘米的带形空隙，这使得缕缕光线得以进入，也营造出屋顶悬浮般的神秘感。教堂的南立面（图2-36）上开设了一些星罗棋布的窗洞，光线通过这些锥形的窗洞射进教堂内部，将黑暗的内部空间照亮，营造出西方神学的神秘与空灵。教堂的东立面墙体上同样开设有可以透过光线的小洞，清晨，清晰而柔和的光线透过墙上的这些小洞。在室内就形成了点状的星云，像浩瀚宇宙中的点点星光，让人更加意识到自己的渺小。整个教堂神秘宁静，当建筑外部的光线透过墙体照进建筑内部时，富有表现力的光线营造出了迷幻的氛围。柯布西耶在朗香教堂中将不可控的光线应用得游刃有余，无愧于他设计大师的称号。

图 2-36 朗香教堂南立面

2.4.4 包豪斯的经典作品

除了建筑、平面设计之外，包豪斯也涌现出一大批优秀的作品，如家具、灯具、金属器皿、陶瓷等，包豪斯的产品设计基本遵循功能主义、理性主义的设计原则，对现代产品设计产生了深刻的影响。

图 2-37 瓦西里椅

瓦西里椅（图2-37）由包豪斯的设计师马歇尔·布劳耶在1925年设计，它被称为世界上第一把钢管椅。作为20世纪现代主义的经典座椅设计，它的魅力首先在于它极富创新的材料应用，这是钢管这种工业化材料首次被应用在座椅设计上，因此瓦西里椅的出现具有里程碑意义，开创了现代家具设计的先河，为后世家具设计走向工业化奠定了坚实的基础。其次，新材料必定带来新的结构和形式，瓦西里椅具有轻巧、优雅、流畅的线条，整体设计简洁，突出了产品清晰的结构，没有任何多余的装饰，突出机械化美感，符合包豪斯的设计风格，遵循了包豪斯“艺术与技术相统一”的设计观点。

从结构上看，瓦西里椅突破性地将传统的平板座椅换成了悬空的、有支撑能力的垫子，使坐在椅子上的人感觉更舒适，椅子的重量也减轻了许多。它是一款真正把优雅与功能性完美结合的椅子。从材料上看，瓦西里椅采用金属和皮革两种材料，皮革采用的是马鞍皮革，马鞍皮革有个特点就是厚实牢固，韧性非常强，可以作为椅子的支撑座面和靠背；椅子的框架是由不锈钢管制作而成，既轻巧又充满机械的美感，一改那个时代人们对椅子笨重、不易挪动的固有化认知，很快在全世界掀起钢管家具的浪潮。

图 2-38　华根菲尔德台灯

钢管这种典型的工业材料不仅被应用在家具上，还被包豪斯的年轻设计师华根菲尔德应用在灯具上，图 2-38 是华根菲尔德于 1924 年设计的镀铬钢管台灯，后被命名为"华根菲尔德台灯"。这款台灯采用金属和玻璃两种材质，充分突出了材料的特性，乳白色的透明玻璃灯罩和金属质地的支架相得益彰，只用简单的几何形体就勾勒出一盏台灯最基本的形体特征，简洁而又高雅，这种简单的几何形体非常适合大批量工业生产，迄今为止这款台灯仍在生产和销售。除此之外，台灯上的金属部件采用镀铬工艺，更凸显了台灯的优雅与高品质。

图 2-39　康登台灯

包豪斯设计的灯具产品不仅有简洁美观的造型，而且性能优良。如图 2-39 是包豪斯著名的女设计师布兰德设计的康登台灯。布兰德是毕业于包豪斯的产品设计师，也是包豪斯培养出来的杰出女设计师之一，在德国设计中占有重要的地位。她设计的这款台灯到现在还在生产，并且被视为 20 世纪最经典的作品之一。从台灯整体的造型看，它奠定了现代工作台灯的雏形，外形高挑、纤细，底座稳固；从功能上来看，由于它可以任意调整角度，所以具备了良好的功能性。康登台灯整体为黑色，灯罩的内部是白色，形成黑白相对色的对比，既给人带来明快的视觉感受，又在功能上起到增加亮度的作用。

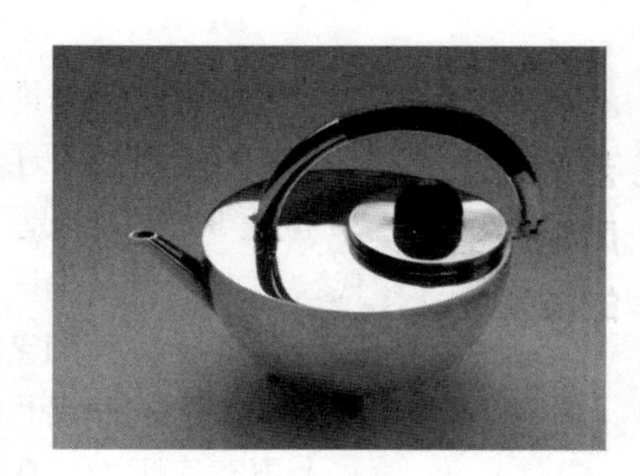

图 2-40　布兰德设计的茶壶

布兰德的产品设计主要集中在金属制品，如台灯、咖啡器具、茶具等。布兰德于 1923 年加入包豪斯的金属工坊，成为一名学徒，1927 年担任了金属工坊的助理，1928 年接替纳吉成为包豪斯金属工坊的负责人，负责包豪斯和外部厂商签订生产合同、洽谈版权费用这类最棘手的问题，非常有经验。图 2-40 是她设计的茶壶，茶壶的各个部件包括壶身、把手、盖钮和壶嘴等造型都是简单的标准几何形体，通过简洁抽象的要素组合传达自身的实用功能，简洁又实用。在材料的选择上，布兰德采用黄铜和乌木，不加任何修饰，体现了材质本身的美感。布兰德是现代设计史中的重要人物，不仅因为她创造了许多 20 世纪经典的金属制品，还因为她在以男性为主导的金属制品设计领域创造了女性设计师的传奇。

2.4.5 包豪斯的影响和历史局限性

包豪斯是世界上第一所完全为发展设计教育而建立的学院，它集中了20世纪初欧洲各国在设计探索上的最新成果，成为欧洲现代主义设计运动的集大成者。包豪斯在建筑设计、室内设计、平面设计、工业产品设计、摄影等各个方面都为现代主义设计教育体系奠定了基础，并使欧洲的现代主义设计运动达到了一个空前的高度。包豪斯被纳粹政府关闭后，它的领导人物、教员、大批的学生移居美国，把他们在欧洲进行的设计探索以及欧洲现代主义设计思想带到了新大陆，从而将包豪斯的影响发展成一种新的设计风格——国际主义风格，影响到了全世界。

包豪斯的设计教育在全世界范围内有着巨大的影响力，其设计理念影响了世界许多学校的艺术教育，奠定了设计教育学科的理论与教育教学体系，并为全世界培养出了一代又一代优秀的设计师。

然而，包豪斯所处的政治、历史、经济、社会等环境，不可避免地存在某些历史局限性，主要体现在三个方面：① 由于受到俄国构成主义风格的影响，包豪斯在设计形式中过分强调使用抽象的几何图形，无论何种产品、何种材料都采用几何图形，从而走向了形式主义的道路。② 严格的几何造型和对工业材料的追求使得产品具有冷漠感，缺少应有的人情味，忽视了人对产品的心理需求，忽视了各民族各地域的历史和文化传统，导致了后来千篇一律的国际主义风格的诞生。③ 包豪斯自身存在一定的矛盾性，尽管它积极提倡为普通大众而设计，但是它的设计理论曲高和寡，只能被一部分知识分子和富有阶层所欣赏，因而包豪斯实际生产的产品数量并不多，并未实现设计民主化的伟大理想。尽管包豪斯自身存在一定的局限性，但它对于现代主义设计的贡献是巨大的，它奠定了现代主义设计的理论和教育教学体系。

2.5 艺术装饰风格

2.5.1 艺术装饰风格产生的背景

艺术装饰风格即装饰艺术派（art deco），是流行于20世纪20到30年代的一种艺术风格，它起源于装饰艺术运动。装饰艺术运动兴起于20世纪20年代，退潮于20世纪30年代，是20世纪里延续时间比较长的一次设计运动。进入20世纪20年代，西方社会从第一次世界大战的硝烟中恢复过来，经济的高速发展带来商业的繁荣，为新的设计和艺术风格提供了发展的机会。包豪斯所提倡的现代主义理论曲高和寡，生产的产品也并未获得普通人民大众的青睐，人们更倾向于市场上那些在形式上更富表现力和吸引力的流行趣味设计风格，艺术装饰风格正符合了他们的心理需求。艺术装饰风格起源于法国，后来影响了欧洲各国、美国及世界上的其他国家，它涉及了装饰艺术的各个领域，如家具、珠宝、陶瓷、玻璃、绘画、平面设计等领域，对建筑设计和工业产品设计也产生了广泛的影响。

2.5.2 艺术装饰风格的特征

艺术装饰风格受到新艺术运动、包豪斯、立体主义和芭蕾舞团的影响，吸收了19世纪各种设计运动中的风格，并积极拥抱机械化、工业化和新材料，将艺术性、装饰性与现代主义设计提倡的几何造型融合在一起，形成了时髦的、新奇的、豪华的具有商业气息和市场生命力的流行风格。艺术装饰风格不是一种单纯而统一的风格，但在装饰艺术的各个领域具备一些共同的特点。

图 2-41 克莱斯勒大厦

第一，艺术装饰风格在外观造型上多采用简洁的几何形体。为了体现现代感，艺术装饰风格采用了易于机械化加工和生产的几何形体，表面光洁、平直，边缘清晰，线条流畅而简练。金字塔状的台阶式构图和放射状线条是艺术装饰风格典型的造型语言。例如，位于美国纽约的摩天大楼克莱斯勒大厦（如图 2-41）建于 1928 年—1930 年，它是典型的艺术装饰风格建筑，建筑顶部有高耸入云的尖顶，由 7 个放射状的圆弧相叠而成，圆弧采用的是不锈钢拱，整体呈银白色，具有极强的装饰性。

图 2-42 休闲桌

第二，艺术装饰风格具有强烈的装饰性。和现代主义风格反对装饰不同，艺术装饰风格特别强调装饰性，无论在建筑、产品设计还是平面设计中，总会附带一些装饰的细节。但它又与新艺术运动提倡的从自然界中提取的植物纹样装饰有很大的不同，艺术装饰风格中采用的装饰纹样大多是有棱有角、强劲利落的，即便是植物纹样也是被几何化和立体化了，比较简约。例如，法国设计师埃德加 • 布兰特（Edgar Brandt）设计的休闲桌（如图 2-42）采用了锻铁和玻璃两种材质，极富装饰性：桌子的主框架采用锻铁材质，垂直的四组线条在底部自然弯曲，和下面的搁板相连，强调了造型比例上的纵向效果；桌面周围的装饰性图案线条是简洁、几何化的植物纹样；桌面和下面的搁板采用镶嵌的玻璃材质，玻璃天然的色彩和自然的纹理本身就具有较强的装饰性。

第三，艺术装饰风格具有独特的色彩系统。在色彩选择方面，艺术装饰风格的设计师们一方面偏向于选择具有现代感的古铜、金、银等金属色彩，另一方面用色比较大胆，常使用红色、黄色、蓝色、橘色等饱和度较高的颜色，也会运用黑色、白色等对比色给人以视觉冲击。

第四，艺术装饰风格在材料选择上偏向于选择昂贵和稀有的材料，以体现设计中的奢华。例如，黑檀木、斑马木、皮革、丝绸、青铜等，都是设计师的首选材料，并时常采用鲨鱼皮、象牙、黄金等贵重材料加以点缀，强调奢华与时髦。随着中国、日本等东亚艺术热度的高涨，生漆被广泛应用在家具和装饰品中。另外，在家具设计中，也常见到高光泽的镜面、玻璃，以及高度抛光的镀铬金属材料等，这些都被用来营造一种现代的、华丽的家居氛围。

艺术装饰风格兴起于 20 世纪 20 年代，退潮于 20 世纪 30 年代的经济大萧条，但从 20 世纪 60 年代后期开始，人们对装饰艺术设计重新产生了兴趣。进入 21 世纪，艺术装饰风格继续成为装饰艺术、时尚和珠宝设计等领域的灵感来源。

2.6 流线型风格

2.6.1 流线型风格的产生背景

流线型风格起源于20世纪30到40年代的美国，后来在全世界范围内流行开来，流线型风格和之前的风格有所不同，它不是来源于一种艺术风格，而是来源于科学实验和工业生产的条件。汽车、飞机等交通工具在设计研制阶段需要做风洞试验，表面圆滑、线条流畅的造型会减少交通工具在高速运动时的空气阻力，所以最早流线型风格是出现在汽车、飞机等一些交通工具的设计上，后来被广泛应用在电冰箱、烤面包机等家用电器和家居用品中。

流线型风格的兴起也依赖于当时的生产条件。20世纪30年代，一方面，塑料和金属模压成型技术得到广泛应用，由于较大的曲率半径有利于脱模，因此确定了流线型风格的设计特征。另一方面，钢板整体冲压技术可以使产品的拐角处比较圆润，因而代替了棱角分明的造型，流线型风格应运而生。可见，流线型风格自诞生之日起就具有天然的科学特征。当然，除了具有功能上的意义之外，流线型风格的流行更多的是在于它的情感价值和象征性意义。它诞生于美国经济大萧条时期，这种象征着速度与时代精神的造型语言给经济大危机中的人们带来了希望和高速走向未来的心理暗示。

2.6.2 流线型风格的特点

流线型风格有着自己独特的形式语言，从造型上来看，流线型风格强调水平方向的视觉效果，表面平整素净，少有附加装饰，多采用连续不断的直线或曲线作为装饰，外形简洁，轮廓圆顺流畅，少有棱角，从汽车、轮船、火车等交通工具和日常生活用品中可以看到，在产品的边角处、拐角处有大的弧度和较大的曲率半径，这和包豪斯所提倡的现代主义风格产品中棱角分明的设计形成鲜明的对比。从材料上看，流线型风格的设计师们擅长应用一些现代化的新型材料，如在建筑中采用玻璃砖作为装饰手段，常将窗户设计成类似于轮船上的舷窗造型。另外，铝材、电木粉（酚醛模塑料）、瓷板等也很常见。从表面成型工艺上看，流线型风格的产品中多采用镀铬装饰的金属配件，创造出更美观的视觉效果以迎合消费者和市场。

2.6.3 流线型风格的代表人物

（1）诺尔曼·贝尔·盖迪斯

诺尔曼·贝尔·盖迪斯原是一位戏剧设计师，他在舞台设计中提倡简洁的、实用的装饰，对20世纪舞台设计中远离自然主义的趋势做出了巨大的贡献。但后来，盖迪斯投入到家居用品和电器产品设计这个新兴领域，离开了戏剧设计领域，开始从事产品设计工作。

图 2-43 体重秤（1929年）

作为一名工业设计师，盖迪斯是美国流线型风格的奠基人，他在1932年就明确提出流线型风格的概念，而且身体力行设计了从汽车、游轮、飞机到收音机、冰箱、体重秤等大量流线型风格的产品。在盖迪斯的引领下，美国当时几乎所有的知名设计师都投入了这场流线型设计运动中。图2-43是盖迪斯为托勒多量具（Toledo

Scale）公司设计的体重秤，他不仅为体重秤创造性地设计了全新的外观造型，还使用了特定的新材料。这款体重秤具有典型的流线型风格，体重秤的立方体底座有着圆润的边角，仪表显示屏为圆柱体造型，在产品各部件的连接处同样可以看到圆滑的倒角处理，另外具有速度象征的轮船的舷窗造型也在这件产品上体现得较为明显。

盖迪斯最令人难忘的设计之一是在纽约世界博览会上展出的“未来设计馆”（通用汽车馆）Futurama 模拟城市。这一巨大的战后城市模型勾勒了未来城市的面貌，其设计的高耸的摩天大楼和交通系统，淋漓尽致地表现了他的未来主义理想。盖迪斯对于工业设计的巨大贡献还在于他提出了一套清晰而明确的设计程序，这套设计程序体现了许多现代工业设计的原则，奠定了现代工业设计程序、方法的基础。1932 年他出版了《地平线》，这是一本具有未来主义思想特征的著作，在书中，他确立了一种新的未来设计的美好原则和方式，展现了他为未来的飞机、轮船、汽车等所作的设计预想，他的有些设计预想在今天已成为现实。《地平线》的出版使他在设计界的影响剧增，他也被《纽约时报》称作“20 世纪的达 • 芬奇”。

（2）雷蒙德 • 罗维

雷蒙德 • 罗维是美国 20 世纪最伟大最有成就的工业设计师之一。他是一位多产的设计师，他的设计作品囊括了大到宇宙空间站小到一枚邮票的各类产品。他是第一个登上美国《时代》周刊封面的设计师，《纽约时报》曾评论他说：“毫不夸张，罗维先生塑造了现代世界的形象。”他也是一位极力倡导流线型风格的设计师，无论是他设计的机车头还是削笔刀都能看到独特的流线型风格造型语言。如图 2-44 雷蒙德 • 罗维设计的 K45/S-1 型机车，机车的头部设计造型圆润，充满速度感和未来感，纺锤状的造型可以有效地降低车在高速行进过程中的风阻，经过风洞试验测试，罗维设计的机车比普通机车可以减小 1/3 的风阻，所以这种流线型设计是具有功能上的意义的。除此之外，为了达到整体造型上的流线型，他在成型工艺上进行了大胆的创新，摒弃了不计其数的铆钉，采用焊接技术制造机车头外壳，不仅使其外形完整、流畅，而且简化了维护过程，从而降低了生产成本。

图 2-45 是雷蒙德 • 罗维设计的转笔刀，这款转笔刀也是典型的流线型风格的作品，整体采用泪滴状造型，圆润且具有动感，搭配镀铬的金属外壳，极具未来主义的速度感。细节设计部分，转笔刀的旋转把手采用了和机身同样的泪滴造型，在形体上形成了呼应，并且手持部分采用两种材质的对比，木质部分不仅视觉上弱化了金属给人带来的冰冷的心理感受，而且更适合用户手持。转笔刀有一个喇叭状的底

图 2-44 K45/S-1 型机车

图 2-45 转笔刀

座，不仅便于收集铅笔屑，而且能使转笔刀稳定地贴合在桌面上。

2.6.4 欧洲的流线型风格

随着美国公司在国外不断设立分公司，尤其是福特公司等汽车公司在海外的不断发展，这种能够代表速度感、未来感的流线型风格逐渐在全世界流行开来，尤其是在欧洲。由于欧洲人和美国人的消费习惯和文化不同，欧洲的汽车设计更注重经济性和实用性，所以汽车设计得较为紧凑和内敛。奥地利人汉斯·列德文卡（Hans Ledwinka）设计的塔特拉 V8-81 型汽车（图 2-46）整体造型圆润，线条流畅，具有显著的流线型风格特点。除此之外，列德文卡在汽车尾部设计了一个非常大的“尾鳍”，“尾鳍”和车身的设计融为一体，不仅大大降低了汽车行驶过程中的风阻，而且增强了汽车在高速行驶时的稳定感，为汽车增加“尾鳍”也成为那个时代汽车设计中的时髦，因此，塔特拉 V8-81 型汽车被认为是 20 世纪 30 年代最杰出的汽车之一。

20 世纪 30 年代另外一款广受欢迎的小汽车就是大众的甲壳虫汽车（图 2-47），它同样也是流线型风格的车型，设计者是德国的波尔舍。波尔舍是流线型理论与实践的专家，他的大众甲壳虫汽车原型是 1936—1937 年间设计的，但第二次世界大战后才得以大批量生产。这是一种适于高速公路的小型廉价汽车，其甲壳虫般的外形成为 20 世纪 30 年代流线型设计最广为人知的范例。大众甲壳虫汽车自 1945 年投产至今总共销售了超 2000 万辆，超过福特 T 型车并成为历史上最为成功的车型之一。

图 2-46 塔特拉 V8-81 型汽车（1934 年）

图 2-47 大众牌汽车

2.6.5 流线型风格的历史作用

流线型风格产生于美国大萧条时期，它产生的内在动机是企业为了生存，聘请工业设计师为产品做外观和样式设计，以迎合消费者的审美趣好使自己的产品在市场中具有更强的竞争力，因此流线型风格对于重振工业、促进经济发展起到重要的作用。流线型风格在汽车、轮船、飞机等交通工具中具有降低风阻、节省燃料的功能性意义，但这种风格后来又延伸至烤面包机、收音机、电熨斗等家用产品中，甚至被滥用至几乎所有产品造型中，在当时也遭到了评论家的批评，因此，流线型风格从本质上说是一种样式的设计。

2.7 多元化设计风格

纵观 20 世纪的世界现代设计史，以包豪斯为中心的现代主义风格几乎占据了设

计界绝对的统治地位，尽管世界各国由于不同的政治、经济、文化、社会发展水平而呈现出不同的设计特点，但总的来说，都受到了以包豪斯为代表的现代主义设计思想的影响。进入 20 世纪中叶，随着社会经济条件的变化，又适逢几位现代主义大师相继去世，新一代的设计师开始向功能主义提出挑战，这个时候设计风格开始走向了多元化，这些形形色色的设计风格主要包括 6 种风格：理性主义、高技术风格、波普风格、后现代主义、新现代主义和解构主义。

2.7.1 理性主义

理性主义实际上是现代主义的延续和发展，在整个设计的多元化潮流中占主导地位，它是以设计科学为基础、强调设计流程的科学化和规范化，从而减少设计中的主观意识。设计科学实际上是几门学科的综合，它涉及心理学、生理学、人机工程学、医学、工业工程等，体现了对技术因素的重视和对消费者更加自觉的关心。理性主义强调跨学科的团队协作，一个设计项目并不是由一位设计师或几位设计师完成的，而是由多学科专家组成的队伍共同协作完成的。因此，设计师的个性与风格很难体现于产品的最终形式之上。因此，理性主义主导的设计风格常常体现出一种无名性的设计特征。20 世纪 60 年代以来，以无名性为特征的理性主义设计为国际上一些引导潮流的大设计集团所采用，如荷兰的飞利浦公司、日本的索尼公司、德国的博朗公司等。

2.7.2 高技术风格

高技术风格又称为高技派（high-tech），这一设计流派形成于 20 世纪中叶，当时，美国等发达国家要建造超高层的大楼，混凝土结构已无法达到其要求，于是开始使用钢结构，为减轻荷载，又大量采用玻璃，这样，一种新的建筑形式形成并开始流行。

高技术风格强调工业技术的表现，主要的设计特点有两个：首先是材料的选择，提倡采用高强钢、硬铝合金、玻璃等工业材料，突出高技术含量；其次强调结构的表达，在室内暴露梁板、网架等结构构件以及风管、线缆等各种设备和管道，强调工艺技术与时代感。

高技术风格最典型的代表建筑是法国巴黎蓬皮杜国家艺术与文化中心和香港汇丰银行大厦。蓬皮杜国家艺术与文化中心（图 2-48）是坐落于法国首都巴黎的一座现代艺术博物馆，从外观上看，它就像一座还未拆除脚手架的未完工建筑。建筑的东立面布满了五颜六色的管道，红色的是交通运输设备，蓝色的是空调设备，绿色的是给水、排水管道，黄色的是电气设施和管线。人们从大街上可以望见复杂的建筑内部设备，五彩缤纷。在建筑的西立面上悬挂着一条巨大的透明圆管，里面安装有自动扶梯，作为上下楼层的主要交通工具。几条水平方向的走廊也分布在建筑外立面上。从建筑风

图 2-48 蓬皮杜国家艺术与文化中心东立面（上）和西立面（下）

图 2-49 香港汇丰银行大厦

图 2-50 罗维于 20 世纪 50 年代设计的收音机

格上看，蓬皮杜国家艺术与文化中心是典型的高技术风格，然而显而易见和暴露的结构部件不仅仅为了突显工业技术，在功能上也能给建筑内部带来更多的空间。

香港汇丰银行大厦（图 2-49）是由英国建筑师诺曼·福斯特设计，诺曼·福斯特是高技派的代表人物，曾获得第 21 届普利兹克建筑奖。香港汇丰银行大厦 1981 年开工建设，1985 年落成。作为摩天大楼，它是第一个没有中央核心筒的大楼，电梯、楼梯、机械设备全部从建筑内部移出到建筑的侧面，人们可以从外部清晰地看到。除此之外，大楼的外立面上裸露的钢柱和钢桁架一览无余地表现出了它的高技术特征。从功能上来讲，将主要的结构部件移到建筑外部可以使得内部形成一个开放和自由的空间。香港汇丰银行大厦是一座完全预制的建筑，因为当时的香港并没有相关的建造技术和工艺，大厦的结构用钢件在英国制造，玻璃、铝制外壳以及地板在美国制造，服务设施组件在日本制造，所有的材料都被运到香港然后完成组装。

高技术风格同时也影响了室内设计、家具设计、产品设计领域。高技术风格在室内设计、家具设计上的主要表现是直接利用那些为工厂、实验室生产的产品或材料来象征高度发达的工业技术。一时间，例如外科医生用的手推车、仓库用的金属支架、矿井用的安全灯、实验室用的橡胶地板等都纷纷进入居家环境。高技术风格最早在家具设计中的体现可以追溯到包豪斯的钢管家具，强调工业技术和材料的表现，突出高科技感，强调工业时代的象征意义。由美国纽约莫萨设计小组设计的高架床就是由市售的铝合金管及连接件组合而成的，看上去就像建筑工地的脚手架。法国设计师伯提耶设计的儿童手工桌椅则采用粗壮的钢管结构，并装上了拖拉机用的坐垫，具有高度工业化的特色。在产品设计领域，高技术风格主要体现在家用电器的设计上，如收音机、电唱机等。20 世纪 50 年代，美国工业设计师罗维设计了一款收音机（图 2-50），该收音机整体呈标准的长方体，下部是一个黑色基座，上部是一个透明塑料外壳，所有的内部元件清晰可见，具有显著的高技术风格特征。在家用电器产品设计中，高技术风格主要体现在两个方面：首先，沿袭机器美学特点，造型上多采用方块、直线等几何形体，色彩上仅用黑白色；其次，结构部件大多直接暴露在外，面板上密布繁多的控制键和显示仪表，和高技术风格建筑强调结构部件的外露异曲同工。

2.7.3 波普风格

波普风格来源于波普运动，是一场前卫而又面向大众的艺术运动，20 世纪 50 年代兴起于英国并逐渐影响到美洲和欧洲其他地区。它的产生背景与战后日益形成的西方丰裕社会、青少年消费市场、美国大众文化等有着密不可分的联系。

战后的英国已失去在工艺美术运动时的先驱地位和作用了，英国的青年一代设计师们开始寻找一种与现代主义、功能主义完全相反的风格，来开辟一种新的设计路径。在战后出生的青年一代眼里，现代主义风格陈旧、单调，缺乏人情味，新一代的消费者也希望有新的设计风格来表达自己的消费观念和自我风格、个性。当时，正值美国大众文化全球盛行，包括好莱坞电影、摇滚乐、娱乐文化等对年轻人具有很大的诱惑力，英国年轻一代艺术家和设计家受到很大影响。波普运动开始在艺术创作、时装设计、平面设计、家具设计等领域兴盛起来。波普运动初期，主要集中在艺术创作方面，出现了一批波普艺术家，其中最有名的有美国艺术家安迪 • 沃霍尔、英国艺术家大卫 • 霍克尼和德里克 • 波舍尔等。

安迪 • 沃霍尔是美国波普艺术运动的领袖人物，他的艺术作品具有鲜明的时代性和商业性，作品主题突破了常规的绘画主题和风格，常常以可口可乐饮料瓶、罐头包装、美元钞票、政治人物、娱乐明星等作为表现的对象，并大胆尝试胶片制版和丝网印刷等技术，将艺术进行复制和批量化生产，使得艺术不再成为少数人所独有的艺术，而属于普通大众。安迪 • 沃霍尔颠覆了艺术的传统，将高雅艺术拉下神坛，用波普艺术成就了大众艺术。安迪 • 沃霍尔的两幅著名的艺术作品，《玛丽莲 • 梦露双联画》（图 2-51）创作于 1962 年，为了纪念美国著名娱乐明星玛丽莲 • 梦露，安迪 • 沃霍尔将玛丽莲 • 梦露的头像进行重复排列并采用色彩饱和度极高的颜色来表现，体现了美国商业社会大众的审美趣味。《坎贝尔浓汤罐》（图 2-52）采用了同样的设计手法，他将浓汤罐这一大众消费品作为表现对象，以最直白的方式对其进行复制，这些画以同样的尺寸重复着同样的形象，强调了坎贝尔罐头在样式上的统一性和它的无所不在性，是美国充满商业气息社会的产物。

图 2-51 《玛丽莲 · 梦露双联画》　　**图 2-52** 《坎贝尔浓汤罐》

流行音乐产业的兴起，如披头士乐队等英国音乐团体风靡全球，更是为波普平面设计师们提供了一个巨大的平台，开辟了一条面向世界的快速通道。许多艺术家、平面设计师都为披头士等知名乐队设计过唱片封套，例如，有“英国波普艺术教父”之称的彼得•布雷克在 1967 年为披头士乐队的唱片专辑《佩珀中士的孤独之心俱乐部乐队》设计的封套（图 2-53），将绘画、摄影、拼贴等元素混合运用，鲜亮的原色系，强烈地烘托出 20 世纪 60 年代那种喧闹、乐观的氛围，并且展示出一种前所未有的新鲜、现代的感染力。

图 2-53 彼得 · 布雷克为披头士乐队设计的唱片封套

波普风格作为一种流行风潮也给家具设计行业带来一股思想冲击，颠覆了传统家具中的耐用性、持久性、高品质的材料、功能至上等固有观念，而代之以注重造型夸张与怪诞的形式、偏爱使用廉价材料、用后即弃的设计理念。

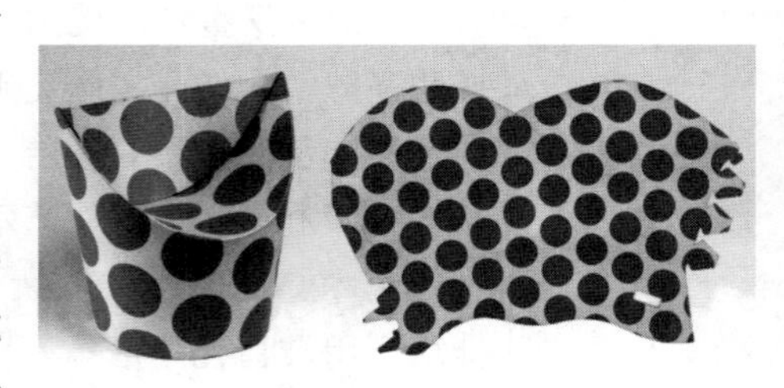

图 2-54 彼得 · 穆多克设计的儿童椅

在英国波普风格的家具设计探索中，表现突出的有英国家具设计师彼得•穆多克（Peter Murdoch）。他最先设计了一批名为“椅子那些事”（Chair Things）的椅子（图 2-54），有些用英文字母，有些则用类似纺织品的圆点图案来做装饰。这些产品最初采用覆盖了一层聚氨酯涂料的纸板做材料，经过模压切割，最后折叠成型，价格低廉，色彩鲜明，具有波普艺术的表现性。穆多克后来将他的设计扩展成“凳子那些事”（Stool Things）、“桌子那些事”（Table Things），形成一个名为“那些事”（Those Things）的家具系列，专门针对年轻人市场，材料也改用纤维板，更加方便大批量生产。

2.7.4 后现代主义

20 世纪 60 年代，后现代主义设计运动兴起，它的主张是要与注重功能主义的现代主义风格彻底决裂，强调形式的装饰性和象征意义。后现代主义最早发端于建筑领域，后逐渐影响到平面设计、产品设计等各个设计领域。

第二次世界大战结束以后，特别是在 20 世纪 50 到 70 年代期间，和现代主义一脉相承的国际主义风格席卷欧美，成为西方国家设计的主要风格，而且影响到全世界，改变了世界建筑的基本形式，也改变了城市的面貌。国际主义以密斯主张的“少即是多”原则为中心，强调直线、干练、简单、全无装饰，使得世界建筑日趋同质化，地方特色、民族特色逐渐消退，建筑和城市面貌越来越单调、刻板。对于这种趋势，建筑界出现了反对的声音，也涌现出一些青年建筑师意图颠覆国际主义为主的风格面貌。

最早在建筑上提出后现代主义理念的是美国建筑师罗伯特•文丘里，他提出“少即是乏味”（less is a bore）的观点，和密斯倡导的“少即是多”原则形成鲜明对比。他出版过两本有影响力的著作《建筑的复杂性和矛盾性》和《向拉斯维加斯学习》。《建筑的复杂性和矛盾性》是文丘里于 1966 年发表的书籍，是最早对现代建筑公开宣战的建筑理论著作，文丘里也因此成为后现代主义思潮的核心人物。文丘里在书中大胆挑战正统现代建筑，抨击现代建筑所提倡的理性主义片面强调功能与技术作用而忽视了建筑在真实世界中所包含的矛盾性与复杂性。他强调建筑形式的装饰性，主张从两个来源吸收装饰元素：一个来源是历史建筑元素，包括古希腊、古罗马、中世纪、哥特式、巴洛克、洛可可等西方建筑历史风格都可以借鉴，利用历史符号来丰富建筑面貌。另一个来源是美国的通俗文化，在《向拉斯维加斯学习》一书中，他用大量的文字和照片全方面展现了拉斯维加斯的城市面貌，包括狭窄的街道、霓虹灯、广告牌、快餐馆等商标式的造型，这些正好反映了群众的喜好，他认为建筑师要同群众对话，就要向拉斯维加斯学习，他认为现代主义建筑语言群众不懂，而群众喜欢的建筑往往形式平凡、活泼，装饰性强，又具有隐喻性。作为建筑师，文丘里也用建筑实践表达了自己的后现代主义理念，他在1962—1964年间，利用历史建筑符号，以戏谑、游戏的方式为其母亲设计了一座住宅，具有完整的后现代主义特征。

菲利普•约翰逊（Philip Johnson）是在后现代主义运动中不得不提的一个建筑师，他最初在哈佛大学读哲学专业，自从读了密斯、柯布西耶和格罗皮乌斯等建筑大师的相关文章之后，他就固执地转了专业。1927年，他在33岁的时候，获得了哈佛大学建筑学院的建筑学学士学位。1932年，约翰逊出任纽约现代艺术博物馆（MoMA）建筑部主任，同年与建筑史学家希区科克（Henry-Russell Hitchcock）合著《国际主义风格——1922年以来的建筑》一书，并举办展览，首次向美国介绍欧洲现代主义建筑。约翰逊早期受其导师密斯的影响，设计了许多现代主义风格的建筑，其中以他设计的玻璃屋最为闻名。最具戏剧性的是约翰逊并不是现代主义风格的坚决拥护者，相反，他是一位风格百变的建筑大师，从不拘泥于一种风格。1979年，约翰逊在纽约完成了美国电报和电话公司（AT&T）总部大楼的设计，这是一座典型的后现代主义风格建筑，这座摩天大楼突破了现代材料而采用了传统材料，外墙用石头进行贴面，楼顶采用了古典的拱券元素，以及古希腊风格的三角山墙，并戏剧性地在中间开了一个洞。这座融合了古典风格、现代高层建筑风格、巴洛克风格的现代商业大厦被认为是后现代主义的里程碑建筑，约翰逊也因为在建筑界的杰出贡献获得了第一届普利兹克建筑奖并于同年登上了美国《时代》周刊封面。自此，后现代主义风格蓬勃发展，成为风靡世界的新建筑风格，国际主义风格开始逐步式微；到20世纪80年代，后现代主义风格持续发展，而国际主义风格则基本消失。

2.7.5 新现代主义

新现代主义是在现代主义盛极而衰后，对现代主义的继承、发展和完善。新现代主义派仍然维护现代主义的基本理论，按照现代主义的基本理念进行设计，他们会根据新的时代的需要给现代主义加入形式的象征意义，丰富设计的内涵。

新现代主义的代表人物有著名的“纽约五人组”和美籍华裔建筑师贝聿铭。贝聿铭的设计没有烦琐的装饰，造型语言简洁明快，遵循了功能主义和理性主义的基本原则，在满足功能需要的同时，又赋予造型象征主义内容，并且设计中的建筑与周围环境协调统一，具有历史性、文化象征性的意义。贝聿铭的代表作品有巴黎卢浮宫金字塔入口、香港中银大厦、北京香山饭店、苏州博物馆等。

巴黎卢浮宫金字塔入口（图2-55）是贝聿铭最受争议也是让其名声大噪的一座

现代建筑，这是一座新现代主义风格建筑，从形式上看，它呈规整的几何形体，材料上运用了玻璃和钢铁，是现代主义典型的设计语言，但它又不同于现代主义的冷漠，贝聿铭赋予了它象征意义和文化内涵，这一巨大金字塔依照著名的吉萨金字塔的比例进行设计，强化了博物馆建筑的文化属性。一部分人认为这座具有现代风格的建筑和古典风格的卢浮宫格格不入，一部分人则持相反的观点，他们认为现代结构与法国文艺复兴时期建筑风格的有机结合产生了互补效应，更加凸显各自设计上的细节和美感：金字塔倾斜的玻璃墙体现了对博物馆折线形屋顶的致敬，而卢浮宫不透明、厚重的外观也更大程度上衬托了金字塔设计的通透感。

图 2-55 巴黎卢浮宫金字塔入口

除了为卢浮宫提供新入口设计以外，贝聿铭的设计还包括集美术馆、储藏室、文物保护实验室为一体的地下系统，以及博物馆各翼楼之间的连接部分。博物馆支撑空间的添加与重新布局令卢浮宫得以扩充其收藏，在展区布置更多艺术品。加建部分由巨大的玻璃和钢铁组合成的金字塔实现，它的四周又环绕着三个较小的四棱锥，为下方的地下空间提供光照。从这个角度来看，贝聿铭的设计不仅注重形式感，更加注重功能性及象征意义。正像 1983 年第五届普利兹克奖颁奖词里所说的一样：“贝聿铭的建筑可以以其对现代主义的信仰为特征，因其微妙、抒情和美而人性化。”新现代主义是后现代主义之后的一个回归过程，重新恢复现代主义设计和国际主义设计的一些理性的、功能性的特征，具有它特有的清新味道。

2.7.6 解构主义

解构主义是 20 世纪 60 年代提出的一个哲学术语，以法国哲学家德里达为代表，后被一些理论家和设计师认识和接受，在 20 世纪 80 年代作为一种设计风格影响到建筑领域，并对 20 世纪末的设计界产生了重要影响。

解构主义反对正统原则和正统标准，即现代主义、国际主义的原则与标准，在形式风格上表现为支离破碎、结构零散、残缺和突变，用倾倒、扭曲、弯转等造型制造不稳定感，具有超越常规、标新立异的个性特点，和现代主义中的构成主义在视觉元素上有相似之处，两者都试图强调设计的结构要素。不过构成主义强调的是结构的完整性、统一性，个体的构件是为总体的结构服务的；而解构主义则重视个体和部件本身，反对总体统一，因而更偏重对单独个体的研究而非整体结构。

解构主义设计的代表人物有弗兰克 • 盖里（Frank Gehry）和英戈 • 莫端尔（Ingo Maurer），弗兰克 • 盖里被认为是世界上第一个解构主义建筑师，被称为“建筑界的毕加索”。他的建筑代表作品有毕尔巴鄂-古根海姆博物馆、明尼苏达大学维斯曼艺术博物馆、洛杉矶华特·迪士尼音乐厅等。如图2-56是弗兰克·盖里设计的位于西班牙的毕尔巴鄂-古根海姆博物馆，于1997年正式落成启用。从外观上看，整座建筑就像是一件抽象派的艺术品，它由数个不规则的流线型多面体组成，上面覆盖着3.3万块钛金属片，在光照下熠熠发光，与波光粼粼的河水相映成趣。这是一座典型的解构主义风格建筑，盖里戏剧性地将建筑整体进行分解，然后重新组合，形成看似支离破碎的空间和形态。他的设计反映出对整体的否定和对部件的关注，这种设计手法产生的新形式更加丰富、生动，具有独特的表现力。

图2-56 弗兰克·盖里设计的毕尔巴鄂-古根海姆博物馆

综上所述，理性主义、高技术风格、波普风格、后现代主义、新现代主义和解构主义这些形形色色的设计流派和风格在20世纪后半叶并行发展、精彩纷呈，打破了现代主义和国际主义的既有原则和规范，但都未形成强大的统治优势，这正反映出了世界文化的多样性与包容性，同时为设计理论家和设计师们的研究和实践提供了更多的可能性。

2.8 信息时代的工业设计

2.8.1 信息时代工业设计的特征

当人类迈入信息化时代，巨大的社会变革对经济、政治、文化等各方面都产生了巨大的影响，同时工业设计的对象、方法和手段发生了巨大变化。首先，信息技术和因特网的发展在很大程度上改变了整个工业的格局，新兴的信息产业迅速崛起，开始取代钢铁、汽车等传统产业，诺基亚、微软、苹果等IT（信息技术）产业公司迅速发展。因此工业设计的对象也由传统的工业产品转向以计算机为代表的高新技术产品和服务，交互设计、服务设计等也应运而生，大大扩展了工业设计的内涵。其次，计算机技术改变了工业设计的方法和流程，比如用计算机辅助技术绘制产品效果图来代替传统的手绘表现，用3D（三维）打印等快速成型技术代替传统的油泥模型，不仅大大提高了工作效率，而且缩短了产品开发周期，降低了生产成本和风险。

2.8.2 信息时代工业设计的代表

在信息时代的发展历程中，美国的苹果公司和德国的青蛙设计公司因其早期的开创性贡献、显著的代表性作品以及对行业未来趋势的敏锐洞察而广受业界瞩目。工业设计在两家公司的企业发展战略中扮演了核心角色，并且在推动其产品创新与市场成功上起到了关键作用。

（1）苹果公司

苹果公司原名为苹果电脑公司，最初主营计算机业务，后来业务范围扩展至音乐播放器、平板电脑、手机等消费电子产品领域，于2007年更名为苹果公司。1984年1月24日，苹果发布首款Macintosh个人计算机（如图2-57），是现在苹果在售Mac电脑的前身。

Macintosh是个人计算机的里程碑，苹果公司应用了图形用户界面，将烦琐的只有专业人员才会使用的代码转变成大众易于理解的图形，并且使用了鼠标，使得操作更加便捷和高效，这些创新性的设计彻底改变了人们对计算机的看法和使用方式，计算机成了一种非常易用的工具，使日常生活变得更加友善和人性化。除此之外，对当时的人们来说，最震撼的是这台棱角分明的设备居然能自己“说话”：“你好，我是麦金塔……”Macintosh的发布，对个人计算机有革命性的意义。

苹果虽然是一家高科技公司，但它的成功不只是依靠先进的科技，创新的工业设计理念也成为助力公司成长和发展的一个重要因素，甚至在公司危难时刻也起了至关重要的作用。例如，1997年，苹果公司股价跌至低谷，公司濒临破产，乔布斯回归后开始与工业设计师乔纳森·艾维（Jonathan Ive）合作开发苹果新一代的产品。1998年，苹果公司推出了全新的iMac G3个人计算机（如图2-58），iMac G3创造性地将主机和显示器合为一体，在计算机设计方面掀起了革命性的浪潮。从外观设计上看，iMac G3采用了半透明的塑料机壳，使用户可以隐约看到计算机内部复杂的结构以传达出高科技的属性，同时在视觉上给人以轻盈雅致的心理感受，与传统电脑的笨重形成巨大反差，充分体现了苹果公司人性化的设计宗旨。除此之外，苹果公司特地请来著名的糖果设计师为这台电脑设计了五种诱人的糖果色，完全打破了先前个人计算机严谨的造型和乳白色调的传统，高技术、高情趣在这里得到了完美的体现。

图2-57 苹果公司于1984年推出的Macintosh个人计算机

图2-58 苹果公司在1998年推出的iMac G3个人计算机

图2-59 苹果公司2003年发布的Power Mac G5个人计算机主机

iMac G3个人计算机一经推出，不仅获得了极大的商业成功，使濒临破产的苹果公司重新振作，而且在IT产品设计领域掀起了一股流行风潮，一时间，透明材质和靓丽的色彩成为一种流行设计语言，无论是MP3播放器还是彩色打印机，都可以看到iMac的影子。而此时的苹果公司又在酝酿一场新的变革，在这次变革中，iMac的有机造型被严谨的几何形式所取代，透明的材质和靓丽的色彩也被冷峻的铝合金材质和雅致的哑光质感所代替。2003年发布的Power Mac G5计算机主机就是这一风格的典型代表（如图2-59）。

2001年，苹果公司发布iPod数字音乐播放器，开始了一家由计算机公司向数字产品公司的转型。作为便于携带的音乐播放器，iPod 取得了巨大的商业成功，苹果的 iPod 音乐播放器一跃成为全球市场占有率第一的 MP3 播放器，使得 iPod 一度成为 MP3 的代名词。从第一代 iPod 开始，苹果陆续开发了一代又一代 iPod，如 iPod classic、iPod mini、iPod shuffle、iPod nano（如图 2-60），不断对音乐播放器进行更新迭代，一次次给人们带来惊喜，iPod 的成功归因于它独特的人机交互技术和独创的 iTune 网上音乐商店（iTune Store），当然也离不开工业设计发挥的重要作用。

图 2-60 苹果公司生产的 iPod nano 系列产品

图 2-61 苹果公司在 2007 年生产的 iPhone 手机

2007 年，苹果公司推出了 iPhone（苹果手机）（图 2-61），从此开启了智能手机的全新时代。iPhone 手机最早将多触点触屏技术应用于手机，并设计了人性化的交互界面，使得手机操作更加便捷，仅用手指即可轻松完成收发邮件、听音乐、上网等操作。这一颠覆性的手机设计概念，对其他个人通信产品品牌产生了强烈的冲击，使得当时的全球手机霸主诺基亚逐渐退出历史舞台。iPhone 手机可以说是颠覆性的创新产品，它为人们带来了一种全新的生活方式。

苹果公司证明了一件产品的成功依赖于三个要素——技术、商业模式和设计，技术决定了产品的功能和服务，商业模式决定了产品的营销策略或盈利的方法，而设计水平的高低可以决定消费者的购买意愿及产品的市场占有率。苹果公司的优势不仅仅在于开发了创新性的产品，还在于开创了企业设计由以产品为中心向以创造设计生态为中心的转变。苹果设计生态包括 iPhone、iPad、iMac、Apple Watch 等丰富的产品线，iOS、macOS 操作系统，App Store、iTunes Store 等数字应用商店以及苹果实体体验店（Apple Store）等，它将产品、应用软件、线上线下结合的服务融为一体，在为用户创造独特体验的同时，打造了企业的品牌和竞争优势。

（2）青蛙设计公司

青蛙设计公司是国际设计界颇负盛名的设计公司之一，是德国信息时代工业设计的杰出代表。然而，尽管它是一家德国公司，却和同是德国公司的博朗公司的理性主义设计风格截然不同，青蛙设计以其前卫，甚至未来派的风格而著称，并不断创造出了许多新颖、奇特、充满情趣的产品。

青蛙设计公司的创始人哈特莫特·艾斯林格于 1969 年在德国黑森州创立了自己的设计事务所，这便是青蛙设计公司的前身。1982 年，艾斯林格为德国一家电子产品公司维佳（Wega）设计了一种亮绿色的塑料壳电视机，命名为青蛙，获得了很大的成功，从此青蛙设计公司蜚声海内外。于是艾斯林格将“青蛙”作为自己的设计公司的标志和名称。另外，青蛙（frog）一词恰好是德意志联邦共和国（the Federal Republic of Germany）的缩写。

作为一家大型的综合性国际设计公司，青蛙设计公司的业务遍布世界各地，它服务过诸如索尼、雅马哈、苹果、AEG、科达、西门子、奥林巴斯、摩托罗拉等企业。青蛙设计公司的设计风格独特，既有博朗设计公司的严谨和简练，又具有后现代主义的特色，在设计界独树一帜。

青蛙设计公司为日本索尼公司设计了第一台特丽珑电视机 KV-1310，特丽珑其实是一种显像技术，它可以使屏幕画面色彩饱和度更高、色彩更鲜艳，这项技术由索尼公司最早研发且申请专利，在当时那个年代，特丽珑技术可以说是电视机和显示器最佳品质的同义词。先进的技术需要通过优秀的设计来推向市场，青蛙设计公司为特丽珑 KV-1310 做了外观设计（如图 2-62），从整体上看，外观设计得大气、美观、规整，以今天的设计眼光来看它也是非常漂亮的。电视机正面的屏幕被一个大的立方体所包裹，使得屏幕在视觉上得以拉伸，木材的边框、玻璃的面罩和金属面板在材料上相得益彰，大小、形状不同的旋钮、仪表显示窗有秩序地排列在面板上，旋钮上镀铬的表面处理工艺更提升了产品的品质。

1982 年，青蛙设计公司开始与苹果公司合作，艾斯林格的理念是：计算机不应该是一部冷冰冰的机器，而应该是为人提供帮助的服务员。艾斯林格设计的苹果Ⅱc 型电脑具有划时代的意义，可以说是苹果公司的电脑迈向便携式电脑的一个里程碑，苹果Ⅱc 型电脑首次将主机、视窗和键盘合成一体，增强了电脑的便携性，除此之外，所有的部件都适合人体尺寸，色彩也采用了柔和的奶油色，增强电脑的亲和力。青蛙设计公司对于苹果公司最大的贡献在于，它为苹果公司的产品确立了一套统一的、系统化的设计语言，即“白雪公主”设计语汇，在 1984—1990 年将其应用到苹果公司所有的产品线上，经过将近 10 年的努力，将苹果公司从“硅谷新晋”打造成一个著名国际品牌。

图 2-62　索尼公司的特丽珑电视机 KV-1310

图 2-63　青蛙设计公司设计的雅马哈摩托车

青蛙设计公司为日本的雅马哈公司设计了多款摩托车，这些设计极具科技感和未来感，如图 2-63 是 1985 年设计的一款摩托车，整车的线条干净利落，没有多余的装饰，车身线条多为硬朗的直线条，给人以科技感，座位处的曲线设计符合骑行者的人体曲线，同时也如同猛兽背部的线条，充分体现了速度感和力量感，手把前方向上扬起的线条也充满了速度感和未来感。从色彩搭配上来看，这款摩托车用了经典的黑、白、灰和红色，色彩纯净不花哨，尤其是红色的选择更是点睛之笔，能够体现摩托车带给人的激情与热血沸腾的心理感受，相当有视觉冲击力。

青蛙设计公司的设计哲学是“形式追随激情”（Form follows emotion），它充分发挥形式主义的力量，设计了许多新奇、前卫和充满趣味性的产品。1992 年，青蛙设计公司设计了一款儿童鼠标（图 2-64），看上去就好像一只真老鼠，鼠标的头部尖尖、尾部圆润，左右键像两只眼睛，尾部的电线正好充当了老鼠的尾巴，从细节设计上还可以看到形似老鼠鼻孔的结构。整体设计诙谐幽默，令人忍俊不禁，不仅受到了孩子们的一致好评，而且体现了青蛙设计公司别具一格的设计风格。

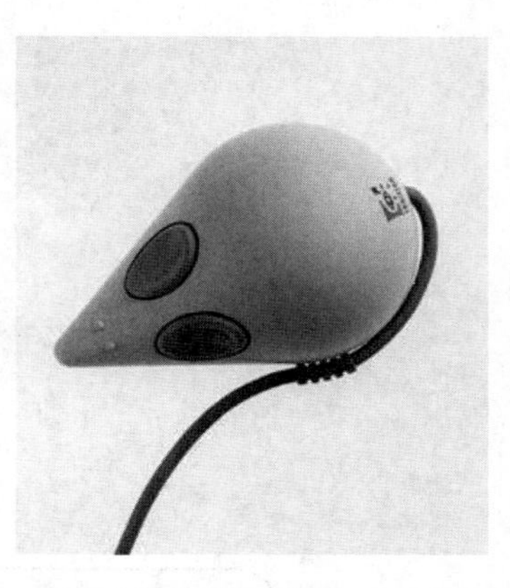

图 2-64 青蛙设计公司在 1992 年设计的儿童鼠标

青蛙设计公司不只是做单一的产品设计，公司采用了综合性的战略设计过程，在开发过程的各个阶段，企业形象设计、工业设计和工程设计三个部门通力合作。这一过程包括深入了解产品的使用环境、用户需求、市场机遇，充分考虑产品各方面在生产工艺上的可行性等，以确保设计的一致性和高质量。此外，还必须将产品设计与企业形象，包装和广告宣传统一起来，使传达给用户的信息具有连续性和一致性。青蛙设计公司因其创新的设计战略获得了无数大型企业的认可，并为其带来了众多的设计委托项目，例如：德国汉莎航空公司的国际企业形象设计、主要航站楼设计，品牌策略咨询，微软视窗的品牌设计和客户互动设计。

第3章

世界工业设计发展

3.1 德国工业设计

3.1.1 德国工业设计发展历程

德国是现代主义设计的发源地。19 世纪末 20 世纪初，欧洲掀起了设计改革运动，德国受到新艺术运动的影响，发起了一场名为“青春风格”的艺术运动，也被称为德国的新艺术运动。1907 年，德意志制造联盟成立，首次肯定机器生产，并提出通过艺术、工业、手工艺的合作提高工业劳动的地位，工业设计第一次在理论和实践上实现突破，德意志制造联盟是德国现代主义设计的基石。1919 年包豪斯的成立奠定了现代主义设计的理论和教育教学体系。这些机构和组织都为德国的工业设计发展奠定了坚实的基础。然而由于战争和政治上的原因，德意志制造联盟和包豪斯均被迫解散。德国的工业设计在两次世界大战之间发展缓慢，直到二战后，德国设计在短短十几年间就取得了巨大发展。工业设计之所以获得巨大的发展，一方面是由于战后德国经济的快速增长；另一方面和三个机构的成立有着密切的关系，这三个机构分别是 1947 年重新成立的德意志制造联盟、1951 年成立的工业设计协会理事会和 1953 年成立的乌尔姆造型学院，这三个机构促进了德国工业设计的发展，对于战后德国工业设计起到了重要的推动作用。

3.1.2 乌尔姆造型学院

乌尔姆造型学院成立于 1953 年，是一所极具影响力的设计教育机构，它的创始人及第一任校长是包豪斯的学生马克斯·比尔，他设计了乌尔姆造型学院的校舍建筑。在他和教师的努力下，这个学院逐步成为德国功能主义、新理性主义和构成主义设计哲学的中心，由于它继承了德国包豪斯的设计理念和教育方法，也被称为“战后包豪斯”。

和包豪斯不同的是，乌尔姆造型学院的最大贡献在于它完全把现代设计（包含工业产品设计、平面设计、建筑设计、室内设计等）从以前在艺术、技术之间左右摇摆立场坚决地、完全地转移到以科学技术为基础上来，把现代工业技术与设计教育更加紧密地联系起来，从而确立了现代设计的系统化、模数化和多学科交叉的复合学科性质。

在课程设置上，乌尔姆学院包括产品设计、室内设计、建筑设计等多个领域，尤其在产品设计方面取得了显著成就。学院与博朗公司的合作尤为突出，这种合作模式成为了设计直接服务于工业生产的典范，共同创造了诸多被业界广泛赞誉并至今仍被视为现代设计经典的产品。

乌尔姆造型学院在 1967 年被迫关闭。尽管其持续时间不长，但学院对全球设计教育的影响却极为深远。它奠定了艺术设计更多地和科学相联系的基础，为艺术设计广泛地介入工业生产开辟了道路，成为了世界艺术设计教育史上的又一个里程碑。

3.1.3 博朗公司

1921 年博朗公司诞生于德国的法兰克福，创始人为马克斯·博朗（Max Braun），成立之初主要经营无线电设备。20 世纪 50 年代，博朗兄弟掌管了公司，组建设计部并聘请迪特·拉姆斯等一批年轻的设计师全面负责公司的产品设计，博朗公司开始进军家用电器市场，推出了一系列包括电唱机、收音机在内的高品质家电产品，这些产品设计独特，标志着博朗品牌开始走向国际化。

博朗公司一直秉持着“形式追随功能”和“少而好”（less but better）的设计理念，这些理念贯穿于产品的设计、制造和营销全过程。“形式追随功能”的设计理念强调产品的设计应该基于其功能，而不是仅仅追求外形上的美观，这种设计理念使得博朗公司的产品在功能和形式之间达到了完美的平衡，既实用又美观。“少而好”的设计理念强调产品的品质和耐用性。博朗认为，优秀的设计应该能够经久耐用，而不是追求短暂的时尚。因此，博朗的产品在材料和工艺上都非常考究，以确保其品质和耐用性。此外，博朗公司的设计还注重产品的易用性和用户体验。博朗公司的产品通常采用直观的操作界面和简单的使用方式，使得用户能够轻松上手。同时，博朗公司还关注用户在使用产品时的感受和需求，不断改进和优化产品的设计和功能，以提升用户的使用体验。

得益于博朗公司清晰的企业设计发展战略和统一的设计原则，并与乌尔姆造型学院建立的稳定的校企合作关系，博朗公司才能成功打造出众多经典产品。图 3-1 是乌尔姆造型学院的产品设计系主任汉斯·古戈洛特和博朗公司的设计总监迪特·拉姆斯在 1956 年共同设计的一款博朗 SK4 收音留声机，这款产品以其卓越的创新性和功能性，成为了当时乃至后世工业设计领域的杰出代表作之一。首先，它完全推翻了之前作为家具设计的收音机设计思路，将收音留声机设计从家具设计中脱离出来，作为一个独立的产品设计单元。其次，它采用了金属材料代替原来的木质机身，机身两侧运用了枫木材质作为部件，突出木材的黄色的天然纹理，盖子采用透明的有机玻璃材质，可以通过盖子看到上面的操作面板，通过几种材料的组合带给人以独特的审美感受。第三，SK4 收音留声机具有创新性的人机界面设计，之前的收音留声机操作面板一般设计在机身的前面，不便于用户操作，迪特·拉姆斯把操作面板移到机身的上面，充分考虑到了用户的体验。所有的按钮和控制元件都化为了简洁的圆形和长方形，在面板上整齐、有秩序地排列着，不仅给人带来了操作上的便利，而且传达出严谨、秩序、和谐、理性的功能主义美感。SK4 收音留声机由于其极富功能性的简洁造型和漂亮外观，被人们称为“白雪公主之棺”。它不仅是博朗公司设计发展的一个转折点，也是电子产品设计的一个里程碑。

图 3-1 博朗 SK4 收音留声机

乌尔姆造型学院和博朗公司在 20 世纪后半叶的校企合作中取得了举世瞩目的成就，不仅使博朗公司在国际上树立了鲜明的品牌形象，同时也成就了拉姆斯等一批影响力巨大的设计大师，更将德国的优良设计及新功能主义的现代设计理念广泛传播到世界各地，将现代主义设计的理论和实践成果推向顶峰。

3.1.4 德国工业设计的特征

德国工业设计体现了工业时代所特有的秩序、科学、理性的设计特点，形成了其独特的功能主义设计风格。但德国的产品过多地强调科学性和功能性而使产品显得缺少温度，忽略了消费社会中商业的本质和多元文化下的需求差异，因此也受到了来自社会各界的质疑。20 世纪 70 年代，一些设计师和设计公司试图跳出功能主义的风格，如德国的设计怪杰科拉尼和德国的青蛙设计公司用大量的设计实践证实了充满艺术性、趣味、激情与感性的设计更加受消费者和市场的欢迎。

3.2 意大利工业设计

和理性、严谨、提倡功能主义的德国工业设计相比，意大利工业设计则呈现出截然不同的设计风格和特点，主要表现在两个方面：首先，在意大利，设计是一种哲学。设计和思想运动、文化运动，甚至政治运动都有相当密切的关联，这是在其他国家少见的。其次，设计具有强烈的艺术性。意大利是一个有着悠久而丰富多彩艺术传统的国度，加上民众的平均艺术涵养较高，因此意大利的工业设计具有很强的艺术感，作品总是展示出一种游移于艺术品和实用品之间的特点。图 3-2 是尼佐利在 1957 年为尼奇（Necchi）缝纫机公司设计的迷里拉（Mirella）缝纫机，尼佐利赋予缝纫机这样的机械产品以雕塑般的美感，整体造型简洁流畅，形态优美，色彩淡雅，给人带来独特的艺术审美体验，这件产品也被纽约现代艺术博物馆所收藏。

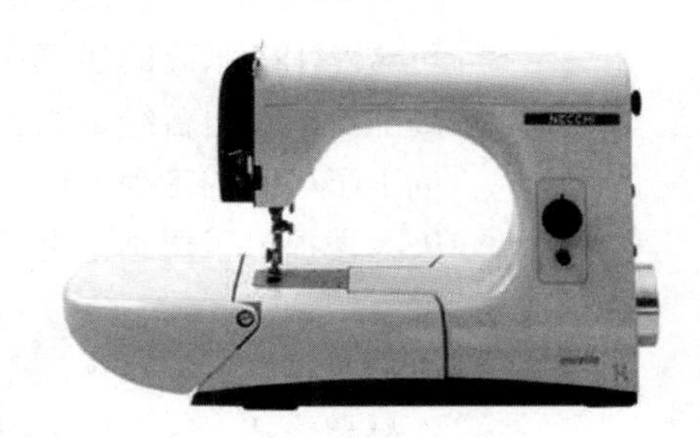

图 3-2　迷里拉缝纫机

3.2.1 意大利工业设计发展历程

意大利是古罗马文明的诞生地和文艺复兴的发源地，尽管有着悠久的手工艺文化和传统，但它在第一次世界大战之前是一个传统的农业大国，工业现代化进程缓慢。第一次世界大战期间，武器和汽车的大量需求刺激了意大利工业和工业设计的发展。一战后理性主义设计风格开始在一些企业中得到推广，例如奥利维蒂（Olivetti）公司，聘请建筑师和艺术家为其设计产品，在设计师尼佐利的领导下，奥利维蒂公司成为了意大利工业设计的中心，许许多多著名的意大利设计师都为其工作过。

意大利工业设计的蓬勃发展是从二战以后开始的。第二次世界大战结束后，意大利开始了战后重建工作，到 1949 年，意大利的经济基本恢复到战前水平。经济的繁荣促进了商业的发展，人们对摩托车、家具、家居产品、电器产品的需求量呈日益增长趋势，为工业设计的发展奠定了坚实的物质基础。20 世纪 40 年代末的意大利工业设计还大多是为了满足人民生活需要的功能主义风格。进入 50 年代，意大利工业设计开始实施“实用加美观”的设计原则，1951 年的米兰三年展向世界展示了意大利已开始自己的设计运动，“艺术地生产”成为意大利设计师的新口号。60 年代，意大利受到激进主义思想运动的影响，成为了波普运动等激进设计运动的发源地。70 年代，名为“意大利，家用产品新风貌”的展览在美国纽约现代艺术博物馆展出，从此确立了意大利设计在全球的重要地位。如今，意大利设计以它独特的设计风格与个性在家具、服装、汽车、家用电器、电子产品等方面赢得了国际认可。

3.2.2 意大利的设计领袖

3.2.2.1 吉奥 · 庞蒂

吉奥 • 庞蒂（Gio Ponti）是意大利著名的建筑师，设计师，杂志编辑，他的设计遍及建筑设计、家具设计、灯具设计、包装设计等领域。作为建筑师，他设计了欧洲建筑史上具有里程碑意义的米兰倍耐力大厦；作为设计师，他是意大利现代工业设计新技术新工艺的开路先锋，他设计的超轻椅被载入设计史册；作为杂志编辑，他创办了对意大利现代设计影响力极大的杂志《多姆斯》和《风格》；此外，他对于意大利的著名奖项金圆规奖的设立和意大利工业设计协会的创立做出了巨大的贡献。

吉奥 • 庞蒂重要的建筑作品要数米兰的倍耐力大厦（图 3-3）。按照今天的审美，也许这座大厦略显普通，可这座 127 米高的建筑在 1958 年至 1995 年是意大利最高的建筑，也曾经是欧洲最高的建筑。倍耐力大厦不仅创下了当时的工程奇迹，为米兰之后几年建造的多座摩天大楼提供了灵感，更是为意大利二战后的重建带来了发展的希望。

图 3–3 倍耐力大厦

1957 年，吉奥 • 庞蒂设计出了他最具代表性的家具作品超轻椅，这把椅子被认为是世界上最轻的椅子。整个椅子的质量约为 1.7 千克，只需要一根手指就可以提起来（图 3-4），不仅超级轻巧，还有极强的韧性。椅子采用了竹藤编织工艺和超轻的白蜡木，用榫卯结构将木杆在不同高度互相嵌入。他还将椅背稍加倾斜，将椅腿的顶端做成三角形，但从正面看是圆的。这些做法在增加椅子设计感的同时，既保持了椅子的稳固性，又减轻了椅子的重量。超轻椅既体现了意大利的设计审美，又结合了现代主义的理念，简洁有力又精巧别致。而且这把椅子不仅满足了批量生产的需求，也继承了传统的制作工艺。

图 3–4 超轻椅

3.2.2.2 马切罗 · 尼佐利

马切罗 • 尼佐利（Marcello Nizzoli）是意大利杰出的设计师，他对意大利的现代设计甚至国际产品设计都产生了深刻影响，在纺织设计、图形设计及展览设计上也都取得了突出成就。他为奥里维蒂（Olivetti）办公机械制造公司设计了一系列经典产品，其中包括闻名遐迩的 Lexikon 80 打字机、Lettera 22 便携式打字机和 Lettera 32 打字机（图 3-5），这些打字机不仅功能优良，而且展现出意大利设计简洁而又优雅的形式特点，奠定了尼佐利在设计界的地位，尼佐利因此也被称为“意大利第一位真正的设计师”。

图 3–5 Lettera 32 打字机

Lettera 32 手提式便携打字机是尼佐利在 1963 年设

计的，它是 Lettera 22 打字机的改良版，它的目标用户是作家、记者及学生这一类的写作者，有着优良的品质和功能，在精巧的机械结构设计下，每一个按键都具有令人惊叹的灵敏度，让使用者拥有极为流畅的打字体验。Olivetti Lettera 32 打字机是当时最便携的打字机之一，整部机器宽 34cm，长 35cm，高 10cm 的紧凑尺寸让它的使用者能方便地携带它。从外观设计上看，Lettera 32 打字机具有简洁而又优雅的形式，并采用低调的青绿色作为外壳的颜色，明快而不张扬，使得它能和谐地融入各种使用环境中，虽然打字机现在已经被个人电脑所取代，但 Lettera 32 的便携性和易用性使其成为了工业设计的经典之作。

3.2.2.3 埃托 · 索特萨斯

埃托 • 索特萨斯（Ettore Sottsass）是一位有个性、有反叛精神的意大利建筑师和设计师，他是孟菲斯集团的发起人，也是意大利后现代主义运动的领袖。1969 年，他设计了著名的情人节打字机（Olivetti Valentine），被纽约现代艺术博物馆列为永久藏品。如图 3-6，这款便携式打字机的特别之处在于它漂亮、性感的外观，索特萨斯首次采用了色彩饱和度高的颜色作为整体机身的颜色，这打破了打字机作为办公用品的严谨和冷漠感，机身的红色、转动墨带的黄色旋钮和结构部件的黑色形成了鲜明的对比，给用户带来耳目一新的视觉享受。其次，在材料的选择上，索特萨斯采用 ABS 工程塑料代替原来的金属外壳，不仅保证了打字机的强度，而且大大减轻了打字机的重量，索特萨斯还为打字机配备了一款红色的手提包装盒。情人节打字机一经推出就引发消费者的追捧，从作家、明星到办公室白领，都把拥有一台情人节打字机作为自己的梦想，这款情人节打字机直到今天也被认为是苹果公司之前伟大的产品设计之一。

图 3-6 情人节打字机

索特萨斯在他六十多年的设计职业生涯中，设计过奇形怪状的建筑，也设计过色彩斑斓的家具，还设计过许多没有任何实用功能的产品，他彻底颠覆了人们对设计的理解和认知。在包豪斯的现代主义设计风格在设计界占主导地位的年代，索特萨斯提出激进设计理念，反对严谨、克制的理性主义设计观，强调在产品设计中融入艺术家的个人风格和文化意味。由于该理念反对功能主义原则，所以又被称为“反设计”。1981 年，索特萨斯和一群年轻设计师在米兰成立了著名的孟菲斯集团，孟菲斯集团宣称他们没有固定的设计宗旨，他们的本意是反对一切已形成的固有观念，认为整个世界是通过感性来认识的，并没有一个先验的模式。孟菲斯集团在 20 世纪 80 年代一直是西方设计的重要力量，被国际公认为后现代主义的代表之一。

3.2.3 意大利的经典设计产品

在家具设计领域，意大利设计师不仅能够设计出功能优良、实用性强的椅子，而且可以创造性地构思出独特形态和结构的坐具。如图 3-7，这款椅子是由意大利著名设计师马可 • 扎努索和理查德 • 萨帕在 1959 年共同设计的 K4999 儿童椅，1964 年由著名家具制造商卡特尔（Kartell）公司投入生产并在同年获得了第八届金圆规奖。椅子采用聚丙烯（PP）材料，由于其良好的加工性能和特性，椅子整体重量较

图 3-7　K4999 儿童椅

图 3-8　菲亚特 500 Topolino

图 3-9　250 GT SWB Bertone

图 3-10　兰博基尼 Countach

轻，可被加工成各种颜色，适合儿童使用。另外，K999 儿童椅采用模块化设计，椅子可以随意拆卸和拼装，也可以像积木一样插接并摞在一起，节省了使用空间，体现了设计师们功能主义的设计理念。

在交通工具设计领域，战后意大利的汽车设计走两条路线，一条是针对国内市场的民主化设计路线，另外一条是受外向型经济政策刺激的针对海外市场的豪华车设计路线。民主化设计路线的车企代表是以工业化大批量生产为特征的菲亚特大众汽车。1936 年，菲亚特公司迈出了极其重要的一步——推出了丹特・吉阿科萨设计的大众化的廉价小汽车菲亚特 500 Topolino（昵称“米老鼠”），见图 3-8。

走高端的豪华车设计路线的是两家汽车设计工作室——宾尼法利纳和博通，他们为法拉利、兰博基尼、阿尔法、玛莎拉蒂等意大利奢侈汽车品牌提供外观设计方案，创造出了无数经典的车型并确立了在国际高端汽车市场上的重要地位。宾尼法利纳公司成立于 1930 年，由巴蒂斯塔・法利纳（Barttista Farina）创立于都灵，当时只是个设计生产车身的小作坊，从 20 世纪 50 年代开始将汽车设计作为经营业务。1951 年，宾尼法利纳公司和法拉利正式建立合作伙伴关系，两家大公司的强强联合为意大利汽车设计在国际上的巅峰地位奠定了坚实的基础，也为后世创造出了一系列标志性的车辆。博通设计公司成就了两位在 20 世纪最具影响力的天才设计师：法布里奇奥・乔治亚罗和马塞罗・甘迪尼。乔治亚罗几乎为全世界的各大汽车制造商设计过汽车，在他的职业生涯中共设计过 200 多款汽车，是有史以来最有影响力的汽车设计师之一。1962 年，乔治亚罗为博通设计出了经典的法拉利 250 GT SWB Bertone（图 3-9）。甘迪尼的设计风格和乔治亚罗截然不同，在 20 世纪 60 年代许多人已经厌倦了圆滑饱满的流线型风格，1971 年，甘迪尼推出了兰博基尼 Countach（图 3-10），这是一款前所未有的创造性设计，甘迪尼创造出了锋利、坚硬的楔形车身，从而奠定了兰博基尼独树一帜的车身造型基础。

在家电设计领域，意大利设计师设计的家电产品既保留了德国家用电器中的理性和秩序，又具有意大利设计的感性与优雅。如图 3-11 是意大利著名设计师马可·扎努索和理查德·萨帕在 1962 年设计的便携式收音机。这款收音机最引人注目的是它的色彩，意大利人通常用红色表达他们的热情与浪漫，红色也能突破那个时代家用电器冷漠、机械的刻板印象。从结构上看，收音机由左右两部分组成，中间用合页相连，便携式的提手设置在左半部分，天线在右半部分，提手和天线都可以不动声色地隐藏起来，体现了设计师的巧妙构思。扬声器和调频旋钮在面板上整体地排列，半圆形的沟槽和正方体外框形成鲜明对比，黑色面板和红色外壳的色彩搭配更是醒目。这款收音机以其优美的造型和良好的功能被纽约现代艺术博物馆收藏为永久藏品。

图 3-11 便携式收音机

3.2.4 阿莱西公司

阿莱西（Alessi）公司是意大利著名的家居用品制造品牌，创立于 1921 年，公司最初只是以生产黄铜、镍银餐具和家庭器具为主，现在的产品品类已涉及餐具、厨具、办公用品、卫浴用品、起居室用品等多种类型。阿莱西公司的产品以极具个性化的设计闻名于世，不仅具有超强的实用性，更能体现工业设计领域最先进的理念和最奇妙的构思。这得益于阿莱西在 20 世纪 30 年代的公司战略，当时阿莱西与众多著名设计师展开广泛合作，诞生了一批优秀的设计作品，许多国际知名的设计大师都为阿莱西做过设计，包括理查德·萨帕、迈克尔·格雷夫斯、亚历山德罗·门迪尼、菲利普·斯塔克、埃托·索特萨斯、阿尔多·罗西等。阿莱西公司用最先进的工业设备与技术，配合传承至今的手工抛光金属技艺，将设计师们的创意转化成创新、多彩、个性化的家居用品。阿莱西至今生产了许多颠覆传统的作品，每件作品的背后，都有它诗意的感性体验与充满幽默的戏谑趣味。正如阿莱西的第三代掌门人阿尔贝托·阿莱西（Alberto Alessi）所说："一个真正的设计作品，不仅能让人感动，还能传递情感，带来回忆及惊喜，并与普通的思维有所不同。"

阿莱西以生产高品质的不锈钢制品闻名于世，许多著名的建筑师和设计师都赋予了不锈钢这种金属材料艺术的优雅与独特的魅力。如图 3-12 是阿尔多·罗西（Aldo Rossi）在 1984 年设计的 Conica 水壶。阿尔多·罗西是意大利著名的建筑大师，被许多人认为是 20 世纪后半叶意大利最伟大的建筑师，曾获得过普利兹克建筑奖。他在建筑设计中喜欢用精确简单的几何形态表达现代主义的理性与极简，这种风格同样表现在产品设计上，Conica 水壶整个壶身和盖子组成了标准的圆锥形造型，水壶的盖钮是标准的球形，把手呈直角造型，壶嘴呈三角形，表现出极简的几何美学。这件作品更像是罗西的微型建筑，使得它在任何一个厨房里都能以惊人的方式表达自我。

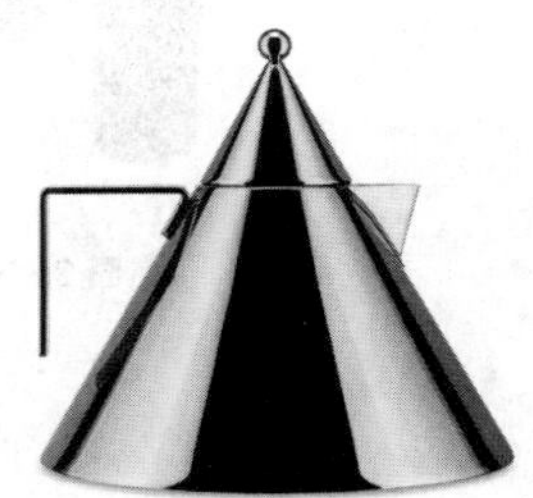

图 3-12 Conica 水壶

图 3-13 Alessi 9093 Kettle

Alessi 9093 Kettle（图 3-13）是阿莱西在世界上最

图 3-14 Juicy Salif 榨汁机

图 3-15 水果架

图 3-16 魔法兔子牙签盒

图 3-17 Pulcina 摩卡壶

畅销的产品之一，由著名设计师迈克尔·格雷夫斯设计于 1985 年。这款水壶的特别之处在于壶口有一个小鸟状的哨子，当水开始沸腾的时候，水壶会发出如乡间小鸟清脆的鸟鸣声，给用户带来了愉悦的体验。不锈钢材质和标准的几何形态透露出理性、优雅和高品质，手柄处和壶嘴小鸟的颜色打破了金属材质的冰冷，为产品添加了一丝灵动、俏皮和趣味。

阿莱西历史上畅销和受欢迎的产品不止这款小鸟水壶，还有一位来自法国的鬼才设计师菲利普·斯塔克设计的一款异形榨汁机，如图 3-14 所示。这款名为“Juicy Salif”的榨汁机，长着一个椭圆又尖尖的大“脑袋”，由三条细长的“腿”支承并固定在桌面上，整体造型怪异，像是一个来自外太空的外星人，极具未来感和科幻感，因此也被称为外星人榨汁机。这款榨汁机在 1990 年一经推出即引起轰动，吸引了无数人争相收藏。相较于其榨汁的实际功能而言，Juicy Salif 更像是一件艺术品，它的成功之处正在于菲利普·斯塔克赋予它的独特的后现代主义风格。

阿莱西并不只生产不锈钢等金属材料制品，1993 年，著名意大利设计师斯蒂凡诺·乔凡诺尼（Stefano Giovannoni）设计了一款塑料水果架（图 3-15），突破了阿莱西传统，以彩色塑料为材料的各式创作和设计开始了。斯蒂凡诺·乔凡诺尼还为阿莱西设计了著名的明星产品——一款名为魔法兔子的牙签盒，一经推出即受到消费者的广泛好评。这种牙签盒是由热塑性塑料制成的，有蓝色、黑色、绿色、粉红色、黄色五种颜色可供选择（图 3-16）。斯蒂凡诺·乔凡诺尼敏锐地观察到人们在使用牙签时的小尴尬，于是选择了小兔子这种可爱的造型设计缓解了尴尬，除此之外，通过将兔子从魔法帽中提起的动作实现牙签的抽取，增添了用户在使用产品过程中的趣味性体验。

在阿莱西的所有产品系列中，水壶和摩卡壶是比较畅销的品类，有许多经典的水壶和摩卡壶受到来自世界各地的消费者的追捧。2015 年，意大利著名建筑师和产品设计师米歇尔·德·卢奇（Michele De Lucchi）为阿莱西设计了一款名为“Pulcina”的摩卡壶（图 3-17），摩卡壶是一种萃取意式浓缩咖啡基底的工具，因其制咖操作的便利性成为意大利家庭中普遍使用的日常用品。从功能上来看，由于其特殊加热器的内部形状，Pulcina 可以在蒸汽压力过大的时刻自动停止过滤咖啡，这种中断有助于消除咖啡过滤时产生的苦味，保证咖啡最醇厚的口感和香气。从造型上看，这款摩卡壶造型标新立异，壶身像是由一层层不同直径和大小的圆形金属片拼成，给人带来独特的韵律美和肌理效果；壶嘴明显的“V”字形状让人联想到小鸡的喙，另外也可以防止倾倒咖啡时液体挂壁。这款摩卡壶一经推出也引发了消费者的疯狂抢购，它也被人亲切地称为“小鸡壶”。

阿莱西经过百年的发展，已从纯铸造性的、机械性的工业转型成一个积极研究应用艺术的创作工场，不仅为后世留下了许多脍炙人口的产品，而且以其创新、艺术、品质、个性的意大利设计风格在工业设计界独树一帜，其先进的设计理念和开放、包容的价值观值得所有企业借鉴。

3.3 美国工业设计

3.3.1 美国职业工业设计师

1929—1933 年美国爆发了经济危机，随后进入经济大萧条时期。企业为了生存，纷纷邀请艺术家、设计师重新设计产品样式以迎合消费者的审美趣好，从而使公司的产品在市场中占有更高的市场占有率。美国职业工业设计师从此诞生，美国现代工业设计从此发轫。

美国第一代职业工业设计师有两类，一类是企业工业设计部门的驻厂设计师，另一类是设计事务所的设计人员。为了适应市场需求，美国的大企业，尤其是汽车制造业，成立了汽车设计造型部，雇佣了专业的造型设计人员，形成了最早的企业工业设计部门。由于企业竞争激烈，设计需求量大增，企业内部的设计师已经不能满足市场的需求，随之出现了一些独立的设计事务所，这些设计事务所和一些企业保持长期的合作关系，出现了第一批职业工业设计师，如亨利・德雷夫斯、雷蒙德・罗维等。

亨利・德雷夫斯于 1929 年建立了自己的工业设计事务所，1930 年开始为贝尔电话公司设计电话机，在与贝尔的长期合作中，他设计了一百多种电话机，奠定了现代电话工业设计的基础。例如，1937 年他为贝尔公司设计的 300 型电话机（如图 3-18）首次将听筒和话筒合二为一，从外观出发，而且充分考虑内部电路结构、安装工艺等方面的因素。他设计的电话机大多具有简朴的外观、良好的功能，且使用方便、易于维修。德雷夫斯的设计理念是以人为本，他认为设计必须符合人体的基本要求，适应于人的机器才是最有效率的机器。他多年潜心研究有关人体的数据以及人体的比例及功能，1955 年出版了《为人的设计》一书，书中收集了大量的人机工程学（也称人体工程学，工效学）资料。德雷夫斯的人机工程学研究成果体现在 1955 年以来他为约翰迪尔公司开发的一系列农用机械中，这些设计围绕建立舒适的、以人机学计算为基础的驾驶工作条件这一中心，外形简练，与人相关的部件设计合乎

图 3-18 300 型电话机

图 3-19 罗维设计的可口可乐玻璃瓶包装

人体的基本适应要求，这是工业设计的一个非常重要的进步与发展。1961 年他出版了著作《人体尺度》一书，从而为设计界奠定了人机工程学这门学科基础，德雷夫斯成为最早把人机工程学系统运用在设计过程中的一位设计师，对于该门学科的进一步发展起到积极的推动作用。

雷蒙德·罗维是在美国第一代工业设计师中最负盛名的、最有影响力的一位，他一生设计过无数的产品，涉及宇宙空间站、汽车、火车、可口可乐瓶、冰箱等家用电器、标志设计等，他是第一位登上美国《时代》周刊封面的设计师，也是美国流线型风格的倡导者和实践者。人们所熟知的可口可乐经典的玻璃瓶包装（图 3-19），正是罗维的成功设计案例，罗维对之前的瓶身进行造型的设计，赋予瓶身更加柔美、曼妙、性感的线条，极具魅力。从工艺上来看，罗维去除了瓶身上的浮雕型 CocaCola 标识（图 3-20），改为清晰的白色字体，白色字体和玻璃瓶内的可乐颜色形成鲜明对比，进一步加深了消费者对品牌的认同。罗维还为可口可乐公司设计了可乐零售机（图 3-21），这也是一款典型的流线型风格产品，巨大的正方形箱体保证了容量，箱体的所有转角处被处理成圆润的造型，再搭配上通体的红色，给人以强烈的视觉冲击。罗维的一系列设计取得了商业上的成功，为可口可乐公司创造了巨大的利润，成为了美国商业性设计的典型案例。

图 3-20 可口可乐瓶外观变化

图 3-21 可乐零售机

3.3.2 商业性设计和优良设计并行发展

自第一次世界大战后，美国工业设计进入酝酿和探索阶段，二战前后进入快速发展时期，总体呈现商业性设计和优良设计并行发展的特征，主要原因有以下两个方面：一是社会文化因素。美国文化具有多元性、包容性，因此，设计风格也呈现多元化，而不是局限于一种风格。随着包豪斯学校的领袖人物格罗皮乌斯、密斯、布劳耶、纳吉等先后来到美国，带来了欧洲先进的现代主义设计理念，这为美国战后现代主义设计思想的传播奠定了基础。二是经济因素。一战后，美国的资本主义经济快速发展，经济的发展带来了商业的繁荣，汽车和家用电器迅速普及，巨大的消费市场引起了各厂商间的激烈竞争，企业意识到工业设计在市场竞争中的重要作用，纷纷邀请工业设计师为他们的产品设计外观以赢得消费市场而获取更多的利润价值。因此，美国在 20 世纪 20 年代走上了商业性设计的道路。

商业性设计的核心是有计划的商品废止制，即通过人为的方式使产品在较短时间内失效，从而迫使消费者不断地购买新产品。商品的废止有三种形式：① 功能型废止，企业不停地开发新产品，使新产品具有更多、更完善的功能，从而让先前的产品“老化”。② 合意型废止，抓住消费者求新求异的心理，经常性地推出新的流行款式，使原来的产品在形式上过时，迫使消费者不断追求新款式而抛弃旧产品。③ 质量型废止，即预先限定产品的使用寿命，使其在一段时间后便不能使用，使消费者不得不购买新产品而废弃旧产品。

图 3–22 “可德斯波特”牌冰箱

商业性设计抛弃了现代主义“形式追随功能”的理念而转向“设计追随销售”的信条，就像罗维所说的“世界上最美的曲线是销售上升的曲线”。罗维的很多设计作品也都体现了他的商业性设计理念，例如罗维设计的可德斯波特牌冰箱（如图 3-22），彻底改变了传统冰箱的纪念碑式框架造型，由于采用金属冲压的技术，可以获得整体感较强且具有流线型风格的造型，整个冰箱被白色珐琅材质箱门包裹起来，外观非常漂亮。除此之外，罗维也在冰箱内部设计上做了改造，在细节设计部分，冰箱上的五金件采用镀镍工艺，使它们散发出珠宝般的光泽，整体提升了设计品质。罗维设计的冰箱奠定了现代冰箱的基础，经过罗维重新设计的冰箱一经推出就取得了巨大的成功，市场销售量猛增，这让美国的制造商们意识到工业设计对于促进产品销售的重要作用。罗维的这款冰箱成为商业性设计成功的典型案例。

“有计划的商品废止制”是由美国通用汽车公司第八任总裁艾尔弗雷德 • P. 斯隆和汽车设计师亨利 • 厄尔提出来的，并在汽车设计中得到广泛推广和实践。例如，通过年度换型计划，设计师源源不断地推出时髦的新车型，让原有车辆在款式上迅速过时，消费者在一两年内就会更换新车型，这些新车型在结构和功能上没有大的改变，仅仅是变换了外观造型而已。对于“有计划的商品废止制”，厄尔等人认为这促进了经济的发展和商业的繁荣，同时也是对设计最大的鞭策，而埃利奥特 • 诺伊斯（Eliot Noyes）等人却强烈反对这种不负责任的行为，认为这是蒙骗消费者的不道德行为，是急功近利的商业行为，造成了巨大的社会和自然资源的浪费。

从历史的角度来看，美国的商业性设计是特定历史时期下的产物，它对于促进产品销售、刺激商业和经济的快速蓬勃发展起到了重要的作用，然而随着消费者维权意识的觉醒、20 世纪 70 年代能源危机和石油危机的出现，商业性设计受到了环保主义者和工业设计促进机构的强烈抨击，因此提倡功能主义的现代主义优良设计逐渐占据上风。

优良设计的主要倡导者是美国纽约现代艺术博物馆，它成立于 1929 年，自它成立之初起就致力于宣传现代主义设计理念。20 世纪 30 年代末，现代艺术博物馆成立了工业设计部，经格罗皮乌斯推荐，著名工业设计师诺伊斯被任命为第一任工业设计部主任。他和他的继任者埃德加 • 考夫曼（Edgar Kaufmann，小考夫曼）都竭力推崇优良设计，并把它作为反抗流线型风格等纯商业性设计的武器。

现代艺术博物馆经常性地举办实用物品展览，展品是直接从市场上的功能主义设计商品中挑选出来的，以向公众推荐实用的、批量生产的、精心设计的和价格合理的家用产品。现代艺术博物馆通过举办设计竞赛、和企业合作等途径广泛传播现代主义理论，取得了一系列成果，同时成就了伊姆斯、沙里宁等一批现代主义设计大师。

1940 年，伊姆斯在现代艺术博物馆举办的“家庭装修中的有机设计”设计竞赛中崭露头角，他为米勒公司设计了一系列家具影响力很大。1946 年，伊姆斯与妻子在洛杉矶成立了自己的设计工作室，展开了一系列新结构和新材料的设计实践，他们尝试各种新材料，例如胶合板、玻璃纤维、钢条和塑料。伊姆斯夫妇最著名的产品是为米勒公司设计的伊姆斯系列椅。1950 年，他们第一次成功地用玻璃纤维新型材料制作了一把餐椅（如图 3-23），这把餐椅的椅面为玻璃纤维模压一次成型，造型流畅、形态优美，椅子腿部造型看起来复杂，但采用了纤细的金属支架，整体给人轻盈而优雅的美感，从细节设计来看，椅子的四条腿脚都有橡胶脚垫，用来减少金属支架与地面之间的摩擦，由于椅子腿的造型设计灵感来自埃菲尔铁塔，因此这款餐椅又被称为埃菲尔铁塔腿版餐椅。

图 3-23 埃菲尔铁塔腿版餐椅

1956 年，伊姆斯夫妇设计了举世闻名的伊姆斯躺椅（如图 3-24），这款经典的躺椅不仅受到乔布斯、比尔·盖茨等一批批名人的追捧，而且被纽约现代艺术博物馆等 20 多家博物馆列为永久藏品。从功能上来讲，这款躺椅的椅面呈向后倾斜状，与地面形成 15 度夹角，再搭配上歇脚凳，给人带来十足的舒适感。这款躺椅起初是为他们的好友——著名导演比利·怀尔德设计的生日礼物，正像伊姆斯夫妇所说，要给他们的朋友带来仿佛置身于棒球手套般的舒适感。躺椅采用三段式结构设计，采用三块胶合板做主要骨架，上面覆以厚实的皮革，既能带来舒适的体验，又能体现贵族气质和奢华感。

图 3-24 伊姆斯躺椅和歇脚凳

埃罗·沙里宁是 20 世纪中叶美国最富创造精神的建筑大师之一，埃罗·沙里宁不仅是一位著名的建筑师，同时也是一位极具影响力的家具设计师，他设计的郁金香椅（Pedestal Chair）和子宫椅（Womb Chair）都是 20 世纪 50～60 年代最杰出的家具设计作品。图 3-25 是郁金香椅，正

图 3-25 郁金香椅

如它的名字一样，它把传统的四条椅子腿简化成一个基座，椅子的靠背和椅面一体成型，造型简洁美观又极具雕塑感，整体看起来就像一朵亭亭玉立的郁金香。郁金香椅受到人们的追捧不仅是由于它独特而优雅的外观，更是因为它具有良好的功能性，尽管椅子是靠一根椅腿支承，但是大而扁平的足部可以稳定在地板上，同时给腿部留足了活动的空间。

图 3-26 子宫椅

图 3-26 是沙里宁设计的子宫椅，正如它的名字一般，椅子呈半包围结构，造型就像是女性的子宫，人们坐在里面会获得如在子宫般的安全和舒适感，每把椅子都有一个与之呼应的歇脚凳，当人们蜷缩在椅子里的同时，可以把脚搁在歇脚凳上，舒适感从身体延伸到脚底。沙里宁的设计作品无论是在建筑还是在家具设计领域都体现出雕塑般美感的有机性，他将有机主义与现代功能主义相融合，开创了有机现代主义的设计风格，对美国工业设计及后世的现代主义设计产生了深远的影响。

3.4 斯堪的纳维亚工业设计

斯堪的纳维亚在地理上指的是欧洲北部的一个狭长地区，包括瑞典、丹麦、芬兰、挪威和冰岛五国，人们通常称之为“北欧”。由于有着类似的经济和文化历史背景，这五个国家逐渐形成了一个与欧洲其他地区完全不同的文化体，因而在设计上呈现出比较统一的、独具魅力的斯堪的纳维亚风格。总体上来讲，斯堪的纳维亚风格崇尚简单、实用、以功能主义为原则的有机现代主义，它追求形式与功能上的统一，对于外形和装饰采取克制态度，注重传统手工艺的传承和自然材料的使用，从而形成了一种富于人情味的现代主义美学。

3.4.1 斯堪的纳维亚工业设计发展历程

总的来说，斯堪的纳维亚工业设计经历了三个阶段：

第一阶段，1890—1939 年。这一时期是斯堪的纳维亚风格的酝酿和探索阶段。1890 年，由于受到英国工艺美术运动与欧洲新艺术运动的影响，其在建筑和设计领域逐渐发展出一种风格和思潮，在北欧设计史上称之为“民族浪漫主义”。它反对在当时的艺术家看来象征帝国主义的古典主义风格，提倡自然田园风格和手工艺技术的回归。1897 年，在斯德哥尔摩举办了一次名为“工业和艺术”的商业展览，这次展览不仅向人们展示了诸如美国的大型锯木机等工业时代的产品，而且展出了瑞典画家卡尔·拉松的《在家》一书，在这本书中，作者用水彩画给人们展现了自己在瑞典乡下居所的一些家庭场景，表达了田园诗般的主题，画中拉松的妻子卡琳·拉松设计的灯具和样式简洁的乡村风格的家具引起了人们极大的兴趣。《在家》一书对于瑞典现代设计的形成产生了深远的影响，这对艺术家夫妇也获得了“瑞典风格创造者”的美誉。1900 年，世界博览会在巴黎举办，美籍芬兰裔建筑师埃罗·沙里宁设计的芬兰馆尤其引人注目，被认为是芬兰独立和民族精神的象征，而世博会上展出的斯堪的纳维亚设计作品更是引起了国际公众的关注。

第二阶段，20 世纪 40 到 60 年代。这是斯堪的纳维亚设计发展的黄金时代，通过一系列展览的成功举办，集自然气息与欧洲文化于一身的有机现代主义风格逐渐在国际上确立了其设计地位。这些展览包括 1951—1954 年的米兰三年展，1953 年在伦敦举办的名为“桌边的斯堪的纳维亚设计”的展览，1954 年在美国、加拿大举办的斯堪的纳维亚设计巡回展，1955 年在瑞典的赫尔辛堡举办的一场大型商业展览“H55”，这些展览让世界了解了斯堪的纳维亚具有民族特色的建筑设计、产品设计、家具设计等，展会上展出的设计优良、美丽而又实用的日常用品如家具、玻璃制品、陶瓷制品等获得了一致的好评。

第三阶段，20 世纪 70 年代以后。石油危机的到来促使全球的设计师们开始从社会责任的角度来考虑设计问题，瑞典在人机工程学领域再次起到引领的作用，老人、残疾人、孩子等社会弱势群体成为设计所关注的焦点。人机工程学设计的研究逐渐扩散到其他北欧国家设计的各个领域，包括家具设计、工具设计、玩具设计和汽车工业等。其中取得较大成就的有芬兰工具制造商菲斯卡斯公司、挪威的家具制造商斯托克公司、丹麦玩具制造商乐高公司及儿童户外游乐设施制造商康潘公司、瑞典的汽车公司沃尔沃等。这些公司高品质的人机设计后来成为本国的标志，公司产品使用时的舒适度和安全性一直为人们所称道。

3.4.2 斯堪的纳维亚工业设计风格

3.4.2.1 功能主义设计

功能主义在整个 20 世纪的设计舞台上扮演着重要的角色，自然也对斯堪的纳维亚地区的设计风格产生了重要影响。功能主义可以说是一种设计理念，它影响了斯堪的纳维亚一批又一批设计师。北欧现代主义设计中最早的一批功能主义作品是由丹麦家具设计师卡尔 • 克林特和著名设计师保罗 • 汉宁森创造的，功能主义真正在斯堪的纳维亚得到广泛传播，则要归功于 1930 年在斯德哥尔摩举办的展览会。这次盛会将包豪斯的现代功能主义作品正式引入瑞典，随即迅速传播到了北欧各国。然而，包豪斯所提倡的现代功能主义冷漠、缺乏人情味，与斯堪的纳维亚传统文化中的人文主义相违背，因此，功能主义传入北欧之后的发展过程中，它的表现形式便发生了变化，如功能主义常用的金属材料被改为木材等传统材料，标准的几何形体被改为有机形式，于是逐渐形成了斯堪的纳维亚特有的风格。芬兰家具设计师阿尔瓦 • 阿尔托就是这种设计风格的典型代表。1942 年，丹麦艺术家布吉 • 莫根森将从卡尔 • 克林特那里继承到的功能主义理论运用到大规模生产中，其中较有代表性的是模数化的家具设计。这种模数化的家具概念标志着一种更为灵活多变的装饰风格的开端，它简化了整个室内的家具布置，在 20 世纪 50 年代备受欢迎。

3.4.2.2 民主设计

斯堪的纳维亚的民主设计在国际上享有盛誉，其中最著名的杰出代表是瑞典的宜家家具公司。在斯堪的纳维亚的民主设计推进过程中，设计师、设计组织和政府都各自发挥着不同的重要作用。民主设计的定义指的是设计和设计中的品位问题应该是一种平等的概念，而不是一部分人（尤其是有地位或富裕的人）所拥有的特权，大众也可以购买并享用设计优良的产品。

瑞典工艺协会为民主设计的理念传播起到了重要的作用，1917 年，在斯德哥尔摩李利瓦艺廊中举办了一次家居展，这次展览展出了不少家具和家用产品，一些体现了民主设计理念的作品得到了好评。1930 年，瑞典工艺协会在斯德哥尔摩举办了一次规模空前的贸易博览会。这次展览和 1917 年的斯德哥尔摩家居展一样，都表现出了生产更多美丽而实用的日用品的目标，同时还展示了一些受包豪斯影响而设计的优秀作品。通过这次展览，民主设计伴随着功能主义理念的传播，逐渐渗透到北欧各国。二战后，北欧各国都成立了自己的消费者协会，并积极与设计师合作，推出符合大众需求的产品。各国的民主设计主要是在日用品和家具设计领域进行。

民主设计理念的推广和北欧各国的政治制度有着密不可分的关系，1930 年前后，斯堪的纳维亚国家先后建立了社会民主政权，并开始了福利国家模式，通过高税收拉平存在于社会中的贫富差距，并保障社会成员受教育等各方面的社会福利，推动了民主设计的理念传播。政府通过政策的制定以及项目的实施，来促进民主设计的全方位进行。

3.4.2.3 有机现代主义设计

斯堪的纳维亚设计尽管是以功能主义为核心，但它又不同于包豪斯所提倡的几何线条，反而呈现出像波浪般起伏、象征生命力的曲线造型，这就是有机现代主义。20 世纪 20～30 年代，芬兰家具设计大师阿尔瓦 • 阿尔托首创了产品设计中的有机主义风格。与早期的有机建筑类似，无论是造型还是选材，阿尔托的设计都是整体考虑的。他将家具的功能与使用者情感上的联系放到了最重要的位置，而非单纯为了造型而造型。通过对木材进行试验，阿尔托坚信木材是一种“能产生振奋人心的造型和具有深远意义的人性材料”，他的大部分家具设计都是使用曲木制作的，而不是当时流行于欧洲的钢管材料，因为他觉得钢管对于家具而言过于冰冷。

有机现代主义设计并不局限于传统的木材等天然材料，随着材料技术的发展，人们逐渐发现塑料这种更适合表现有机设计中的抽象造型、在满足功能时又最符合人类形态学的人造合成材料。从 20 世纪 60 年代开始，北欧设计师开始探索塑料在工业设计中的应用，在挖掘材料特性的同时，产生了一系列有机设计的优秀作品。图 3-27 是维纳尔 • 潘顿（Verner Panton）在 1959 年设计的潘顿椅，1967 年由瑞士的 Vitra 家具制造商投入生产。这是世界上第一把玻璃纤维增强塑料一体成型的悬臂式座椅，标志性的 S形的有机线条让它拥有极高的辨识度，靓丽的色彩也成为它令人着迷的另外一个原因，这把椅子也成为家具设计史上最经典的椅子之一。

图 3-27 塑料一体成型悬臂椅——潘顿椅

3.4.2.4 人机工程学

北欧设计中对于产品人机因素的关注由来已久，这与北欧的功能主义设计传统密不可分。丹麦设计师卡尔 • 克林特是公认的进行人机工程学研究的先驱，瑞典设计师布鲁诺·马松（Bruno Mathsson）也在人机工程学研究方面有所建树。从20世纪60年代开始，人机工程学研究作为一门工业设计的基础学科，在北欧蓬勃发展起来。人机工程学这门学科对于工业设计的影响巨大，主要体现在两个方面：一方面，对于针对老年人、儿童、残疾人等弱势群体的设计体现了人文关怀，具有一定的社会意义；另一方面，对于针对普通大众的设计，由于设计之初多从功能出发，不受传统美学观念的限制，为设计师创造新的形态提供了思考方式。例如，挪威国宝级设计师彼得·奥普斯维克（Peter Opsvik）设计了一系列Balans座椅，这些椅子具有创新性的造型形态，突破了椅子传统的造型，设计的依据正是人机工程学。如图3-28是奥普斯维克在1979年设计的第一款呈现跪姿的座椅Variable Balans，人们在坐的时候双腿膝盖跪在前面的两个支撑面上，使身体重心前倾，上身自然竖直以保持平衡，以此减少对腰椎的压力，从而放松肩膀和背部，促进血液循环。

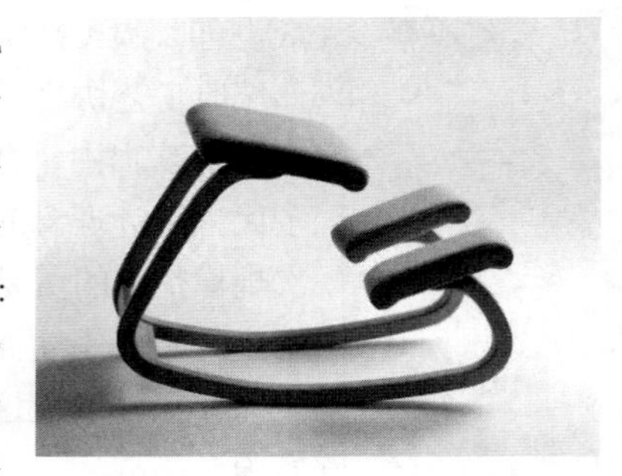

图3-28 彼得·奥普斯维克设计的Variable Balans座椅

随着时间的推移和技术的进步，人机工程学在北欧设计中应用的领域越来越广，如电子设备的界面设计、日用工业产品的造型设计等，其覆盖的人群也越来越广泛，从为残疾人到为大众的设计，从为老年人到为婴幼儿的设计，同时，人机工程学也逐渐成为斯堪的纳维亚设计在国际市场上竞争的优势。

3.4.3 斯堪的纳维亚工业设计的代表人物

3.4.3.1 现代主义设计大师——安恩·雅各布森

安恩·雅各布森（Arne Jacobsen）是丹麦著名建筑师及家具设计大师，被称为丹麦国宝级设计大师和现代主义设计之父。1952年，他为丹麦著名家具制造商弗里茨·汉森（Fritz Hansen）公司设计了一款形似蚂蚁的椅子，这就是后来享誉世界的蚁椅的原型，最早的蚁椅只有三条金属椅腿，后来为了更加稳定，改为了四条椅腿。蚁椅（图3-29）由两部分结构组成，椅面和椅背为整体成型的热压胶合板，轮廓线条为双曲线，呈对称造型，形似蚂蚁的身体，采用细长的钢管椅腿，足部有防滑脚垫。当时，蚁椅的造型被认为是非常前卫的，连制造商弗里茨·汉森最初都不敢相信能够将它投入批量生产。事实上，蚁椅的生产和销售都极其成功，约有100万张被售出。后来，雅各布森在蚁椅的造型基础上又开发出50多种椅子，这些椅子由于质量轻、可以叠放和造型优雅的特点成为了几乎全世界教室、报告厅和咖啡馆的标配。

图3-29 安恩·雅各布森在1952年设计的蚁椅

1956—1964年，雅各布森设计了著名的建筑——奥胡斯市政厅和牛津大学圣凯瑟琳学院，他同时也为这两个建筑设计了灯具和座椅，其中为牛津大学圣凯瑟琳学院设计的牛津椅（Oxford Chair）已成为牛津大学著名的标志性家具。牛津椅（图

3-30）是一款高靠背椅，颇有麦金托什的风格特点，高高的椅背不仅带有仪式性的庄重感，而且提供了很好的私密性，椅子的材料为单曲线层压板，曲线的靠背设计符合人机工程学且可以旋转，方便与餐桌周围的人交谈。在宴会厅，学生们入座于轻盈的蚁椅7号椅上，而教职人员则落座于牛津椅上。学生和教职人员在一个完全现代主义的世界中交谈、吃饭和学习。

图3-30 安恩·雅各布森为牛津大学圣凯瑟琳学院设计的牛津椅

雅各布森是一位全才的设计师，他的设计作品涉及建筑设计、室内设计、家具设计、灯具设计等产品设计领域，而且很多设计都成为现代设计中的经典。1964年，他为丹麦著名的家具用品品牌斯特尔顿（Stelton）公司设计了筒系列（Cylinda-line）餐具（图3-31），整套餐具包含大小、尺寸、功能不同的一系列产品，可以满足家庭酒吧的一切需求，从鸡尾酒摇壶到冰桶，甚至是烟灰缸，这是家庭酒吧的重要组成部分。此外，该系列还包括供应咖啡和茶的产品。所有产品呈现统一的风格特点，即造型呈圆筒状，其简洁明快的几何形态造型语言搭配不锈钢的材质，展现了现代感和高雅的设计品质。

图3-31 雅各布森于1964年设计的筒系列餐具

3.4.3.2 灯具设计大师——保罗·汉宁森

在灯具设计领域，斯堪的纳维亚的灯具设计在全世界享有极高的声誉。由于斯堪的纳维亚处在欧洲最北部，特殊的地理位置使得那里有着一种奇特的自然现象——极昼和极夜，一年有一半的时间是漆黑的冬夜，因此北欧人对于光明的渴望是远远超过任何一个国家和地区的，这也就造就了北欧非常高超的灯具设计水平。保罗·汉宁森（Poul Henningsen）是丹麦顶级的灯具设计大师，他最著名的作品是他设计的PH系列灯具，PH系列灯具是以他的名字来命名的。

汉宁森的设计生涯中最著名的两款PH灯是1958年设计的PH5（如图3-32）吊灯和PH Artichoke洋蓟吊灯。PH5吊灯具有极高的审美价值，从外观上看，它由层次丰富的五片灯罩组成，PH5吊灯的得名则是由于最大的灯罩直径为50cm，几片灯罩之间通过细长的金属支柱连接起

图3-32 PH5吊灯

图 3-33 洋蓟吊灯

来。PH5 吊灯的设计同样来自科学的照明原理，汉宁森利用数学原理中的等角螺旋公式精确计算出每一层灯罩的直径比例、向下弯曲的弧度和角度，使得从灯泡中射出来的光线经过至少一次反射才能到达工作面，因此可以形成均匀分布的光源，而每一层灯罩能平均减弱光线亮度，从而减少眩光，最终融合成柔和的光感。汉宁森基于应对灯泡制造商对白炽灯的形状和尺度的不断变化而设计了 PH5 灯，这款灯可以用于任何光源，包括圣诞灯和 100W 的金属丝灯泡。

1958 年，汉宁森设计了著名的洋蓟吊灯（PH Artichoke）（图 3-33），这款由 72 片不锈钢叶片组成的类似植物洋蓟造型的吊灯，一经推出就引起人们的追捧，成为 20 世纪灯具设计史上的经典。从结构上看，洋蓟吊灯的主体结构是 12 根弧形钢拱，72 片叶片就错落分布在这 12 根钢拱上，由于叶片之间是互相遮挡的关系，所以从任何角度都看不到光源。从功能上来看，它延续了 PH5 灯的科学照明原理，光源通过叶片的无数次反射，可以为室内营造 360 度无眩光的柔和光线，形成与众不同且独特的照明。洋蓟吊灯由于其极具艺术感的形式语言，特别适用于大空间和商业空间以营造优雅和戏剧性。

汉宁森不仅在灯具设计领域有极高的造诣和巨大的影响力，而且也涉足家具设计领域，同时还是一名出色的诗人、剧作家和设计评论家。在家具设计领域，他设计了著名的钢管家具蛇椅，蛇椅因其主体框架是由一根盘旋得像蛇一样的钢管结构而得名。除此之外，汉宁森还设计了 PH 蛇椅、PH 教皇椅、PH 蛇凳、PH 椅凳一系列家具，这些家具都以他的名字命名。

3.4.3.3 家具设计大师——卡尔·克林特

卡尔·克林特（Kaare Klint）是丹麦建筑师和家具设计师，1888 年出生于丹麦的哥本哈根，被认为是现代丹麦家具设计之父。他的许多作品都被世界上著名的博物馆收藏。克林特的家具设计作品将传统工艺与现代主义形式完美融合，呈现出优雅美观、干净利落的线条，凸显出材料自然的纹理和美感，体现了丹麦独特的设计风格。除此之外，克林特仔细研究了家具和家居物品各部分之间的结构、尺寸和人的身体尺寸之间的关系，首创了家具设计中的人机工程学，他将其与社会对功能的需求联系起来，并基于这些研究提出了他的新设计，他是公认的进行人机工程学研究的先驱。

图 3-34 福堡椅

克林特职业生涯中最著名、最受关注的两把椅子是他设计的福堡椅（Faaborg Chair）和狩猎椅（Safari Chair）。1914 年，克林特设计了他标志性的福堡椅（图 3-34），福堡椅既是一把古老的椅子，又是一把现代的椅子，它的设计灵感来自丹麦一种传统的座椅形式，最早源自古希腊的 Klismos 椅，有着弯曲的靠背和逐渐变细、向外张开的椅腿。这把椅子采用了编织复杂的法式藤椅座、靠背和侧面，藤条面板需要一个熟练的工匠耗时 20 小时才能制作完成。从外观上看，福堡椅有着干净利落的线条、清晰明了的结构，极具现代感的形式可以使它适应任何空间风格。这把椅子是为福堡博物馆特意设计的，为了更好融入环境，藤条面板的镂空花纹不会遮挡博物馆地面的马赛克瓷砖。福堡椅的成功得益于克林特在家具学校、细木工坊和艺术家工作室的学习经历，这使他对材料和工艺极其熟悉，能从历史风格中寻找线索，结合工艺和人机工程学，重新诠释历史式样，成就了丹麦家具设计史上的第一个现代主义经典。

卡尔·克林特十分擅长研究古典家具以及来自不同国家和地区的家具作品，从中获取灵感并用现代主义的形式语言表现出来，将传统风格和现代风格完美融合。1933 年，克林特设计了一把名为狩猎椅（Safari Chair）（图 3-35）的旅行椅，这是一把便携式的折叠椅，设计灵感来自克林特在一本非洲旅行指南中看到的一把英国军官的椅子。克林特的狩猎椅最特别的地方在于它是世界上第一件可以 DIY（自己手工制作）的家具之一。用户可以轻松地组装和拆卸，无须使用任何工具，因此它可被包装在一个小卡板箱内，节省了运输成本。椅子的灵活结构使它适应多种环境和使用人群。狩猎椅简单的可拆卸结构也意味着，如果椅子损坏，可以通过置换备件来快速修复它。狩猎椅的椅面、椅背和扶手采用帆布或皮革制作，椅子的主体框架采用梣木制作而成，两种材质在一把椅子中相互呼应，和谐统一。狩猎椅是到目前为止凯雷·克林特最著名和最畅销的作品。

图 3-35 狩猎椅

3.4.3.4 家具设计大师——阿尔瓦·阿尔托

阿尔瓦·阿尔托（Alvar Aalto）是芬兰著名建筑师、城市规划师和设计师，他的创作范围广泛，从城市规划到建筑设计，从室内设计到家具设计，从灯具设计到日常工艺品设计，几乎无所不包。

图 3-36 帕米奥椅

在家具设计领域，他十分擅长使用胶合板材料创造出具有典型斯堪的纳维亚风格的家具作品，带动了芬兰的家具设计走向国际市场。阿尔托通过长达 5 年的木材弯曲实验发现，木材经过弯曲成型后具有较高的强度和韧性，能够替代现代主义家具设计中常用的钢管结构，可以制成一种悬臂椅——帕米奥椅（图 3-36）。在家具设计领域，阿尔托在历史上最大的贡献是他对于胶合板材料及弯木工艺的研究与实践，可以说他是第一个尝试用弯曲的胶合板做家具设计的设计师，他的胶合板椅也影响了伊姆斯和沙里宁等一大批设计大师。

在建筑设计方面，阿尔托同样秉承功能主义的设计原则，如图 3-37 是阿尔托在 1933 年设计的维普里市公共图书馆，这是芬兰的第一座功能主义建筑。它位于市中心公园东北角，主体建筑包括儿童图书馆、借书处、阅览室和会议室等，其中会议室外立面采用连排的大面积落地玻璃窗，能够将公园内的美景和阳光引入室内。除此之外，采用平屋顶结构，屋顶上开设有圆形的孔，可直接将光线引入阅览室，这些都是功能主义的体现。从内部来看，会议室（如图 3-38）的天花板采用芬兰盛产的木材，运用起伏的有机曲线形态体现自然风格，就像起伏的山峦。另外，木材本身具有吸收噪声的效果，非常符合图书馆的功能需求。以上所有的设计都是以功能主义为基础，又融合了斯堪的纳维亚的有机主义风格，构成了独特的有机功能主义。

图 3-37 维普里市公共图书馆外立面

图 3-38 维普里市公共图书馆内部

在室内设计和产品设计领域，阿尔托的有机现代主义风格展现得淋漓尽致，例如，1936 年阿尔托负责为赫尔辛基的甘蓝叶餐厅做室内设计，设计了花瓶、灯具等一系列产品，其中采用有机形态外观的玻璃花瓶最广为人知。阿尔托为甘蓝叶餐厅设计了一款经典的吊灯，后来也成为在全世界餐厅流行的灯具之一。灯具造型简洁流畅，灯罩轮廓像是教堂的倒悬吊钟，材料采用了芬兰产量丰富的黄铜，通体呈金色，尽显奢华，所以又被称为“金钟”，“金钟”被一根三米长的线吊着，因此也叫“钟摆吊灯”（如图 3-39）。甘蓝叶餐厅是一家西餐厅，室内光线较暗，钟摆吊灯金光闪闪的外观造型和发出的柔和温暖的光线与餐厅氛围完美融合。

阿尔托创立的有机现代主义风格在 20 世纪 30 到 40 年代的英国和美国大受欢迎，他的设计思想深深地影响了战后的一些设计师，将北欧风格带到了全世界，1938 年、1984 年、1997 年，美国纽约现代艺术博物馆曾三次举办阿尔托的作品展，宣传和纪念这位大师。也有人将阿尔托和格罗皮乌斯、密斯、柯布西耶相提并论，认为他们是 20 世纪最伟大的四大现代主义风格大师。

图 3-39 “金钟”吊灯

3.4.3.5 家具设计大师——汉斯 · 维纳

汉斯 • 维纳（Hans J. Wegner）是 20 世纪丹麦最伟大的家具设计师之一。他一生设计超过 500 张椅子，被誉为“名椅大师”，他还把中国明式座椅推向世界。维纳于 1914 年出生于丹麦，父亲是一位手艺高超的鞋匠，受到父亲的影响，维纳对于手工艺非常热爱，13 岁时就跟着一名当地的木工师傅学习木工工艺，15 岁时创作了生平第一张椅子，22 岁考入哥本哈根工艺美术学校，1940 年，维纳成为安恩 • 雅各布森的助手，参与了多项设计项目，包括著名的奥胡斯市政厅。1943 年，维纳开设了自己的第一家设计工作室。1946 年，维纳结识了丹麦另外一位著名的家具设计师布吉 • 穆根森，两人开始合作设计家具并建立了深厚的友谊。从他们开始，家具设计成为了一个专门的职业，在此之前，大部分家具设计师都是建筑师。

图 3-40 汉斯 · 维纳设计的孔雀椅（上）与 17 世纪英国的温莎椅（下）

1947 年，维纳设计了他人生当中第一件成功的作品“孔雀椅”（图 3-40），这把椅子受到英国著名的温莎椅的启发而设计，尽管当时有很多设计师对于温莎椅做过全新的诠释，但唯有维纳的设计最引人注目。孔雀椅保留了温莎椅的梳状靠背，并将其转换成了一种发散式造型，形状恰似孔雀开屏时展开的漂亮的尾羽。

维纳十分擅长从传统的设计中获取灵感并以现代主义的语言来设计座椅，他对中国明代座椅非常着迷，在对中国明代座椅进行大量的深入研究后，维纳开发设计了享誉世界的“中国椅”系列，其中最著名的一张椅子是 1949 年设计的“The Round Chair 501”（图 3-41），从造型上看，“The Round Chair 501”显然脱胎于中国明代圈椅，维纳将传统的座椅结构进行简化，简化到只有四条腿、椅面、椅背与扶手几个结构部件，然后将它们连接起来，构成了这款既优美简约又极具舒适感的座椅。从工艺上看，“The Round Chair 501”采用传统家具中的榫接工艺，它特有的榫头和榫眼也体现了丹麦传统木工技艺的高超，椅子腿部的手指状榫头制作得非常精细，使它们能准确无误地插进靠背扶手上的圆形榫眼中。座椅早期结构是以木钉接合方式固定，后改为在每一接合的部位以榫头榫接结合，以确保作品的强韧度及耐久性。从材料上看，“The Round Chair 501”采用了天然的橡木和藤条，两种材料交相呼应，橡木的天然纹理和手工编织的藤条给人带来温润的质感和亲和力，加上丹麦传统木作手工技艺，成就了它独有的美丽和优雅。这件作品在当年引起轰动，也使维纳声名大噪，当时美国著名的《室内》杂志将“The Round Chair 501”放在杂志封面，并授予它“世界上最美的椅子”称号。从此它也有了一个独一无二的名字“The Chair”。1960 年，当肯尼迪和尼克松在美国史上第一次电视转播的总统辩论赛上辩论时，就坐在“The Chair”这件作品上，因此它也被美国人称为总统椅。

图 3-41 The Round Chair 501

维纳一生设计了 500 多款椅子，主要分为两大类，一类是“中国椅”系列，这一系列的椅子多是模仿中国明代座椅的造型和结构特点，作品之间只有细微的区别，相差并不大。另一类则是创新型设计，基本上都是杰出的手工艺与功能主义结合的典范。例如，1944年设计的摇椅 Rocking Chair J16，不仅为用户提供了舒适的坐姿，还可以自由地摇摆，可以说是摇椅中的经典之作。1949 年设计的折叠椅 The Folding Chair，除了具有优雅的外形，还可以折叠起来挂在墙上。1953 年设计了一款多功能的“男仆椅”，椅背被设计成了衣架的样子，可以挂衣物、裤子等，椅面可以被打开，其他物品还可以放置在椅面下的储存空间里。1963 年设计的三条腿的“贝壳椅”（图 3-42），则利用胶合板塑造出了一种具有韵律的美感和良好舒适度的椅子。当然，在维纳的所有作品中也不乏诙谐幽默的设计，具有代表性的就是 1960 年设计的“公牛椅”，椅子的后背被设计成夸张的类似公牛角的造型，不仅提供了宽大的倚靠空间，更可以给平淡的生活带来一丝趣味。

图 3-42　贝壳椅

维纳的设计世界造型丰富，但隐藏在这些优美造型背后的却是功能主义设计理念和他对设计细节的追求和考量，他认为“一件家具永远都不会有背部”，好家具应该给使用者提供各个方向完美的角度，他的所有作品都美得无可挑剔，也因此获得了无数的国际奖项，并将丹麦家具设计推向全世界。如今，维纳的许多设计仍旧由丹麦著名木工坊生产和销售，继续美化和装点着人们的生活。

3.5　日本工业设计

日本的工业设计是从第二次世界大战后逐步发展起来的。由于日本独特的地理条件和经济条件、文化传统，日本设计呈现出与其他国家不同的设计发展道路，即一方面是针对国内市场的具有手工艺特色的各类生活用品设计，如木质家具、漆器、陶器等；另一方面是针对国际市场的高科技产品的设计，如汽车、音响、计算机、照相机、摩托车等。

日本设计具有一些普遍的特征，如微型化、多功能、可持续设计等。日本是一个岛国，国土面积狭小，且森林与山地占了大部分，所以国民的生活空间相对拥挤，因而产品一般设计得体型较小，且具有多种功能，以尽可能地节省材料和空间。同时，日本经济的支柱产业是制造业，经济发展依赖于对外贸易，因此，工业设计作为一种提升产品在海外市场的影响力的重要手段得到了政府和企业的高度重视。除此之外，日本作为一个自然资源匮乏、自然灾害频发的国家，尤为重视设计的可持续和对人生命安全的保护。

3.5.1 日本工业设计发展历程

日本工业设计的发展基本分为两个阶段，二战前的设计萌芽期和二战后的设计繁荣期。19 世纪 70 年代，西方先进的工业技术影响到了日本，日本在高速推进工业化的同时，传统手工业的发展受到制约。1920 年，日本哲学家、评论家柳宗悦和陶艺家滨田庄司发起了民艺运动，寻求日本传统手工艺的回归。1936 年，日本民间工艺博物馆（The Japan Folk Crafts Museum），向公众展示了陶瓷、纺织品、竹器、漆器、木器等传统手工艺制品，这些手工艺品大多是具有使用功能的日用品。在建筑设计领域，1930 年，日本迎来了现代主义建筑的 10 年鼎盛期，受到西方现代主义建筑风格的影响，再加上日本的大批留学生到欧美留学，诞生了一批精致典雅的理性主义建筑。然而，第二次世界大战的爆发，阻断了日本的现代设计发展势头。二战后，由于美国对日本的经济资助，日本经济快速恢复过来，完成了工业化进程，成为了制造强国，日本社会也转变成了现代化的消费社会，日本的工业设计进入快速发展时期。

20 世纪 50 到 60 年代，日本政府一方面邀请罗维等著名设计师来日本讲学，一方面派出大批人员去欧美学习和考察，因此在二战后工业设计发展初期，日本的工业产品设计表现出明显的模仿痕迹。例如，丰田公司的第一辆 A1 轿车，无论在造型还是在结构上都和克莱斯勒的 Airflow 轿车几乎一模一样，呈现出典型的流线型风格。在家用电器领域，日本企业同样受到美国商业性设计和流线型风格的影响，家电产品表现出明显的流线型风格特点，如夏普公司在 1960 年设计了一台彩色电视机，这个彩色电视机是全日本第一台彩色电视机，从外观上看，显然受到了美国商业性设计的影响。从 1961 年起，日本工业进入了飞速发展阶段，工业设计也得到了极大的发展，由模仿借鉴逐渐走向创造自己的独特的风格，逐步成为具有世界领先地位的设计大国之一。20 世纪 70 到 80 年代，日本产生了一系列在国际上具有一定影响力的高科技产品，例如，铃木摩托车、雅马哈摩托车，铃木汽车、奥林巴斯照相机、索尼公司的随身听放音机、日产卡车和小汽车等。进入信息时代，日本生产的数码相机、电子游戏机、彩色打印机、计算机、手机等在国际上仍具有很强的市场竞争力，巩固了其设计大国的地位。

3.5.2 日本现代主义的传道者——胜见胜

胜见胜，1909 年出生于日本，日本著名编辑、设计评论家，对日本现代主义设计的发展和繁荣起到了重要的推动作用。他被认为是日本战后到经济高速发展时期现代设计运动中的核心代表人物，他的设计思想影响了龟仓雄策、田中一光、胜井三雄等日本战后第一代设计师，被认为是“设计大师背后的导师”。他在 1948 年担任日本《工业艺术新闻》杂志主编期间，全力以赴地推广介绍以欧洲为中心的设计体系，系统地介绍包豪斯，胜见胜称 1950 年为日本设计元年，从那时开始，到 1955 年左右，日本设计教育有了大规模发展，成立了不少重要的设计学院。其中，最著名的是桑泽设计研究所，这是日本第一所设计专科学校，即现在的东京造形大学的前身，它培养了许多艺术家、建筑设计师、图形设计师和产品设计师，德国著名建筑师、包豪斯的创始人格罗皮乌斯后来到日本桑泽设计研究所参观后，把这所学校称为“日本的包豪斯”。

1959 年，胜见胜创办《平面设计》杂志，并任总编辑长。该杂志成为日本最具影响力的设计杂志。1964 年，在东京举办的夏季奥运会成为日本战后现代设计的转折点，而胜见胜是东京奥运会设计委员会的核心人物。1983 年，在胜见胜去世之际，龟仓雄策倡导日本五大设计师组织共同创立以他名字命名的“胜见胜奖”，以表彰年度优秀设计师，并传承胜见胜的精神，该奖项也成为当时日本设计的最高奖。由于胜见胜对于日本现代设计和设计教育做出的突出贡献，日本设计界将胜见胜誉为“最伟大的设计评论家”、日本二战后设计“最大功劳者和指导者”。

3.5.3 索尼公司

在日本的企业设计中，索尼公司成就斐然，成为日本现代工业设计的典型代表。索尼公司的发展史体现了日本工业设计的发展历程。索尼是日本最早注重工业设计的公司之一，早在1951年就聘请了日本有名的设计师柳宗理设计了H型磁带录音机。1954年，索尼公司成立了自己的设计部门并逐步完善了公司全面的设计政策。索尼的设计理念不是通过设计为产品增添附加价值，而是将设计与技术、科研的突破结合起来，用全新的产品来创造市场，引导消费，而不是被动地去适应市场。1955年，索尼公司生产了日本第一台晶体管收音机。与其他公司强调高技术的视觉风格不同，索尼的设计强调简练，其产品不但在体量上强调小型化，而且在外观上也尽可能减少无谓的装饰。1958年，索尼推出了TR60晶体管收音机（图3-43），这是一款革新性的产品，号称是世界上最小的收音机，能轻松地放入衣服口袋中，体现了典型的日本设计的特点——小巧、便携又精美，整体造型简洁，没有任何多余的装饰，面板上的扬声器占据了视觉中心，扬声器周圈金光闪闪的部件尽显奢华。这款收音机还有一个金色的金属把手，既可以手提，又可以放在桌面作为支架。调频旋钮设计在了机身的侧面，方便单手操作，机身正上方的调频仪表盘采用了醒目的红色，方便用户识别。无论从任何角度看，这都是一款相当成功的设计作品。

图3-43 TR60晶体管收音机

1979年，索尼公司设计生产了Walkman-TPS-L2便携式磁带音乐播放器（图3-44），这是世界上第一台个人便携式磁带音乐播放器，又称“随身听”，是一款具有里程碑意义的革新性产品，它彻底改变了人们听音乐的方式，满足了人们在户外出行及休闲度假时享受音乐的需求，代表了当时人们的一种生活方式。随后，索尼公司持续不断地开发Walkman系列播放器，包括有磁带音乐播放器、CD（光盘）音乐播放器和MD（小型音频光盘）音乐播放器等，在20世纪80到90年代取得了极大的商业成功，Walkman受到全世界一代又一代年轻的消费者的热烈追捧。直到21世纪，基于磁带和CD光盘的“随身听”被基于闪存的微型数字播放器所取代。

图3-44 Walkman-TPS-L2音乐播放器

20世纪80年代以来，由于计算机的快速发展和普及以及互联网的迅猛发展，人类进入前所未有的信息爆炸的新时代。索尼公司的业务范围也扩展至个人电脑、数码相机、电子游戏机、娱乐机器人等消费类电子产品领域。由于索尼公司深谙市场，并具有将先进技术转化为消费商品的超凡能力，公司的产品在全球市场具有很强的竞争力。在信息时代，日本传统设计中小巧、多功能、精致等设计特点得到了进一步发展，成为日本高科技产品的重要特色。

2004年，索尼公司推出另外一款具有划时代意义的产品—— PSP（PlayStation Portable）（图 3-45），这是一款便携式的掌上游戏机，精巧并有着双层加工过的透明感与富含光泽的外观设计，机体上搭载着由夏普公司开发的 4.3 英寸（10.922 厘米）大型液晶屏幕，要知道在当时，主流的手机屏幕仅有 2.4 英寸（6.096 厘米），大屏幕的设计给用户带来了前所未有的良好使用体验。从功能上来讲，PSP 不仅可以玩游戏，还支持音乐播放、MP4 格式视频播放和电子书等功能，一经推出即引起消费市场的热烈反应，成为年轻人争相追捧的爆品。

小巧、轻薄是日本电子产品突出的设计特点，2004 年，索尼公司推出的 VAIO X505（图 3-46）笔记本电脑是典型代表，VAIO X505 采用了碳纤维的多层板，它最厚的地方只有 21 毫米，最薄的地方仅有 9.7 毫米，质量仅为 785g。为了实现超薄的特性，索尼在以下几个地方作了改进：首先，采用圆形电池以减小体积。其次，重新设计内部结构，普通的笔记本电脑是采用硬盘、主板以及键盘相互重叠的设计，而 VAIO X505 的主板、键盘以及硬盘却不是相互重叠，而是采用平板式的连接，这样的设计才能保证机器的最小厚度控制在 1 厘米以内。最后，去除散热风扇及散热片结构，而是采用石墨薄膜来确保足够的散热性能。索尼通过结构上的重新设计，使得这台笔记本电脑成为了当年发布的所有笔记本电脑中最轻薄的一款。

图 3-45 索尼公司在 2004 年推出的 PSP 掌上游戏机

图 3-46 索尼公司在 2004 年推出的轻薄笔记本电脑—— VAIO X505

真正使得索尼公司称得上是一家高科技公司的是它的两款人工智能产品—— AIBO 机器狗和 QRIO 机器人（图 3-47）。1999 年，索尼推出了第一代 AIBO 机器狗，这是一个针对家用市场的宠物狗，它可以像真的宠物狗一样做出各种有趣的动作，如摇尾巴、打滚、叼骨头、玩球等，还可以识别出自己的主人，当然还可以识别出主人多达 180 种的语音指令。这款售价 1600 美元的 AIBO 宠物狗一经推出，再次引

(a) AIBO机器狗

(b) QRIO机器人

图 3-47 索尼开发设计的 AIBO 和 QRIO

爆市场，创下了20分钟销售3000只的销售纪录。时隔一年，2000年，索尼又开发出了人形机器人QRIO，QRIO身高约58厘米，重约7公斤。拥有多达38个可转动关节，除了走伸展台、跳舞外，还能像投手一样扔出棒球，还具有脸部识别功能，可与人进行即时互动，动作自然，像是一个真人一样。QRIO最令人津津乐道的是它精湛的舞技，2003年开发的第二代QRIO在15年后的世界机器人大赛Robotcup 2017中热舞，动作流畅、双脚灵活，堪称“机器人界舞王”，然而这款万众瞩目的机器人产品由于索尼公司的事业战略至今没能量产，QRIO只能成为传说中的机器人。

3.5.4 日本杰出工业设计公司——GK设计集团

日本的工业设计师队伍和欧美等其他国家和地区不同，大多数不是独立的设计师或设计公司，而是企业内部的驻厂设计师队伍，日本GK设计集团是日本为数不多的独立的设计公司之一，创建于20世纪50年代，最初由6位青年学生组成，30年后已成长为横跨工业产品设计、环境设计、科学技术研发、平面设计、重型摩托车设计的设计咨询公司，针对这五个行业各自成立了独立公司，由GK设计集团整合5家公司的资源、统筹管理，现今由日本国内8家公司及海外4家公司构成。GK早期的业务主要是方案设计，由于多次在重要的设计竞赛中获奖，因而逐步得到了许多具体的设计项目。

GK设计集团成立初期，许多成员赴美国和德国学习先进的工业设计理论与技术，从而奠定了GK国际交流的基础。随着日本工业界逐步认识到设计的重要性，GK的设计业务不断发展。20世纪60到70年代，日本经济腾飞，GK的设计领域也不断扩大，包括了产品设计、建筑与环境设计、平面设计等诸多领域。从20世纪80年代起，GK将自身目标定义为知识密集型、高水平、以创新为先导的设计组织。为达到这一目标，GK设计集团形成了由基础研究、计算机系统开发、技术创新、设计信息处理等部门。GK创立了三大支柱，即推广、设计和学习。GK多年来积极推广设计，因为如果公众没有意识到设计的重要性，设计就不可能获得社会的理解。在今天多样化的社会环境中，不可能仅凭某一个专业领域来满足社会需求，因此GK集团采取了一种综合性的设计策略，将所有设计领域融会贯通以应对当代社会面临的各种问题。它有效地利用了自身的组织结构以及广泛的专业技术，积极通过在高技术条件下创造精神与物质协调一致的设计哲学来服务社会。GK设计集团于1994年10月与海尔成立了中国第一家由企业和国外设计公司合资的工业设计公司。2010年，GK设计集团为上海世博会成功设计了整体标识系统。

3.5.5 日本工业设计大师

3.5.5.1 柳宗理

柳宗理，是日本现代工业设计的奠基人之一，擅长用现代技术、现代材料，创造出具有传统日本设计风格的现代产品。他也是较早受到国际社会认可的日本设计师之一。柳宗理是民艺运动发起人柳宗悦的儿子，1936—1940年在东京艺术大学学习，1942年起，任勒·柯布西耶设计事务所派来日本工作的夏洛特·佩利安（Charlotte Perriand）的助手，1954年任金泽工艺美术大学教授，1977年起任东京日本民艺馆总监。

柳宗理虽受到包豪斯和柯布西耶的影响，但他始终坚持自己对现代设计的独特见解和创作个性，认为民间工艺可以让人们从中探寻美的源泉，促使人们反思现代化的真正意义，民间工艺中包含的人类生活的根本和真实的人性化因素，正是工业化时代所最应该学习的。柳宗理个人极坚持以“手”进行设计，特别是家用器具的部分，经常不画设计图，直接手工开始制作。据说在设计时他常直接用手来制作石膏模型，边制作边进行调整，这一独特的设计过程被称作“用手思考”，也是柳宗理任教的金泽美术工艺美术大学设计科的教育理念，而“让造型贴合用途”这一核心想法，就是“让造型之美为生活之实用服务，让生活之实用中充满造型之美”。这和现代主义所提倡的“形式追随功能”不谋而合。柳宗理在自己的设计作品中，一直坚持他的设计哲学，排除设计师的自我表现，最大限度地追求在生活场景中使用时的功能性和舒适度。他的作品绝不哗众取宠，而是朴实无华，充满了理性、功能性的特点。

柳宗理最受瞩目的一件设计作品是1954年设计的蝴蝶凳（图3-48），这件作品被纽约现代艺术博物馆和巴黎卢浮宫列为永久藏品。蝴蝶凳的造型和结构极其简单，仅用了两块热弯成型的胶合板、一根金属螺杆和四颗螺钉，两块形态优美的胶合板呈对称方式连接在一起，像是一对蝴蝶的翅膀，由此得名“蝴蝶凳”。从功能上来看，蝴蝶凳有左右平衡的形态，用一根黄铜螺杆固定，使凳子具有良好的稳定性，凳面两侧微微翘起，可以与坐垫完美配合，凳子高40cm，既小巧又具有良好的实用性。从形式上看，整体造型轻盈优雅，与日本传统建筑的自然、优雅、简朴的形态美一脉相承，木质材料本身的质感和天然纹理又为这件作品增添了几丝素雅之美。蝴蝶凳在1957年的米兰三年展上展出并获得了金奖，引起国际社会的巨大反响，日本设计从此以其独特的东方美学特点征服了世界，使日本设计界名扬海内外，柳宗理也因为这件作品成为第一批被国际设计界认可的亚洲设计师之一。

图3-48 柳宗理在1954年设计的蝴蝶凳

3.5.5.2 安藤忠雄

安藤忠雄是日本最具影响力的建筑大师之一，和其他的建筑大师不同，安藤忠雄并非科班出身。安藤忠雄的建筑具有两个显著的特点：第一，他擅长使用清水混凝土材料作为建筑墙面，不在墙面上粉刷、贴砖，也不做任何的表面装饰，保留下混凝土原本的质感和建筑材料真实的面貌。安藤忠雄几乎所有的建筑作品都采用混凝土这种工业材料。第二，他把建筑当作一种媒介，通过设计将光、风等自然界的元素引进建筑，在建筑和自然之间建立联系，体现出他“与自然对话”的设计理念。他朴素、自然和充满戏剧性的空间设计使他确立了独树一帜的建筑风格，为建筑界吹来一股清新的自然之风，因此建筑界将他誉为“清水混凝土诗人”。由于其独特的设计理念和在建筑领域突出的成就，安藤忠雄在1995年获得普利兹克建筑奖。

风之教堂、水之教堂、光之教堂是安藤忠雄的代表性建筑，又被称为他的教堂三部曲。风之教堂为安藤忠雄教堂系列的第一个作品，它位于日本兵库县，坐落于海拔 800 米的临海峭壁之上。与传统的西方教堂截然不同，这是一座典型的现代主义建筑，同样是用混凝土等现代材料建造而成。教堂呈“凹”字形，包括正厅、钟塔、风之长廊以及限定用地的围墙（图 3-49）。其中，风之长廊为直筒形，一端径直通向峭壁与海，海风贯穿而过，沁人心脾，风之教堂由此得名。尽管这是一座现代主义风格的教堂，但安藤忠雄仍然对传统教堂中的标志性元素进行了现代化演绎，例如，风之长廊采用钢结构框架，顶部呈弧形，有点拱券的味道，两侧的立面支柱使之具备柱列的元素。风之长廊的设计一方面增加了通道的纵深感，另一方面使人们每前进一步都在积累一份敬畏与思考，增加了朝圣之路的仪式感和神圣感。主厅内部空间最引人注意的是引入光线的表达手法，通过巨大的落地窗十字结构分割投影表达“影之十字”。从形式上来看，可以推断风之教堂的正厅采光的做法是光之教堂中“光之十字”的雏形，当然后者更具有视觉震撼。

图 3-49 安藤忠雄设计的风之教堂主体结构——风之长廊（上）和主厅室内（下）

水之教堂（图 3-50）是贯穿安藤忠雄“与自然对话”设计理念的又一力作，它就像是从大自然中切割出来的空间，神圣而又神秘，教堂分为主体教堂和入口服务空间，都是简单的矩形造型结构，同样应用了清水混凝土作为墙面，主教堂的正面是一整面的落地玻璃窗，透过玻璃窗可以看到教堂正前方的人工水池，这个人工水池是安藤忠雄精心设计的，水池里的水引自周围的一条河流，水池的深度也是经过测试后设计的，使它可以在微风吹过时产生美丽的涟漪。水池里矗立着一个巨大的十字架，与周边绝美的景色相互辉映。水之教堂是日本年轻的情侣举行婚礼的梦想之地，每年有络绎不绝的新人在这里完成他们神圣的婚礼。安藤忠雄将“与自然共生”这个日本人独特的自然信仰，出色地展现在水之教堂中，它见证了一年四季的花开花谢、斗转星移，置身教堂，大自然的美景毫无保留地传递到观者的五感之中。

图 3-50 安藤忠雄于 1988 年设计的水之教堂

光之教堂（图 3-51）是安藤忠雄教堂三部曲中最震撼人心的作品，它是一座天主教教堂，和传统的天主教教堂造型风格完全不同，它延续了安藤忠雄一贯的设计思想和理

图 3-51 安藤忠雄设计于 1989 年设计的光之教堂

念，材料上还是使用清水混凝土，强调将自然界的元素引入建筑中来，整体造型还是采用现代主义的几何方盒子造型。

光之教堂位于大阪市郊的一片住宅区一角，是现有的木结构教堂和神父住宅的独立式扩建。它的面积很小，仅有113平方米，大约能容纳100人，然而当你置身其中，仍能感受到在传统教堂中所散发的神圣与庄严。从造型上看，这是个长18米、宽6米和高6米的方盒子，旁边一堵呈15度夹角的混凝土墙面成为了教堂入口的引导通道，体现了安藤忠雄的空间创造能力。这样极简风格的方盒子造型创造了一个远离外界干扰的私密空间，恰恰符合教堂的基本功能。进入教堂内部，室内的设计也是一如建筑本身，极简且无任何装饰，墙面上根本找不到传统教堂墙上的各种宗教画和彩色玻璃等元素，简单又纯净。安藤忠雄创造性地在教堂的东面墙上设计了一个十字形的孔洞，当阳光从孔洞照射进来会形成教堂标志性的十字架造型，和室内黑暗的环境形成巨大反差，营造出独特而又颇具震撼力的光影效果和极富宗教意义的空间，光之教堂便由此得名。

光之教堂的另一个创新之处在于室内的布置。不同于传统的天主教堂，牧师的讲台不是高高在上的，由于教堂内的地面从祷告席向讲台呈阶梯状下降，因此祷告席的高度高于神坛的位置，这是安藤忠雄对于信徒和牧师之间关系的重新思考，强调了人人平等的思想。光之教堂在安藤忠雄的作品中是十分独特的，安藤忠雄以其抽象的、肃然的、静寂的、纯粹的、几何学的空间创造，给予人类精神以栖息之所。

从安藤忠雄的建筑设计中，可以感受到他对自然的无限热爱，他将朴素又含蓄的东方美学风格发扬光大，同时也能看出他的设计风格受到现代主义设计大师柯布西耶的影响，尤其是教堂三部曲中对自然光线的戏剧化的演绎显然受到了柯布西耶的朗香教堂的影响。

3.5.5.3 深泽直人

深泽直人是日本著名产品设计师，1980年毕业于多摩美术大学的产品设计系。曾经在日本精工爱普生公司、美国IDEO公司任工业设计师，为多家知名公司如苹果公司、爱普生公司、赫尔曼•米勒公司、阿莱西公司、B&B意大利公司、Emeco公司、Magis公司和HAY公司做过设计。深泽直人的设计作品在欧洲和美国获得过红点奖、iF设计奖、IDEA奖等几十余项设计大奖。无意识设计（without thought）是深泽直人首次提出的设计理念，又称为“直觉设计”，即将无意识的行动转化为可见之物。他的“无意识”是只去掉浮夸，将事物回归到本质，是对人与物之间最原始关系的思考和延伸，用最直接的方式去处理人与产品之间的关系，他的许多设计作品是低调的、谦虚的、简单的和淳朴的，不需要思考，更不需要说明，人们可以凭直觉自然地操作。

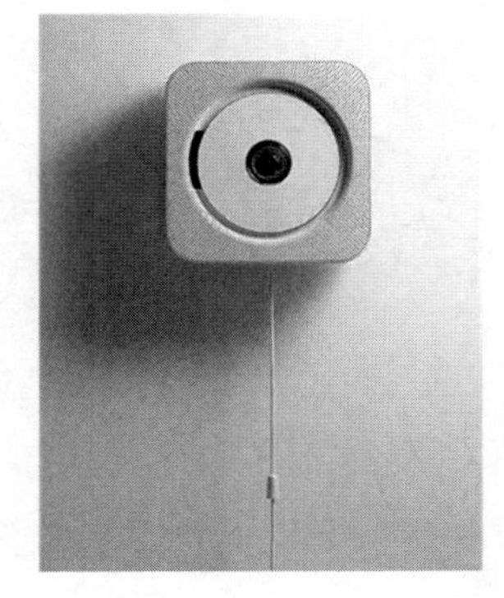

图3-52 深泽直人设计的壁挂式CD播放器

深泽直人最广为人知的一件作品是他为无印良品公司设计的壁挂式CD播放器（图3-52），这款CD播放器在当时来讲绝对是一款创新型的产品，它完全突破了传统CD播放器的造型，但用户一看就知道如何使用。它的造型整体如排气扇，下方的绳子给人以“拉”的提示，当用户拉动绳子的时候，播放器开始工作，美妙动听的音乐就如同一阵阵微风拂面，动人心弦，同时拉绳的方式设计也勾起人们怀旧的情结。这一款CD播放器后来推出第二代的时候，将拉绳换掉，用蓝牙遥控的方式实现播放器的开关，但是显然没有这一款更受消费者喜爱。这是一款将人的视觉、听觉和触觉融合到一起的经典之作，曾获日本G-Mark设计大奖和德国iF设计金奖。

深泽直人的特别之处在于他非常关注产品的细节，以及人与产品之间的微妙关系，他把人们生活中的那些无意识行为转化为产品设计，一些不起眼的细节成就了伟大的产品，同时也打动了用户的心。如他设计的一款雨伞，看起来没什么特别之处，只是在手柄上设计了一个凹槽，让人们在等车时可以把重物挂在上面，如此贴心的设计怎能不打动消费者呢?！深泽直人有着独特的设计哲学，他在做设计前会思考人与物品之间的微妙关系，也会思考物品与物品之间的联系，更会强调产品与周围环境的和谐，这些思想都体现在他所设计的日常物品中。图3-53所示是他设计的一款著名的台灯，这件台灯的特别之处在于它与众不同的使用方式：当人们把手表、钥匙等放进台灯等托盘中时，台灯就会自然打开，当人们把托盘里的物品拿走时，灯又会自动熄灭，这样的设计并非是哗众取宠，而是来源于深泽直人细致的观察力，他留意到了人们在结束工作回家的时候，多数都有拿出钥匙开门一放下钥匙一打开台灯等一连串习惯性动作，而出门时则会有相反的一系列行为，于是，台灯的设计应运而生。深泽直人将台灯和钥匙、手表等看似没有任何关系的物品通过无意识的行为联系起来，人们在使用产品时会恍然大悟：“哦，原来是这样。”

图3-53 深泽直人设计的多功能台灯

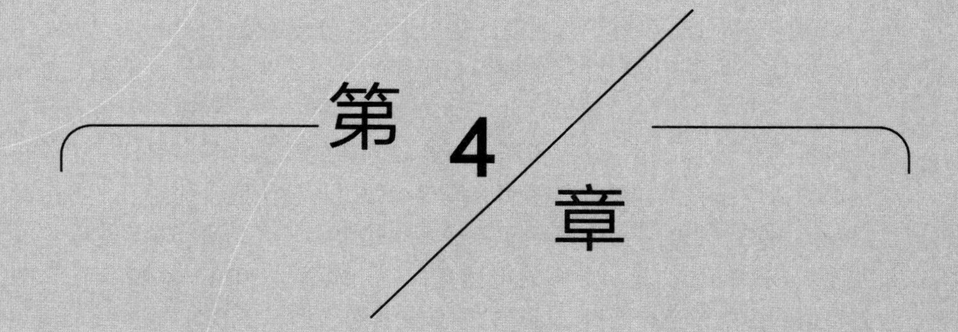

工业设计与市场

4.1 工业设计在企业中的重要作用

早在工业革命之初，一些有远见的企业家就聘请艺术家为其进行产品外观的设计，提升产品的外观质量，增强市场竞争力，这就是设计与企业的最早“联姻”。20世纪30年代美国经济大萧条，许多企业倒闭，幸存下来的企业为了增强市场竞争力，促进产品销售，开始纷纷聘请设计师为其进行产品样式的设计，工业设计师这一职业应运而生，确立了工业设计在企业中的重要地位和作用。

如今，在高度发达的经济条件和便捷的物流系统条件下，企业与企业之间的生产成本、设备、技术水平等这些“硬实力”已不是企业间竞争的核心，工业设计作为一种“软实力”正是企业不断进行产品创新的重要环节，保证了企业长久的市场生命力。广州美术学院的童慧明教授曾经做过一项研究，他对五十多个设计驱动型品牌（BDD）和创业公司开展了持续多年的跟踪研究，最终发现这些将设计作为企业发展战略的公司具有更强的市场竞争力，尤其是2020—2022年三年中，由于受到疫情的困扰，全球消费市场均处于低迷状态，但许多BDD企业反而实现了逆势增长。可见，工业设计在企业发展和品牌塑造方面正发挥着日益重要的作用。总体来讲，工业设计在企业中的重要作用主要表现以下三个方面。

4.1.1 工业设计是提升企业市场竞争力的有力手段

企业想要获得不断发展和壮大，需要不断地开发新产品，将新产品推向市场以获得更大的市场占有率，提升企业市场竞争力。工业设计作为一种创新工具，不仅可以根据消费者的需求变化不断对产品进行改良设计，同样可以挖掘消费者的深层次和多样化的需求进行差异化的创新设计，引导消费，引领潮流。

在技术越来越趋于同质化的今天，能够深入研究和挖掘用户需求、准确把握产品设计的痛点，才能拥有更强的市场竞争力。例如，对于的女性消费群体来说，使用遮阳伞最大的痛点是：伞太大装不进包包；包包拎起来太沉；产品颜色单一，无法和夏天的衣服做搭配；伞的颜值不匹配；等等。蕉下公司深入了解用户的这些需求并做了相应的设计改进，比如，把三折伞改成了五折甚至六折伞，让伞折叠起来只有14cm，更加方便携带；推出20多种颜色的伞，还为每一把伞配上了一个糖果色的伞包，为用户提供了时尚又多样的选择。所以说，蕉下获得的商业成功离不开工业设计的力量，工业设计是企业获得市场竞争力的有效手段。除了蕉下，事实证明，许多在国际上赫赫有名的大公司，如苹果、索尼、三星、宝洁、LG、无印良品等无不把工业设计视为企业的一项重要资源，工业设计的地位和作用正逐步被提升到企业发展的战略层面。

4.1.2 工业设计可以提升产品附加价值

现在，越来越多的企业开始认识到设计作为一种极具潜力的增值手段的重要性。设计可以通过两种方式显著提升产品的价值。

第一种方式是通过创新设计优化产品的结构、功能和材料选择，同时合理安排生产和运输等关键环节，可以有效降低产品成本，实现产品价值的增长。

以宜家的一款标志性马克杯为例（如图4-1所示），这款马克杯的价格非常亲民，4个杯子仅售29.99元。那么，为何它的价格能如此具有竞争力呢？

仔细观察其设计，我们会发现它的造型上宽下窄，呈漏斗形，把手设计在杯子的侧上方，仅容一根手指穿过。虽然这样的设计在美观性和使用舒适性上并不出众，但它却巧妙地实现了高效的堆叠功能，让杯子能够紧密地摞在一起，从而极大地节省了运输空间，降低了企业的物流成本。自这款马克杯诞生以来，它已经经历了三次设计上的迭代和优化。按照最初的设计方案，一个集装箱货盘上只能摆放约 800 个杯子；而现在，通过设计改进，同样的空间可以摆放 2000 多个杯子，运输效率提高了一倍以上，物流成本也降低了 60%。这一案例生动地展示了工业设计在降低成本、提升利润空间以及增强市场竞争力方面的巨大潜力。

图 4-1 宜家的法格里克马克杯

图 4-2 白金品牌清酒

另一种方式是通过设计，使产品在其基本的实用价值之外为消费者增添额外的价值，这样也可以提高产品自身的价值。这种额外价值既有审美意义上的价值，也有个性和象征意义上的价值。例如，同样是蜡烛，如果仅仅作为停电时短暂照明的蜡烛，人们的需求并不大，而当设计师根据用户需求重新对蜡烛的功能、价值和使用场景进行相应产品设计后，蜡烛的附加价值就会大大增加。

图 4-3 月饼包装

产品通过其包装的设计也可大大增加其附加价值，日本设计师原研哉设计了一款盛酒容器（图 4-2），和普通的清酒酒瓶不同，这款酒瓶创新性地采用了不锈钢材质，通体如镜面的视觉效果让人眼前一亮，设计风格上简洁到极致，瓶身没有任何繁复的图片和文字说明，只有在瓶口位置上简单附了“白金”这一品牌名称。产品包装被赋予的美学价值无疑可以使它在同类产品中脱颖而出，在第一时间抓住消费者的眼球，进而引导消费。

设计师也可通过赋予产品包装以文化价值来增加其附加价值。以月饼包装为例，每年的中秋节前后，在市场上会涌现出许多造型各异、设计精巧的月饼礼盒，这些经过精心包装设计的月饼礼盒可以大大提升产品的附加价值。图 4-3 是一位设计师设计的月饼包装，他巧妙地将月饼盒和里面的月饼造型结合起来，把月亮从月盈到月亏，再到月盈的变化过程展现出来，将中国传统文化通过设计表达出来，体现了设计师的设计功底和文化底蕴。

4.1.3 工业设计是建立完整的企业视觉形象的手段

企业形象是人们对企业的总体印象，主要通过企业的产品、标志、广告、店面等视觉形式传达，这些都需要通过系统化的设计来实现。企业形象对于企业来说至关重要，如果企业想要在市场竞争中突出个性，就必须树立完整、统一和差异化的视觉形象。

早在 20 世纪初，德国 AEG 公司就意识到企业形象的重要性，因此，聘请设计师贝伦斯为其设计产品、厂房、标志、海报、产品名录等，他通过统一视觉传达设计、建筑设计、产品设计的风格，从而让这家庞大的企业树立了统一、完整、鲜明的企业形象，开创了现代企业识别系统的先河。

如今，在激烈的市场竞争下，无论是小公司还是大企业，都认识到工业设计是建立完整的企业视觉形象的重要手段。设计对于企业的重要贡献之一就是控制企业视觉形象的各个方面，创造出企业的识别特征，使企业的价值形象化地体现出来。具体来讲，工业设计的设计范围包含企业的产品设计，包含标志、广告、网站等视觉传达设计，也包含厂房、店面等在内的环境设计，通过系统化的设计以确保统一的风格特征，在消费者心目中树立良好的企业形象。例如，苹果公司的所有产品包括iPhone手机、iPod音乐播放器、iPad平板电脑、iMac电脑等在内都体现了它一如既往的简洁至极的风格，它的标志设计、户外广告、影视广告等视觉传达设计同样传达出极简的风格特点。同样，苹果体验店的设计从室内设计和建筑外观上也与整体风格高度统一，体现了其公司简约而又极具科技感的统一的设计风格（如图4-4）。

图4-4 纽约第五大道的苹果旗舰店

4.2 以市场为导向的设计

优秀的设计是应该以市场为导向进行的，而不是以企业为中心，企业不能一厢情愿地认为将产品设计做到某一功能上的极致就能赢得市场，这里有两个市场失败的案例。

第一个案例是美国的M200狙击步枪。这款步枪的远程精准打击能力数一数二，和市场上一款主流狙击枪M24相比，M24的射程是800米，而M200却能达到惊人的2000米以上。和市场上另一款狙击枪M82相比，同样1500米射程的情况下，M82只能击中轿车，而M200却能击中篮球。总之，无论是从射程上，还是精准度上，M200都完胜市场上主流的两款产品。然而，具有如此优异性能的M200狙击步枪却在市场上销量惨淡，这种枪从推出到停产，美国军方总共只买了16支，在全世界的销量也很有限。

第二个案例是一个医药行业的例子。美国的医药巨头礼来公司曾经研发出一款纯度达100%的胰岛素。这种纯度在市场上史无前例，礼来公司也为此付出了高昂的研发成本。但投入市场后，糖尿病患者对这个“奇迹”并不买账，这款胰岛素的销量很惨淡。

这两个产品失败的真正原因是，他们理所当然地认为将产品某一功能做到极致就能引领市场，却忽略了用户的真正需求。对于军方来说，对狙击枪最迫切的需求并不是远程射击精度，因为2000米超远距离狙击的场景，在战场上遇到的概率非常小，一般的步枪都能满足需求。军方更关注的是步枪的使用便携性，如更短小、更轻便、适配性强，M200步枪显然不满足要求，因为它的子弹是专门设计的，不能和其他步枪通用，在实战当中后勤补给非常不方便。礼来胰岛素失败的原因同样是忽略了糖尿病人真正的需求。对糖尿病患者来说，胰岛素的纯度是99%还是100%没什么区别，他们不会为了1%的性能提升而多付25%的费用。当时糖尿病患者的真正痛点是，注射胰岛素的过程非常麻烦，需要自己用针管从胰岛素药瓶中取药，自己注射，剂量也不好控制。后来，诺和诺德公司推出了胰岛素注射笔，可以替换笔芯，并且实现自动注射，结果大受欢迎，迅速抢占了市场。

上述两个案例充分说明以市场为导向的设计的重要性，事实上，以市场为导向就是以用户的真实需求为前提，企业和设计师应避免主观的臆断，一切以客观真实的市场调研数据为基准，深入挖掘用户需求，寻找产品设计中真正的痛点，进而展开以用户为导向的设计，避免陷入因市场误判而导致的失败中。

以市场为导向的设计离不开前期科学的调研方法，常用的市场调研方法有观察法、访谈法、问卷调研法、实验法等。

（1）观察法

观察法是市场调查研究的最基本的方法。它是由调查人员对调查研究的对象，一般是产品的目标用户或潜在用户，进行观察并收集信息的方法，可以利用眼睛、耳朵等感官以直接观察的方式对其进行观察并收集资料，也可以利用安装摄像头等技术手段真实记录用户的行为、言辞等以获得第一手资料。由于观察法是在自然条件下进行的，所以可以记录用户的真实数据，但观察法无法洞察用户行为背后的态度和需求。如果想真正了解用户行为背后的动机，基于小样本、小数量的市场调研方法更有价值，例如访谈法。

（2）访谈法

访谈法是调查者通过与研究对象面对面交谈来收集资料的调研方法，访谈不是漫无目的的聊天，而是一种有计划有目的的谈话。一般在访谈前，调查者需要根据调研目的设定好访谈的主题、内容，与被访者约定好访谈地点，以口头形式，向被访者提出有关问题，通过被访者的答复来收集客观事实材料。这种调研方式的优点是可以获取更真实、可靠和更深层次的信息，了解用户行为背后的态度和需求。它的缺点是成本较高，由于访谈调查常采用面对面的个别访问，面对面的交流之前必须寻找被访者，路上往返的时间往往超过访谈时间，调查中还会发生拒访等情况，因此耗费时间和精力较多。除此之外，访谈法对于访谈人员的个人能力要求极高，例如，如果被访者不同意用现场录音，对访谈人员的笔录速度要求就很高，对访谈员的知识水平、业务能力同样也有较高要求。

（3）问卷调研法

问卷调研法是指研究者通过向被调查人群发放问卷进行信息收集的方法。它作为一种成本较低、可以进行数据化定量分析的市场调研方法被广泛采用，主要用于了解被调查对象的态度、意见、兴趣。在产品设计开发的用户研究中，问卷调查法最常被应用在前期调研的阶段中。产品设计前期调研的主要目的是了解用户的需求、习惯、态度和用户群的构成，为后面的产品设计开发提供基本数据。由于问卷调研法具有灵活性强、执行难度低、容易得出数据等特点，在进行产品设计研究时屡被滥用，具有形式化、结果帮助不大、数据误差大等弊端。因此，问卷调研应特别注意问卷的设计、目标用户的选取、采集的有效样本量等因素。

（4）实验法

实验法是指调查人员有目的、有意识地改变一个或几个影响因素，来观察市场现象在这些因素的影响下的变动情况，以确定市场中各种因素的因果关系而使用的信息收集方法。它包括五个基本要素：试验者（主持试验的人员）、试验对象、试验环境、试验活动、试验监测。该方法具有科学性强、可重复等优点，但也有成本高、试验环境难以控制等缺点。

除了以上这些传统的市场调研手段，目前还有一些基于信息化技术和手段的调研方法，比如基于数据、人工智能的调研，可以利用 Pathon 等软件进行网络信息中文字信息的抓取、整理、聚类、分析来得到来自用户的消费行为、用户反馈等结果，可以为新产品的开发和设计带来更精准的数据支撑。

关于市场调研一直存在一个悖论，乔布斯曾经说过："在你给他们看到他们想要的东西之前，人们是不知道他们想要的是什么的。"福特的创始人亨利·福特曾经也有类似的言论："如果我当时问人们需要什么，答案一定不是汽车，而是更快的马车。"这是不是意味着做市场调研没有意义呢？答案当然不是。对于那些以技术为核心竞争力的企业来讲，它们满足用户需求的方式是推出革命性和颠覆性的产品，用创新的方法引领市场；而对于绝大部分企业来讲，通过市场调研的方式去发现和挖掘用户的需求进而解决产品使用中的痛点，为用户提供更好的体验和服务，同样可以满足用户需求，这也是一个卓越的企业所必备的能力。

4.3 设计管理

随着科学技术的突飞猛进、市场竞争的加剧，设计在企业中发挥的重要作用已成为共识，然而有些企业仍然只是把设计作为一种为产品、包装、展示或营销所进行的零散性工作，而忽略了各个部门之间设计的统一性，忽略了设计师与企业其他人员之间的联系，从而造成了设计上的混乱和无序化，这就需要通过设计管理来统一、协调，建立一个有效且高效的系统，以发挥设计的力量和价值。

1965 年，英国皇家艺术学会（RA）制定了设计管理大奖，"设计管理"一词被正式使用。初期的设计管理用以促进设计师与消费者、工程师等组织人员的沟通，提升设计效率，获得更多的商业价值。同时，企业和市场对设计和设计者的重要性有了全新的认识，开始进行企业管理并探索出建立企业形象的重要方法。这一方法同样被用来树立国家形象，例如，英国政府的最高领导者撒切尔、布莱尔、布朗等数位首相都曾以设计作为国家发展的核心力量应对经济危机。可见，设计管理的目的在于提升设计的商业绩效，同时提升企业在消费者心目中良好的形象和运行效率。

设计管理包含以下三方面内容。

（1）管理企业的各种设计活动

设计管理是一个过程，在这个过程中，企业的各种设计活动，包括产品设计、环境设计、视觉传达设计等，都被合理化和系统化。设计管理的关键是企业内部各层次、各部门间设计的协调一致。许多企业每年都在设计的各个方面花费大量的人力、物力、财力，如产品开发、广告宣传、展览、包装、企业识别系统设计以及企业经营的其他项目设计等。但是，由于缺乏系统化的设计管理，往往使它们各自传达的信息不统一甚至相互矛盾。因此，企业应当重视设计战略管理，例如：为企业制定一套完整的设计指导文件，以控制企业的统一形象；建立完整、具体以及可量化的设计目标体系；制定相关的设计政策与规章制度，保证设计工作的顺利进行，等等。

（2）协调与其他部门之间的关系

缺乏设计管理的企业不注重部门间的沟通和交流，如产品设计通常由工程师完成，视觉传达设计一般由公共关系和市场开发方面的人员负责，环境设计则由基建部门负责，各个部门针对设计项目没有沟通，会造成设计上的无章和混乱，因此需要跨越传统部门界限的设计管理机制。

（3）管理设计师

企业的设计师组织形式有两种，一种是企业设计部门的驻厂设计师，一种是企业外的自由设计师或设计事务所。一些国际大型的企业如苹果、三星、索尼等都有自己的设计部门，这些设计部门在公司占有重要的地位，国内一些大型企业如格力、海尔、联想、华为等都设立了各自的设计部门。驻厂设计师一般对企业相对熟悉，因而对于企业产品风格的把握，对企业的生产成型工艺、制造能力和水平等都了如指掌，因而能够设计出风格较为统一、适合企业设计战略的产品。然而，由于驻厂设计师长期设计某一产品，思维容易形成定势，缺乏新观念的刺激，使设计模式化。为了避免这种状况，企业会不定期地邀请企业外的设计师参与项目的开发，以引进新鲜的设计创意。

一般的小企业没有足够的资金和实力建立自己的设计部门，他们会聘请自由设计师或设计机构来做设计服务，来自企业外部的设计师并不了解企业的情况，因此对于他们的管理变得更为重要。一方面要保证设计师设计的产品与企业的目标一致，而不能各自为政，造成混乱；另一方面又要保证设计的连续性，不会由于设计师的更换而使设计脱节。为了实现设计的协调，编制产品设计项目的任务书是很重要的。设计任务书不仅要提出产品功能要求，还要使设计师了解企业的情况，使设计工作与整个企业的视觉识别体系和企业的特征联系起来。此外，企业有必要制定一套统一的设计原则，作为每一位设计师共同遵守的规则，以保证设计的协调一致。

第5章

工业设计与材料、技术

5.1 设计与材料的关系

设计与材料之间是相互依存、相辅相成的关系，材料是实现设计的前提和物质基础，设计能够发挥材料的最大价值并促进材料的发展和进步。

首先，材料是实现设计的前提和物质基础。在产品设计中，材质的选择和利用是至关重要的，不同的材料具有不同的特性，例如强度、硬度、耐磨性、耐腐蚀性、重量等，这些因素将直接影响产品的性能和成本。不同的材料也具有不同的成型工艺，例如，金属可以经过锻造、铸造、焊接等多种工艺加工，而塑料则可以通过注塑、挤出等工艺加工。设计师需要根据材料的特性和工艺限制进行设计，以确保产品的可制造性和生产效率。从用户的角度来看，不同的材料也会给消费者带来不同的心理感受，例如，金属可以产生冷冽、坚硬的感觉，木材可以产生自然、淳朴、柔和的感觉，而塑料则可以产生柔软、轻盈的感觉。设计师需要根据产品的整体风格和目标受众来选择合适的材料。因此，作为一名优秀的设计师，应当具备坚实的材料基础知识并能够将其应用于设计实践中。

其次，材料的特性也需要通过设计来实现其最大的价值。纵观整个工业设计的发展史，其实是一部材料的发展史，工业革命伊始，钢铁、玻璃等新的工业材料不断涌现，因此出现了像水晶宫这样一座现代主义建筑，也出现了像钢管椅这样划时代的产品造型新形态，它们将材料的特性通过新的设计形态淋漓尽致地表现出来，可以说，设计实现了材料的最大价值。

最后，设计能够促进材料的发展和进步。设计是产品和服务的创造者，设计师通过创新和优化产品设计，不断提出对新材料的需求。这些需求可能包括更高的强度、更轻的重量、更好的耐久性，或者特定的外观和质感等。为了满足这些需求，材料科学家和工程师会不断研发和改进新的材料。因此，设计师通过创新设计，激发了新的材料需求，推动了材料加工技术和制造工艺的进步，促进了材料性能的优化，推动了材料的环保和可持续发展，同时也提高了材料的审美价值。

5.2 常见材料成型工艺及方法

5.2.1 塑料成型工艺及着色工艺

常见的塑料产品成型工艺包含注塑成型工艺、吹塑成型工艺、压塑成型工艺、挤塑成型工艺和热成型工艺。

注塑成型又称为注射成型，其原理是将粒状或粉状的原料加入到注射机的料斗里，原料经加热熔化呈流动状态，在注射机的螺杆或活塞推动下，经喷嘴和模具的浇注系统进入模具型腔，在模具型腔内硬化定型。最后，打开模具，便可以从模腔中取出具有一定形状和尺寸的注塑件。注塑成型工艺适用于各种复杂形状的零件制造，是最常用、最经济的塑料加工方式之一。

吹塑成型工艺一般用于吹制中空结构的产品，如矿泉水瓶、化妆品瓶等，它的原理是将处于塑性状态的型坯置于模具型腔内，借助压缩空气将其吹胀，使之紧贴于型腔壁上，经冷却定型得到中空塑料制品。吹塑成型的产品不仅涉及瓶、桶、罐、箱等容器，对于汽车制造业，也有一些常见的吹塑件，如燃料箱、轿车减振器、座椅靠背、中心托架、扶手和头枕覆盖层等。

压塑成型工艺是制造热固性塑料的代表工艺，其明显特点为系统简单、工艺过程简单，首先将定量的塑料小块或粉末放入模具中，然后闭合模具，在加热加压的情况下，使塑料熔融、流动，充满型腔，经适当的放气与保压后，塑料就充分交联固化为制品，模具打开，成品被顶出，完成制造。

挤塑成型主要是指借助螺杆或柱塞的挤压作用，使受热熔化的高分子材料在压力的推动下，强行通过机头模具而成型为具有恒定截面连续型材的一种成型方法。挤压成型过程主要包括加料、熔融塑化、挤压成型、定型和冷却等过程。挤压成型工艺能生产管材、棒材、板材片材、异型材、电线电缆护层、单丝等各种形态的连续型产品。

热成型工艺具有制造成本低、生产效率高等优点，因此在工业生产中得到了广泛应用。热成型工艺是将塑料片材切割成所需大小和形状的片材，将片材加热至软化状态，放置在模具或夹具中，根据所需形状进行压制，冷却后取出制品。

以上五种塑料成型工艺具有各自不同的优点及适用场景，因此需要根据具体设计的目标选择合适的工艺方法。

与其他的传统材料相比，塑料具有生产成本低、造型可塑性强、色彩更易多变等特点，塑料的着色工艺基本有以下四种。第一种是表面喷漆的工艺，通过喷漆的方式可以得到各种颜色的塑料制品。表面喷漆的优点是生产成本较低，色彩较易调配，缺点是不太适合一些产品，例如和手接触频繁的一些产品，比如说像手机、相机这样的一些产品，长时间使用会使产品表面的漆脱落。第二种着色工艺是电镀，电镀是常见的金属表面成型工艺，它是指利用电解原理在某些金属表面上镀上一薄层其他金属或合金的过程，是利用电解作用使金属或其他材料制件的表面附着一层金属膜的工艺，可以起到防止金属氧化，提高耐磨性、导电性、反光性、耐腐蚀性及增进美观等作用。电镀也常用于一些仿金属塑料材质的小型装饰件上，通过塑料的电镀工艺可以实现像金属一样的光泽和视觉感受，比如说按键手机时代的手机外壳，通常是塑料机壳，但通过电镀的方式就可以实现金属的视觉效果，还有像汽车大灯的反光罩，它本身就是塑料件，通过电镀的方式可以传递出如金属般的质感。第三种是注塑直接着色，注塑直接着色是在塑料注塑成型前使用自带颜色的塑料母粒，这样成型出来的产品的外观质感比较好，而且不会褪色，即使是遇到一些高温或者是低温的情况都不会褪色，比如说我们常见的制冰盘，彩色的制冰盘就是用这种注塑直接着色。另外一个著名的案例是苹果的 iMac 电脑，它就使用了这种着色工艺。第四种着色工艺是双色注塑工艺，双色注塑工艺需要两次注塑，所以成本较高，工艺比较复杂。

5.2.2 金属成型工艺

金属是一种常见的产品设计材质，它不仅具有强度高，耐磨性、耐腐蚀性好等优良的物理属性，而且具有良好的光泽度，能带来一种独特的视觉体验。常见的金属成型工艺有铸造、锻造、冲压、钣金加工、焊接等。

铸造是人类最早掌握的金属成型工艺，至今约有 6000 年的历史。铸造是将熔融的金属倒入模具中，冷却凝固后得到金属制品的过程。铸造可用于生产形状和尺寸各异的金属制品，如铸铁、铸钢、铸造铝合金等。街道上随处可见的窨井盖即是铸铁材质，铸铁之所以会有如此广泛的用途，主要是因为其出色的流动性，以及它易于浇铸成各种复杂形态的特点。

锻造是通过加热和加压金属块，使其变形并形成所需形状的工艺。锻造可以改善金属的力学性能，提高其抗冲击性和耐久性。在本书第 2 章中提到的阿什比设计的银质水具即是锻打成型。锻造工艺广泛应用于各种工业领域，如航空航天、汽车制造、石油化工、电力设备等，用于制造轴类、齿轮、叶片、连杆、法兰、环件等高强度、高精度的金属零部件。在汽车制造中，一些高性能赛车或豪华汽车的轮毂通常采用锻造铝合金轮毂，首先将铝合金材料加热到特定温度，然后在万吨级的锻压机上通过高压锻造将其塑造成轮毂的粗坯。这种锻造过程使得铝合金分子之间的间隙变小，密度提高，从而提高了轮毂的整体强度和刚性。相比于传统的铸造铝合金轮毂，它能够显著降低车辆的簧下质量，提升操控性能，加速更快，刹车更灵敏，同时由于其优秀的耐用性和抗疲劳性能，也提高了行车安全性。锻造工艺的优点包括提高材料的致密度和力学性能、减少废料和加工余量、增强零件的整体性和可靠性。然而，锻造设备投资大、能耗高，生产效率受设备能力和工艺复杂性影响，且对操作人员的技术水平和经验要求较高。

冲压是靠压力机和模具对板材、带材、管材和型材等施加外力，使之产生塑性变形或分离，从而获得所需形状和尺寸工件的成型加工方法。全世界的钢材中，有 60%～70% 是板材，其中大部分经过冲压制成成品。汽车的车身、底盘、油箱、散热器片，容器的壳体，电机、电器的硅钢片铁芯等都是冲压加工的。冲压件与铸件、锻件相比，具有薄、匀、轻、强的特点。冲压可制出其他方法难以制造的带有加强筋、起伏或翻边的工件，以提高其刚性。

钣金加工是基于金属板材的塑性变形特性，通过使用专用的设备和工具，对金属薄板进行剪切、冲 / 切、折弯、焊接、铆接、拼接、成型等操作，使其变成所需的设计形状，达到所需设计尺寸。钣金加工最显著的特征就是同一零件厚度一致。通常，钣金工厂最重要的三个步骤是剪、冲 / 切、折。通过剪切机对板材进行切割和裁剪，利用折弯机对金属板材进行折弯成型，以获得所需的几何形状。通过模具对金属板材进行压制成型，包括简单的冲孔、拉伸成型等。

此外，钣金加工还需要将不同的钣金部件通过焊接工艺进行组装和固定，通过研磨、打磨、喷涂、电镀等表面处理工艺，以保护钣金件的表面耐腐蚀或氧化。最后将不同的钣金部件按照设计要求进行装配，包括螺纹连接、铆接、黏合等方式。生活中有许多用钣金加工做出来的产品，例如常见的铁皮炉、汽车外壳等。

焊接是一种将两个或多个材料（通常为金属或塑料）通过加热、加压或同时加热加压的方式，使其达到原子之间的结合，形成永久连接的技术。在钣金工艺中，焊接是极其重要的一环，主要用于构建和连接各种金属部件。根据焊接过程中加热程度和工艺特点的不同，焊接方法可以分为三大类：熔焊、压焊和钎焊。熔焊是将焊件加热至熔化状态，不加压力完成的焊接方法，例如气焊和电弧焊；压焊则在焊接过程中必须对焊件施加压力，例如固态焊、热压焊、锻焊等；钎焊则是采用比母材熔点低的金属材料作钎料，将焊件和钎料加热到高于钎料熔点，低于母材熔化温度，利用液态钎料润湿母材，填充接头间隙并与母材相互扩散实现连接焊件的方法。现代焊接的能量来源有很多种，包括气体焰、电弧、激光、电子束、摩擦和超声波等。除了在工厂中使用外，焊接还可以在多种环境下进行，如野外、水下和太空。无论在何处，焊接都可能给操作者带来伤害，包括烧伤、触电、视力损害、吸入有毒气体、紫外线照射过度等，所以在进行焊接时必须采取适当的防护措施。

5.2.3 木材成型工艺

木材一般较多地应用于家具产品，家具产品分为板式家具和实木家具两大类，两者在加工工艺上存在一定的差异。板式家具的原材料有纤维板、实木颗粒板、胶合板、刨花板等板材，而实木家具则是使用天然木材。在材料准备阶段，板式家具需要将人造板进行切割、打磨等加工，而实木家具则需要将天然木材进行干燥、选材等处理。板式家具的制作过程通常包括开料、封边、钻孔等工序，这些工序通常使用自动化设备完成，以提高生产效率。实木家具的制作过程则包括配料、加工基准面、加工相对面、划线、加工榫头和榫眼等步骤，这些步骤需要手工或者半自动化设备完成，因此生产效率相对较低。在表面处理方面，板式家具通常采用涂漆、贴面等方式，以增加美观和耐久性；而实木家具的表面处理则包括涂漆、打蜡等方式，以保护木材表面不受损坏。

总的来说，板式家具和实木家具在制作流程上存在差异，主要体现在材料、制作过程、表面处理等方面，这些差异导致了两种类型家具的特点不同。

5.2.4 玻璃成型工艺

玻璃作为一种材料，因其晶莹剔透的特性，在视觉上给予人们极为良好的观感。通过在玻璃原料中添加特定金属元素，可以使其产生丰富的色彩变化和半透明效果，这也是我们日常所见许多精美玻璃制品如杯子等具有雅致色调的原因。

关于玻璃制品的成型工艺，主要有以下六种：第一种是吹制成型，这是一种利用压缩空气或人工吹气的方式，使处于熔融状态的玻璃液在模具内形成所需形状的过程，尤其适用于制作中空结构的玻璃产品。此过程中，玻璃液会依附于模具内壁并逐渐定型。第二种是压吹成型，该方法是首先对玻璃液进行压制以初步塑造产品的雏形，随后再进行吹制操作以进一步细化和完善制品形态。压吹成型工艺适应于大规模生产玻璃器皿的需求。第三种是压制成型，此种工艺是在机械力的作用下，将熔融玻璃液注入模具内，并借助压力使之填充并成型为预设的产品形态，其原理与压塑成型相似。第四种是离心浇筑成型，该过程为将融化的玻璃液倒入旋转中的模具内部，随着模具高速旋转，玻璃液均匀分布并附着于模具表面，待其硬化后完成成型。这种方法尤其适合制造壁厚均匀的玻璃制品。第五种是注射成型，类似塑料制品的注塑成型过程，将熔融玻璃液注入模具内部，冷却固化后切除多余余料，从而得到精确尺寸和形状的玻璃制品。第六种是自然成型，此类成型方式通常无须依赖模具，主要依靠手工技艺，包括吹、拉、夹、掐以及黏合等多种手法来实现玻璃制品的手工成型，体现了工匠们的精湛技术和艺术创造力。

5.2.5 陶瓷成型工艺

陶瓷，是一充满魅力的古老材料，不仅仅是陶器和瓷器的总称，更是一种融合了历史、文化和艺术的珍品。它经历了从原始的简单形态到现代的精致造型的演变，这一演变过程离不开那些独特的成型工艺。

拉坯成型、注浆成型、旋压成型、滚压成型、压制法成型以及等静压成型，这六种成型工艺各具特色，每一种都有其独特的魅力和应用场景。

① 拉坯成型是陶瓷制作中的一种重要工艺，主要利用拉坯机快速旋转所产生的离心力，结合双手控制挤压泥团，将泥团拉制成各种形状的空膛薄壁的圆体器形。这个过程中，需要掌握泥巴的特性和手与机器之间相互的动力规律，通过控制泥柱的形状和尺寸，最终达到所需的陶瓷形状。② 注浆成型指的是利用多孔模具的吸水性，将泥浆注入其中，待泥浆在模具中凝固后脱模，获得所需的坯体。注浆成型适合制作形状复杂、批量小的陶瓷制品。③ 旋压成型是利用旋压机将可塑性泥料旋转并施加压力，使泥料在旋转过程中逐渐成型。旋压成型可以制作各种形状的陶瓷制品，但表面可能不够光滑。④ 滚压成型是通过滚压机的滚轮将可塑性泥料滚压成所需的形状。滚压成型适合制作大型、厚实的陶瓷制品，但表面可能不够光滑。⑤ 压制法成型指的是通过压力将置于模具内的粉料压紧至结构紧密，成为具有一定形状和尺寸的坯体。压制法成型适合制作形状规则、尺寸精确的陶瓷制品。⑥ 等静压成型是利用各个方向均匀的压力将粉料压制成型。等静压成型可以制作出高密度、高强度的陶瓷制品，但设备成本较高。以上这些工艺不仅赋予了陶瓷各种形状和样式，更使得陶瓷有了更多的可能性和创新空间。

当然，陶瓷的美丽并不仅仅体现在它的形态上，表面的装饰工艺同样功不可没。釉上彩、彩绘和饰金这三种装饰方式，为陶瓷增添了更多的色彩和质感，使其更加美观和吸引人。这些装饰工艺的应用，使得每一件陶瓷都仿佛拥有了自己的故事和灵魂，令人赞叹不已。

5.3 设计与新材料

5.3.1 新材料的概念

设计，作为人类创造力的集中体现，与新材料的研发和应用有着密不可分的联系。现代设计与新材料的关系是互相促进、相辅相成的。时代的变迁、意识的变化，会带来人们对材料需求的变化，从而促进设计材料的改进和开发。从现代设计的概念变化与新材料开发的关系来看，当人们物质生活还不丰富时，设计更多地追求功能性和实用性，而当人们的物质生活达到一定水平时，设计随之将其侧重点偏向于造型、美感等方面。新材料为设计提供了新的可能性，使得设计师能够实现从理念到产品的跨越。同时，新材料的出现也推动了设计的创新，使得设计更加注重材料的选择和应用。

新材料的出现，为设计师提供了更多的选择。设计师可以通过使用新材料来创造出具有独特性能和外观的产品。例如，碳纤维复合材料作为一种先进的新型材料，具有高强度、轻量化的特点，使得产品在保持强度的同时，重量更轻，更加便于携带和使用。这种材料在汽车、航空航天、体育器材等领域得到了广泛应用，为设计师提供了更多的设计空间和可能性。

满足人类文明的需求是材料研制和开发的出发点和回归点，出发点和回归点的重合是通过若干个中间环节而实现的。其中，材料的开发经历从基础研究到应用再到实用的过程。对于新材料的发现和使用，我们需要了解的内容首先是新材料的概念，新材料是指采用新工艺、新技术合成的具有各种特殊功能（光、电、声、磁、力、超导、超塑等）或者比传统材料在性能上有重大突破（如超强、超硬、耐高温等）的一类材料。概括来说，新材料发展的标志有如下两点：首先，新材料能够引起生产力的大发展，推动社会进步。从石器、陶/瓷器、青铜、铸铁、钢、塑料到各种新材料的出现，均标志着一个相应经济发展的历史时期。例如，单晶硅的问世，导致以计算机为主体的微电子工业的迅猛发展；光导纤维的出现，使整个通信业起了质的变化。其次，新材料改变了以往根据产品功能来选择材料的方式，而是建立了一种由材料来设计产品的新观念，例如从材料组成、结构和工艺来设计产品的观念。更重要的是，一种新材料已经不是只具有某一单一功能，它在一定条件下可能具有多种功能，从而使材料为高新技术产品的智能化、微型化提供了基础。

5.3.2 新材料与设计

从材料对产品造型设计的影响和作用来看，材料是人类赖以生存和发展的物质基础，新材料是营造未来世界的基石。如果没有20世纪70年代制成的光导纤维，就不会有现代的光纤通信；如果没有制成高纯度大直径的硅单晶，就不会有高度发展的集成电路，也不会有今天如此先进的计算机和电子设备。展望新材料对产品设计的影响和作用，可归纳如下几方面：

① 在产品进一步电子化、集成化和小型化的趋势下，新材料的使用有可能突破传统，甚至还可能引起一场材料与技术的革命，产生新的产品设计风格。因此，设计工作应与新材料开发建立一种互相融合的关系。

② 产品外观形象要具有未来性。新材料的使用，对产品外观可以起到新颖、美观、独特的装饰作用，使设计本身变得更简洁、合理，更具时代感。

③ 材料在与功能相适应的同时，还要有良好的触觉质感和更好的可操作性。通过新材料的使用，设计应最大限度地赋予产品新的魅力。

在工业化高度发展的今天，设计制造任何一件产品都离不开材料。由于现代器具的复杂性远远大于以往用树枝、石块制作的器具，因此所使用的材料也日趋复杂。由树、石块及简单的合金材料时代向新材料层出不穷的时代过渡的过程，实质上就是人类对材料的认知的增长过程。

过去，由于材料种类的稀少，材料与制品的对应关系都是相对固定的，在设计中改变材质、重新组合使用材料、改变材料用途的可能性极小。现在一切都发生了变化，材料的开发成为现今材料科学的主要任务。如今在新技术的驱动下，运用具有新的组合方式、新的形态和新的性质的各种材料进行新制品的开发会产生令人振奋的效果。图5-1所示的幼儿餐具，其把柄采用具有形状记忆功能的材料，能与各种手形自动吻合，可任意适合左右手，还可以根据不同人的手指、握力等任意改变其形状，以最佳形态适合不同手的把握。还有常见的形状记忆合金作为天线的应用（见图5-2），由此也可以对现代新材料在国民经济中的应用窥见一斑。

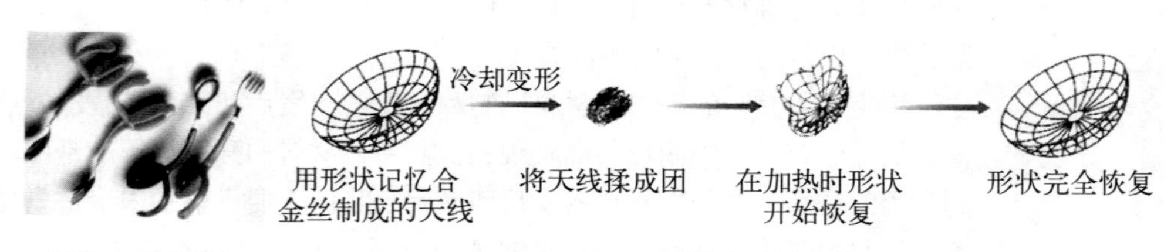

图5-1 幼儿餐具

图5-2 形状记忆合金天线

5.3.3 新材料的研究与开发

一般认为，新材料的研究与开发主要包括四方面的内容：

① 新材料的发现或研制。

② 已知材料新功能、新性质的发现和应用。

③ 已知材料功能、性质的改善。

④ 新材料评价技术的开发。

可以看出，新材料的研究与开发主要围绕着材料本身的功能和性质这一主题。新材料的研究与开发包含基础材料的开发和复合材料的开发。基础材料是指金属、木材、玻璃、陶瓷、塑料等常见材料。这些材料由于其特性的限制，不能在更多的领域中应用。因此新材料的开发往往是对基础材料的性能进行改良开发，进一步探索材料的组成、结构和性能，以提高或替代原有材料的特性为具体目标，使材料扬长避短，从而获得期望的材料特性，扩大材料的使用范围。例如新型塑料的开发就是基于通用塑料的性能的开发而发展的，需要根据新型塑料所期望的性能和替代机能分析来确定，如表 5-1 和表 5-2 所示。

表 5-1　新型塑料所期望的性能

通用塑料的性能	新型塑料期望的性能
轻而硬	重而软
易变形	不易变形
不耐热，高温下会变形	耐热，高温下也不变形
不导电、不传热	能导电，传热
易燃	不会燃烧
不锈，不腐	能腐

表 5-2　新型塑料的替代机能

种类	替代机能
类陶瓷性塑料	难燃、耐磨、高弹性、高耐热塑料
类金属性塑料	高强度、高导电性、高结晶化塑料
类玻璃性塑料	透明、耐磨光纤
类生物体塑料	人造皮革、变色树脂、吸水性树脂、除臭树脂、飘香树脂、保温树脂、形状记忆树脂、防虫纤维、离子交换纤维等
特殊个性塑料	磁性纤维、超导纤维、感光树脂等

例如图 5-3 所示的 Ribbon 自行车手把包带，是在普通塑料的基础上研发出的新型塑料，它以聚亚胺酯塑料为基料，添加天然的软木成分而制成，木质成分的加入，给自行车手把包带添加了在此之前所没有的一些优异特性。当把它缠绕在车手把上时，它可以吸收手上的汗液，以确保能安全、舒适地握住车把。通过材料染色可以有效地防止颜色褪色。

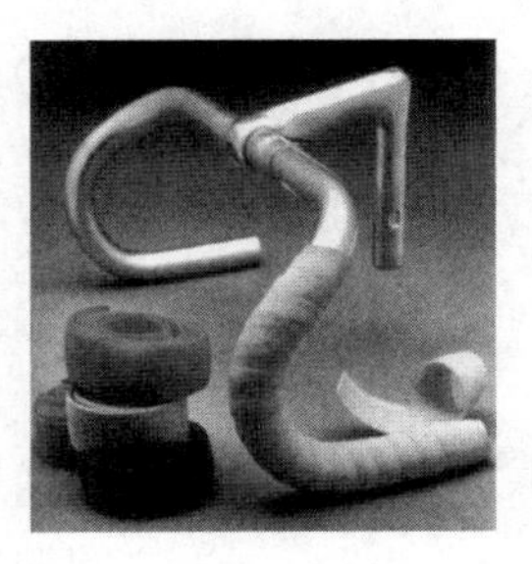

图 5-3　Ribbon 自行车手把包带

复合材料是指两种或两种以上不同化学性质或不同组织结构的材料，是通过不同的工艺方法组成的多相材料，它具有单一材料无法具有的机能。这些机能包括：① 各材料所保持的机能。② 在复合与成型过程中形成的机能。③ 由复合结构特征产生的机能。④ 复合效应所致的机能。

由于可用于复合的材料种类繁多，所以组合成的复合材料也不计其数。如将之归类，至少有如图 5-4 所示的 10 类。其中每一根线指示一种可能的组合。

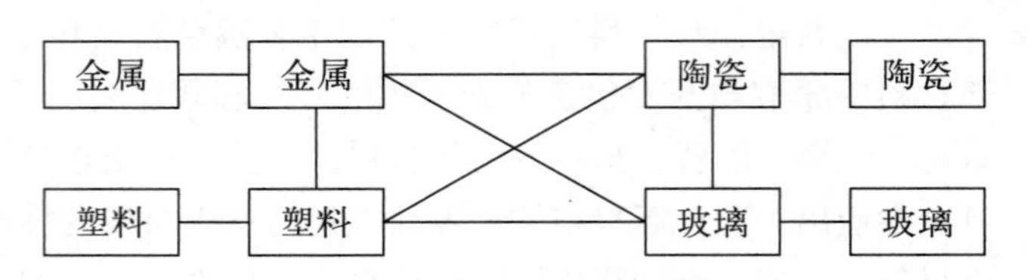

图 5-4 组合复合材料的各种可能

开发复合材料的目的为：① 弥补某些有用材料的缺点，以更好地发挥有用的机能。② 利用具有某些特性的材料以构成单一材料无法实现的特性。③ 产生从未有的新机能。图 5-5 所示为绳结躺椅，由荷兰设计师马塞尔 • 万德斯（Marcel Wanders）设计。躺椅采用特制粗绳，依据传统编结工艺编织打结并经特殊处理而成。这种粗绳由碳化纤维和聚芳酰胺纤维编织套组成，粗绳在经特殊处理前与普通粗绳一样，但经环氧处理并在高温下晾干后变得又坚固又结实。利用粗绳这一特性，在经特殊处理前将粗绳按设计构思编织打结，编结后的形态柔软松沓，不具有实用功能。经环氧处理后按设计的形式将它悬挂在框架上，使之具有椅子的形状，高温下晾干后就具有了椅子的实用功能

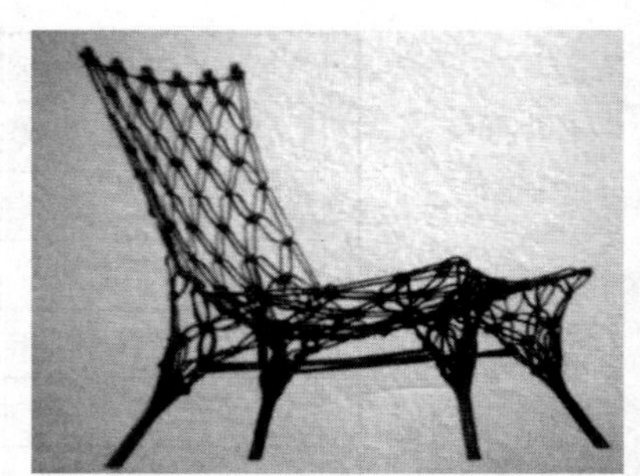

图 5-5 绳结躺椅

复合材料涵盖面很宽，随着研究的深入，材料的复合向着精细化方向演化，出现了诸如仿生复合、梯度复合、纳米复合、分子复合、原位复合和智能复合等新颖方法。

纳米材料与纳米技术是一种基于全新概念而形成的材料和材料加工技术，是当前国际前沿研究课题之一。

（1）纳米材料

纳米材料是由纳米级（10^{-9} 米）原子团组成的，由于其独特的体积和表面效应，它从宏观上显示出许多奇妙的特征。

① 体积效应：当粒径减小到一定值时，材料的许多物性都与晶粒尺寸有敏感的依赖关系，表现出奇异的小尺寸效应或量子尺寸效应。例如，当金属颗粒减小到纳米量级时，电导率已降得非常低，原来的良导体实际上已完全转变为绝缘体。

② 表面效应：纳米材料的许多物性主要是由表面决定的，大量的表面为原子扩散提供了高密度的短程的快扩散路径。例如，普通陶瓷在室温下不具有可塑性，而许多纳米陶瓷在室温下就可以发生塑性变形。纳米材料的塑性变形主要是通过晶粒之间的相对滑移实现的。正是由于这些快扩散过程，纳米材料形变过程中一些初发微裂纹得以迅速弥合，从而在一定程度上避免了脆性断裂。种种优异性能给纳米材

料带来了广阔的应用前景，纳米材料的应用面不断扩大。少量纳米材料可以综合改善传统材料的性能。

（2）纳米技术

在人们为纳米材料的神奇而惊叹的时候，纳米技术也迅速发展。纳米技术的核心是原子或分子位置的控制、具有特殊功能的原子或分子集团的自复制和自组装。

图 5-6　纳米机器人

科技界认为，纳米材料与纳米技术可能引发下一场新的技术革命和产业革命，成为 21 世纪科学技术发展的前沿。它们不仅是信息产业的关键之一，也是先进制造业最主要的发展方向之一。图 5-6 中的纳米机器人，极大地推动了医疗技术的发展，有效地提高了人们的生活质量，延长了人类生命。

除此之外，智能材料也是一种非常热门的新材料。智能材料（intelligent material）是一种能感知外部刺激，能够判断并适当处理且本身可执行的新型功能材料。智能材料是继天然材料、合成高分子材料、人工设计材料之后的第四代材料，是现代高技术新材料发展的重要方向之一，将支撑未来高技术的发展，使传统意义下的功能材料和结构材料之间的界线逐渐消失，实现结构功能化、功能多样化。一般说来，智能材料有七大功能，即传感功能、反馈功能、信息识别与积累功能、响应功能、自诊断功能、自修复功能和自适应功能。其中，自修复形状记忆合金已经有了广泛的研究和应用。比如航天飞机机翼中预设的自修复胶囊和火星探测器的天线，还有生活中跟设计密切结合的智能座椅等。

总之，新材料具有新特性，给工业设计的发展带来了新的机遇与挑战。这些特性通常都是作为优点被利用的，但任何事物都有两面性，往往使用时的优点就会成为废弃时的缺点，如有良好的耐候性（weathering resistance）是产品所希望的，但废弃物的处理就很困难。所以在产品设计中就应考虑到废弃物的再利用或最终处理，使之成为设计的一环。反过来，工业设计的发展也推动和促进了新材料的开发和利用，两者互相促进，相辅相成，共同推动了工业设计的发展。

5.4　工业设计与技术

5.4.1 通用技术是工业设计的物质基础

通用技术，指的是那些广泛应用且相对成熟的技术体系，包括但不限于材料科学、制造工艺、电子技术、机械结构、信息技术的基础应用等，这些技术为不同行业的产品设计、生产和服务提供了通用的方法和手段。例如，冷轧钢板因其良好的力学性能和加工便利性，被广泛应用于各类家电外壳、汽车零部件及工业设备等产品的结构设计上；而塑料以其可塑性强、轻便耐用的特性，在日用品、包装材料和部分电器部件的设计中占据重要地位。同时，金属切削、焊接、冲压、注塑成型等各种通用加工技术则是将设计理念转化为实体产品必不可少的环节。钣金工艺及其配套设备，包括剪切、折弯、冲孔、激光切割和水切割等，主要用于金属材料的精密加工；锯切、磨光、刨削、钻孔、铣形、电脑雕刻等多种技术，可对实木和人造板材进行多样化的处理。此外，玻璃制品的机械化生产线大量生产出各种容器，注塑、吸塑、吹塑工艺为人们提供了丰富多样的塑料制品。随着科技的进步，新的通用技术不断涌现，如 3D 打印技术、激光切割技术、纳米技术等，它们不仅拓宽了设计师的创新空间，还极大地提升了设计实施的可能性和效率。这些技术使得工业设计不再局限于传统的形态和功能框架，而是可以探索更加复杂、个性化的产品形态和功能集成。

5.4.2 工业设计与技术相辅相成

工业设计与技术发展之间形成了一种相互促进、共生共进的密切关系。在这一过程中，工业设计师敏锐地洞察和挖掘出新的消费需求，这些需求往往包含了对技术创新的迫切诉求，从而直接或间接地推动了相关技术领域的突破与发展。比如，在设计师寻求更加节能、高效或者美观的产品形态时，他们提出的挑战性设计方案会激发技术研发人员去攻克技术难题，共同实现设计方案。

反之，每一次重大的技术革新也会为工业设计师提供崭新的创作空间和设计思路。设计师们热衷于追踪并掌握最新的科技成果，将这些技术融入产品设计中，不仅满足了他们的创新欲望，同时也使得产品功能更加强大，形式更为独特。例如，在 20 世纪 30 年代，随着人们对空气动力学原理的深入理解和大型冲压工艺技术的日趋成熟，流线型设计风格在汽车制造业中蔚然成风，设计师们对此热情高涨，他们的不断探索和实践又进一步促进了冲压技术的精细化和复杂造型的可行性。

每一个新兴技术的诞生都如同一剂催化剂，点燃了工业设计专业学生以及行业从业者的创新激情与灵感火花。太阳能利用技术、碳纤维复合材料、无人驾驶技术、人工智能集成及 3D 打印技术等前沿科技频繁地出现在概念设计阶段，预示着未来产品的无限可能。可以预见的是，在工业设计持续不断的推动作用下，上述技术将在不久的将来得到更为成熟可靠的运用，并广泛普及至日常生活的各个领域。

5.4.3 工业设计行业技术的发展

工业设计行业不仅是一个创意密集型领域，如今更成为高度技术驱动的行业，在工具和设计研究方法上均取得了显著的技术进步。

早期阶段，工业设计师主要依赖于传统的手绘技法来呈现设计方案，这一过程耗时长且不易修改。随着计算机技术的普及以及专业设计软件的开发与应用，三维建模与渲染已成为现代设计师不可或缺的核心技能之一。借助这类技术，设计方案能够以更高保真度、全方位视角展示出来，极大地提升了设计效率和效果的真实感。

在实物模型制作方面，以往工业设计师需要手工打造产品模型，精度受限且效果不尽理想。而现今，3D 打印技术革新了这一环节，设计师能够在短时间内精准地打印出实物原型，大大加快了迭代速度和模型质量，从而提高了整个设计流程的工作效率和表现力。

针对复杂产品的研发，传统设计流程中往往涉及样机制造及通过实际测试或破坏性实验来修正设计方案，这不仅成本高昂、周期漫长，还可能伴随着一定的安全风险。随着虚拟现实（VR）技术和虚拟仿真技术的发展，这些物理测试部分可以被更为安全、经济高效的数字模拟所取代，大幅度降低了验证成本并减少了潜在危险。

设计调研手段同样与时俱进，物联网（IoT）和大数据分析技术为工业设计带来了革命性的改变。如今产品能够实时反馈用户使用数据，通过对海量数据的深入挖掘与智能分析，设计团队能够准确洞察消费者需求和行为模式，为后续的产品创新设计提供科学依据和精确导向。

总结来说，在当今的工业设计行业中，设计师不仅要熟悉和掌握基础通用技术，更要积极拥抱新技术，不断从前沿科技中汲取灵感，并熟练运用先进的数字化设计工具和技术。能否紧跟时代步伐，有效利用新兴技术解决问题，已然成为衡量一个工业设计师专业素养的重要标准之一。

工业设计与文化

6.1 工业设计与文化的联系

工业设计与文化之间存在着不可分割的联系，两者相互影响、相互渗透。文化的差异性塑造了人们对美的独特认知和审美期待，这在很大程度上决定了工业设计的风格走向、形态表达以及色彩运用。同时，工业设计也成为了文化信息的重要载体，通过产品设计传递特定的文化符号、象征元素以及价值观。

6.1.1 文化的概述

文化是指一个社会或群体所共同拥有的价值观、信仰体系、行为规范、艺术创作、习俗传统等非物质方面的事物。它是人类社会发展过程中的产物，代表了一个集体的认知、情感和行为方式。

文化具有多样性、传承性、动态性，文化也影响一个社会的多个方面：文化是人们认识自己和与他人建立联系的重要方式，通过文化可以塑造个体和集体的身份认同；文化中的价值观念指导着人们的行为和判断，影响着社会的道德标准和行为规范；文化对社会组织和社会关系的形成和维持起着重要作用，例如家庭结构、政治制度、宗教组织等；文化对经济发展也有重要影响，例如文化创意产业、旅游业等都是以文化为基础的经济活动。

总之，文化是人类社会的重要组成部分，它不仅代表了一个民族或社群的独特性，也是人们思想、行为和社会关系的基础。了解和尊重不同文化的多样性是建立和谐社会的重要前提。

6.1.2 文化对工业设计的影响

文化对工业设计有着深远的影响，不同文化背景下的人们对美的理解和审美偏好存在差异，这会影响到产品的形态和风格设计。例如，东方文化注重和谐、平衡和自然，可能更倾向于简约、柔和的线条和形状；而西方文化偏向于个体主义和创新，可能更倾向于大胆、前卫的设计风格。

文化中蕴含的颜色和符号具有特定的意义和象征，可以通过产品设计来传达文化信息。例如，在中国文化中，红色代表喜庆和吉祥，可以在产品设计中运用红色元素来传递这一文化意蕴；中国文化中，龙这种图形符号是一种权力、尊贵和吉祥的象征，在产品设计中，可以使用龙的图案或形象来传达中国文化的古老和崇高。

不同文化背景下的人们对产品的使用习惯和需求也有所不同，这会影响到产品的功能和设计。例如，日本文化中注重细节和便利性，推崇小巧精致的产品设计；而美国文化中注重个人自由和便利，可能更关注产品的功能性和实用性。

文化对材质和工艺的选择也会产生影响。不同文化对于材质和工艺的偏好和传统会影响到产品的材质选择和制造工艺。例如，中国传统文化中注重手工艺和瓷器制作，可以在产品设计中运用这些传统工艺，以表达文化特色。

文化价值观念对于产品设计中的社会责任和环境意识也具有重要影响。不同文化对环境保护、可持续发展等问题的关注程度不同，这会在产品设计中体现出来。例如，一些文化注重自然环境的保护，可能会倾向于设计环保、可再生材料的产品。

6.1.3 工业设计在传承和塑造文化中的作用

工业设计在传承和塑造文化中起着重要的作用。它通过将传统文化元素融入产品和设计中，帮助传承和保护文化遗产。同时，工业设计还可以以创新和现代化的方式表达和展示文化，使其更具吸引力和可持续性。

① 促进传统文化保护与传承：工业设计可以通过将传统文化元素融入产品设计中，保护和传承传统文化。比如，将传统图案、符号、工艺等应用于产品设计中，使其具有独特的文化特色，同时也使得传统文化得以延续和传承。

② 推动文化创新与融合：工业设计可以通过将传统文化与现代设计相结合，实现文化的创新和融合。比如，通过将传统元素与现代技术、材料相结合，设计出具有创新性和现代感的产品，让传统文化焕发新的活力。

③ 传递文化价值观与故事：工业设计可以通过产品的外观、功能和用户体验来传递特定文化的价值观和故事。通过设计思考和表达，产品可以成为文化的媒介，让用户更深入地了解和感受特定文化的精神内涵。

④ 增强文化认同和自豪感：工业设计可以通过产品的表达方式和用户体验来增强人们对自己文化的认同感和自豪感。当产品具有独特的文化特色和符号时，用户可以通过使用和拥有这些产品来表达对自己文化的认同和自豪。

⑤ 引发文化交流与理解：工业设计可以通过设计的语言和符号，促进不同文化之间的交流与理解。当产品设计具有跨文化的特点时，可以打破文化隔阂，促进不同文化之间的对话和交流。

总的来说，工业设计在传承和塑造文化中的作用是多方面的。它可以保护和传承传统文化，实现文化的创新和融合，传递文化的价值观和故事，增强文化认同和自豪感，以及促进文化交流与理解。工业设计在传承和塑造文化中发挥着不可或缺的作用。

6.2 工业设计中的文化体现

将特定的文化元素、价值观和传统融入产品设计和生产过程中，以展示特定文化的独特魅力和特征，这就是工业设计中的文化体现。通过运用特定文化的符号、材料、工艺、功能和品牌故事，工业设计可以创造出具有文化特色和独特魅力的产品形象，使用户感受到特定文化的独特风采和文化特征。

6.2.1 传统文化与工业设计

传统文化是指一个民族、地区或社群在长期演变和发展中形成的一系列习俗、价值观、艺术形式和思想观念的总称。将传统文化元素融入工业设计中，可以创造出具有独特文化特色和创新精神的产品形象，这不仅丰富了产品的内涵和文化价值，也增强了用户对产品的认同感和情感共鸣。同时，工业设计的创新也有助于传统文化的传承和创新，使传统文化与时俱进，与现代社会相融合。

（1）中国传统文化在设计中的体现

传统纹样和图案：传统纹样和图案是中国传统文化的重要组成部分，它们可以被应用于产品设计中。例如，杭州 2023 年亚运会吉祥物（图 6-1）中的“琮琮”名字源于良渚古城遗址出土的代表性文物玉琮，头部装饰的纹样取自良渚文化的标志性符号饕餮纹，有“不畏艰险、超越自我”的寓意。

传统色彩：中国传统文化中有许多具有象征意义的颜色，如红色代表喜庆和吉祥，黄色代表富贵和权威。这些颜色可以被应用于产品设计中，以传达中国传统文化的意蕴。例如，在中国节庆活动或中国风格的商品中，常常使用红色和黄色作为主要色彩。

传统工艺：中国传统工艺有着悠久的历史和独特的技艺，如中国传统的陶瓷、漆器、剪纸等。这些工艺可以被应用于产品设计中，以展现中国传统文化的精湛工艺和独特魅力。例如，故宫文创产品千里江山高足点心盘（图 6-2）的设计，源于故宫博物院藏《千里江山图》，从《千里江山图》的色彩表现获取灵感，由调釉师研发出青绿釉，手工喷釉，釉色间的青绿变化给人以美的震撼。

传统哲学思想和价值观：中国传统文化中蕴含着丰富的哲学思想和价值观，如仁爱、和谐、礼仪等。这些价值观可以被应用于产品设计中，通过产品的形态、功能和符号等方面，表达中国传统文化的美学追求和人文精神。例如，在家居产品中，可以注重产品的和谐、平衡和精致，以体现中国传统文化的价值观。

图 6-1 杭州 2023 年亚运会吉祥物

（2）日本传统文化在设计中的体现

极简主义设计：日本传统文化中的美学观念强调简约、克制和自然之美。这种美学观念可以被应用于产品设计中，例如，在家具、建筑和家居用品中，可以运用日本传统的极简主义设计风格，以展现简约而精致的美感。

图 6-2 千里江山高足点心盘

和风元素：和风是日本传统文化的重要组成部分，它强调和谐、平衡和自然。和风元素可以被应用于产品设计中，例如，在室内装饰和家居用品中，可以使用传统的和服图案、榻榻米风格的座椅、屏风等，以呈现日本传统文化的独特魅力。如图 6-3 所示，为日本文创橡皮，采用了樱花、富士山、红日等这些日本标志性和风图案元素。

图 6-3 日本文创橡皮

（3）欧洲传统文化在设计中的体现

巴洛克风格：欧洲传统文化中的巴洛克风格强调奢华和装饰性。这种风格可以被应用于室内装饰、家具和珠宝设计中。例如，在室内装饰中可以使用华丽的雕花、繁复的壁画和精细的家具，以展现巴洛克风格的奢华和装饰性。

洛可可风格：洛可可风格轻盈、优雅，强调曲线、精致的细节和浪漫主义情感。在室内设计中，洛可可风格常常体现为粉色调、丝绸质感和细腻的花纹装饰，强调优雅和舒适。家具设计中，洛可可风格追求轻巧的线条和繁复的雕刻，常常运用贵重的材料如象牙、玫瑰木和贵金属。

新古典主义风格：新古典主义风格沿袭了古罗马、古希腊风格的理性、简洁、典雅，在建筑设计中体现为希腊柱式和浮雕装饰，在家具和艺术品设计中，新古典主义风格注重清晰的线条和简洁的装饰，常使用白色、米色和浅色木材，强调对称和比例的和谐。

城堡和宫殿：欧洲传统文化中的城堡和宫殿是历史和文化的象征。这些建筑可以被应用于景观设计和室内装饰中。例如，在公园和花园中可以建造具有欧洲传统建筑风格的小型城堡或宫殿，以创造浪漫和宏伟的氛围。

大英博物馆著名的畅销文创小黄鸭，是其最重要的代言形象之一。这只本该待在浴缸里的橡皮小鸭子，早在 1970 年就已经出现在大英博物馆的纪念品商店里了。它最重要的功能就是扮演各种知名历史角色，以此展现大英博物馆藏品的包罗万象（图 6-4）。

图 6-4 大英博物馆文创小黄鸭

6.2.2 潮流文化与工业设计

设计中潮流文化的体现主要是通过时尚、流行和年轻化的元素来展示当代社会的动态和趋势。

街头文化：街头文化是潮流文化中的一个重要方面，强调年轻人的自我表达和个性化。这种文化可以被应用于服装、鞋类设计和艺术设计中。例如，在服装中可以运用涂鸦和涂鸦风格的图案，在艺术设计中可以借鉴街头艺术家的涂鸦和壁画，以展现街头文化的时尚和个性。

数字文化：数字文化是当代潮流文化的重要组成部分，强调科技的创新和数字化的生活方式。这种文化可以被应用于产品设计、平面设计和互联网设计中。例如，在产品设计中可以运用科技元素和智能功能，在平面设计中可以运用数字效果和虚拟现实的图像，在互联网设计中可以运用交互性和响应式设计，以展现数字文化的前沿和创新。

潮牌文化：潮牌文化是潮流文化中的重要元素，强调时尚品牌和设计师的影响力。这种文化可以被应用于时尚服装、配饰和美妆品设计中。例如，我国的李宁国潮服饰设计在传统体育品牌的基础上进行了创新，将中国传统文化元素与现代时尚元素相融合，呈现出独特的设计风格，这种创新性的设计使得李宁国潮服饰在市场上具有较高的辨识度和吸引力（图 6-5）。

社交媒体文化：社交媒体文化是潮流文化中的重要组成部分，强调社交网络和在线社区的影响力。这种文化可以被应用于平面设计、广告和数字营销中。例如，在社交媒体广告中可以运用该社交媒体的标语、口号、图标、界面元素等，在数字营销中可以运用社交媒体的推广和互动方式，以展现社交媒体文化的互动性（图 6-6）。

图 6-5 李宁国潮服饰

图 6-6 某社交媒体海报

6.3 工业设计与文化的未来发展

文化多样性的尊重和融合：随着全球化的发展，不同文化之间的交流和融合变得更加频繁和紧密。工业设计需要更加尊重和包容各种文化的差异性，将不同文化的元素融入产品设计中，以满足不同文化背景和价值观的用户需求。

可持续发展和环保意识的增强：在未来的发展中，工业设计需要更加注重可持续性和环保意识。设计师需要考虑产品的整个生命周期，包括材料的选择、生产过程的优化、使用过程的节能和环保等方面，以减少对环境的影响。

技术创新和数字化转型：随着科技的不断进步，工业设计将面临更多的技术创新和数字化转型。例如，人工智能、虚拟现实和互联网等技术将对产品设计和用户体验产生了重要影响，工业设计师需要掌握新技术，将其应用到产品设计中，以提供更好的用户体验和创新的产品解决方案。

个性化和定制化需求的增加：随着消费者需求的不断变化，工业设计需要更加注重个性化和定制化。消费者希望拥有独特的产品，符合自己的个性和需求。工业设计需要提供个性化的设计解决方案，通过定制化的设计和制造，满足消费者个性化需求。

设计伦理和社会责任的重视：工业设计师需要更加关注设计伦理和社会责任。设计师在进行设计时需要考虑产品对社会的影响，包括对用户的安全和健康的保护、对社会的可持续发展的促进等方面。设计师需要积极参与，帮助解决社会问题，通过设计创新来推动社会进步和可持续发展。

第7章

工业设计与环境

7.1 提高产品寿命

产品生产过程中需要消耗大量的原材料和能源，如消耗各种生产材料、电和水等。如果产品使用寿命较短，消费者将不得不频繁购买新产品来满足生活需要，而生产新产品就会消耗各种资源和额外的成本，会导致资源的过度利用，因此提高产品使用寿命，不仅能减少消费者购买新产品的频率，还能减少新产品的生产数量，节约生产产品的成本以及能源。若设计师在设计中选择高质量、耐用的材料，并且材料能够承受长时间的使用和环境影响，且具有较好的耐久性和耐腐蚀性能，则有利于延长产品的使用寿命，从而减少因生产新产品对自然资源的开采和能源的消耗。

短寿命产品通常报废后会被用户快速淘汰，这些产品如果没有得到有效的回收利用或处理，就会成为废弃物，而这些废弃物不仅占用大量的垃圾填埋场和焚烧厂的空间，还可能因污染土壤、水源和空气等，影响人类的健康等。如果在产品设计中将产品的结构组件设计为可替换的，并且使需要更换的零部件能轻松地被拆卸和更换，同时指导用户正确使用、维护和保养产品，则可以减少产品因零部件损坏而被淘汰的情况。同时优化产品的功能结构与制造工艺，可以减少产品制造中的缺陷和损伤。建立完善的产品质量监控体系，及时对产品进行全面的检测，及早发现产品设计及生产中存在的问题，及时修复和改进，确保产品的质量符合标准要求，可以延长产品的使用寿命。

企业支持环境保护并推动可持续生产和消费所带来的积极的用户体验，有利于企业品牌形象的提高，增加产品市场竞争力，有利于用户购买满意度和品牌忠诚度的提升。政府和消费者也可以通过采购耐用性更高的产品等措施，减少用户过度消费，鼓励消费者对产品进行维修和再利用，使用户不仅可以享受更长时间的产品使用过程，还可以减少用户消费成本，降低对环境产生的不利影响。因此产品的设计与生产过程要综合考虑环境保护政策和法规、产品设计理念、结构组件优化的原理与方法、消费者产品使用信息反馈等，提高产品使用寿命。

7.2 选择环境友好的材料

不同材料的生产和使用过程会对环境产生不同程度的影响。选择环境友好的材料可以减少材料对环境的负面影响。被循环利用的环境友好材料可以减少产品生产中对原材料的需求：在产品废弃后，产品中被循环利用的材料可以通过回收和再加工服务于新的产品，减少新产品对原材料的需求，如选择纸张、玻璃、铝、钢材等能够被回收和再利用的材料，可以减少资源消耗和废弃物产生。

如图 7-1，杯子的设计都使用了可回收铝材料，体现了环保的设计意识。可回收铝材料经过回收技术可重新应用于新产品的生产，减少废弃物产生以及降低对环境的污染。在设计与生产中，采用这种可回收材料可以减少新材料生产过程中的能源消耗和碳排放，同时也可以减少产品废弃后的垃圾堆积，降低对环境的污染。图 7-1中杯子的造型设计简单大方，易于使用，避免了因为造型过于复杂而使用更多的铝材料，即减少了杯身原材料的使用数量。杯身金属制品所呈现出的光泽与带来的细腻的触感，给用户以愉悦的体验，这种美观而不失对环境友好的设计，符合现代人的环保理念和审美需求。

(a)　　(b)

图 7-1　使用可回收铝设计的杯子

在适当条件下，产品设计还可以选择可再生材料，像木材、竹子和麻织物等，这些材料来源于可持续的资源，其生长和再生过程对环境的影响相对较小。相比可持续资源，若使用非可再生材料，如石油和矿石等，可能会导致对有限资源的过度开采和消耗。

产品材料的选择还应考虑材料的能耗情况。一些材料的生产过程可能需要消耗大量的能源，导致高能耗，引起大量温室气体的排放。环境友好的材料在生产中通常具有较低的能源消耗，也使材料在生产和使用过程中减少了二氧化碳等温室气体的排放，这有助于减缓气候变化如全球变暖等环境问题。

产品中的有些材料可能含有有害物质，当产品被淘汰后，这些材料也面临被丢弃或处理，若处理不当会对环境和人类健康造成损害，因此产品设计时选择低毒性材料对于减少环境污染和降低人类健康风险非常重要。传统材料诸如挥发性有机物和重金属等，在使用和加工中往往会产生大量的有害物质，而环境友好的材料往往具有较低的挥发性和无毒性。如在产品设计与生产中避免使用含铅化合物或苯系化合物等有毒物质或有害物质的材料，可以减少室内空气污染。

具有较高的可降解性也是环境友好材料的特性，这意味着它们可以在废弃后通过有效的处理和再利用，减少废弃物的产生量，有助于减少垃圾填埋和焚烧的需求，减轻对环境的负担。如选择生物可降解材料，这些材料在废弃后可以被自然环境分解并回归自然界。

如今越来越多的消费者意识到环境保护的重要性，他们更倾向于购买和使用环境友好材料制成的产品，选择获得环保类认证的材料。这些认证保证了材料对环境的影响已被评估和规范。企业使用认证机构认可的环境友好材料，可以提高产品品质，增强对环境的责任感，增加消费者的信赖度，提升产品的市场竞争力。

7.3　减少使用材料的数量

在产品设计、制造和使用过程中减少使用材料的数量，可以减少资源消耗和对环境的负面影响。许多产品的制造过程需要消耗大量的原材料，如金属、塑料和纸张等，如果能够减少使用这些材料的数量，就能够延缓自然资源的枯竭，避免产生过度开采的问题。通过产品结构组件的简化设计，去除不必要的部件和功能，可以减少材料的使用量。应在结构设计中避免使用重复的部件或功能重叠的结构，或选择轻量化的材料，降低产品的重量，如使用合金材料代替传统金属材料，或使用复合材料代替单一材料，等等。

生产和加工材料需要大量能源，例如电力和燃料，而能源的产生和使用又会产生大量的温室气体，导致气候变化。通过减少材料的使用量，可以降低能源消耗和温室气体排放。如在产品设计中考虑材料的回收利用率，精确估计所需材料的量，可以减少材料的消耗和浪费。又如使用可回收的材料或设计出易于分解和回收的产品，或优化产品的结构和工艺，可以提高产品的能源效率，降低产品所消耗的能源与所提供的功能效能之间的比率。例如，在电子设备设计中选择高效节能的电子元件和电路设计，提高产品的能源效率。

在保持产品的强度和稳定性基础上，优化产品的结构设计可以减少材料的使用量，例如使用网格结构或孔洞设计来减少材料的使用量，同时保持产品的结构性能。在许多情况下，产品制造过程中会产生大量的废料和废弃物，例如切割废料、生产过程中的副产品等。这些废料和废弃物需要处理，若处理不当会对环境产生负面影响。通过减少使用材料的数量，可以减少生产中废料和废弃物的产生，降低对环境的污染。采用模块化设计可以使得产品零部件的可替换和重复使用变得更加容易，还可以减少产品的零部件数量，从而减少材料的使用量，减少材料的浪费。政府也可以通过制定鼓励可持续生产和消费的政策和法规，践行节约用料的理念。

7.4 降低能源消耗

优化产品设计可以减少产品需求能源的使用量，例如减少产品的重量和阻力，优化电路设计，或选择使用高效的能源或设备，以提高产品能源使用效率，减少能源的浪费和消耗。如使用清洁可再生的太阳能作为产品能源，使用节能灯代替传统白炽灯，使用高效的电动机代替传统的电动机等。

如图 7-2 所示窗口太阳能插座是一款将太阳能转化为电能作为能源的充电设备，此款太阳能插座充电效率高，充电速度快，可以随时随地为移动设备充电，如遥控器、手环等。太阳能是一种清洁能源，它适用于户外活动、旅行、日常紧急充电等情况，其作为能源充电不会产生任何污染物。这款窗口太阳能插座无须连接电源插座，使用方便，较传统插座节约了材料，有利于对环境资源的保护。

图 7-2　窗口太阳能插座设计

节约能源的设计理念应用在产品功能和特性设计中，有利于降低产品能源消耗。例如，对于家电产品，可以设计定时启动或自动休眠功能，以使产品在不使用时自动关闭或进入节能模式；对于照明产品，可以选择节能灯泡或

LED（发光二极管）照明，以减少能源消耗。考虑到产品在待机状态下的能源消耗，可以设计低功耗的待机模式，或通过引入智能控制系统，优化能源的使用和管理，减少能源的浪费，如使用传感器和自动调节设备来优化待机状态下能源的消耗。选择具有良好的绝缘性能和热传导性能的材料，可以减少产品使用中能量的散失，如选择高效隔热材料做保温材料可以降低建筑物或供温产品的能耗等。

引导和鼓励用户践行可持续理念，如对用户进行行为和习惯的引导，有利于降低能源消耗。例如，通过产品设计的界面和操作方式，向用户提供能源消耗的信息，以便用户做出更加理性和节能的选择，同时也可以提供使用说明和建议，向用户普及如何在日常使用中节约能源并降低对环境的负面影响。提高用户的环保节能意识，有利于培养用户节能的使用习惯，从设计师到用户共同努力降低能源消耗。

提高能源的回收利用率，也可以减少能源的浪费，例如采用能量回收技术将产品的废热转换为可再利用的能源。

7.5 减少污染物的产生

选择材料时应选择无污染物或低污染物的材料，尽量避免使用含有有害物质的材料，可以选择获得环保类认证的材料，如低挥发性有机化合物涂料和无铅电子元件。

应综合考虑产品的整个生命周期，包括从原材料获取到废弃物处理的各个环节，使产品材料易于分解，可以回收和循环再利用，减少对环境造成的污染。通过优化设计，设计易于拆卸的结构，采用可拆卸组件、标准化接口等，降低产品对资源的需求，减少废弃物的产生，减少产品使用和处置过程中对环境的不利影响。

在产品制造过程中，采用更高效、清洁、环保的生产工艺可以减少生产过程中的废弃物和污染物的排放。例如采用封闭式生产系统，减少化学品使用量，减少废气和废水排放，合理使用能源等，同时还应为设计的易于分解和回收的产品提供废弃物回收和处理的指导建议。

产品设计中的节能设计，可以减少产品使用过程中的能源消耗，从而减少能源生产中产生的废弃物，减少排放到大气、土壤、水中的污染物。如在产品设计中集成节能和节水的技术，或采用高效能的电气元件、智能节能控制系统和低水耗的喷头等，可以降低产品在使用过程中的能源消耗。可以借助产品使用说明宣传环保意识或组织环保行为对用户进行教育与宣传，让用户了解正确高效的产品使用方式与处理废弃产品的方法与思路，减少能源的消耗及产品废弃物的产生。

随着人类活动的增加，环境问题也逐渐显现出来，如气候变化、环境污染、生物多样性丧失等，这些问题已经对人类的生存和发展造成了很大的威胁。因此，保护环境已经成为全球性的议题，工业设计与人类的生存和社会发展的关系十分密切，采取工业设计的措施来减缓环境问题的恶化，有利于维护生态系统的平衡与人类的生存和可持续发展。

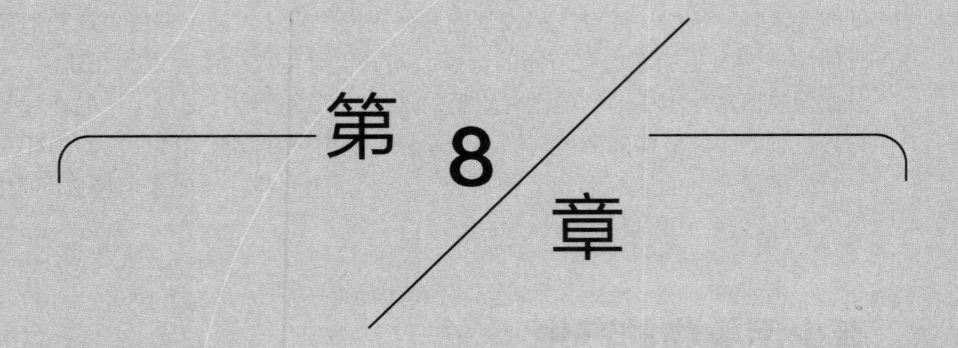

设计与符号学

8.1 符号学基础

（1）符号学的概念

符号学是一门研究符号及其使用的学科。符号是指具有特定含义和代表其他事物的物质或非物质表示形式，其范围包括语言、文字、图像、声音、手势、符号系统等各种符号形式。符号学研究符号如何被人类创造和使用，以及符号与人类思维、文化、社会行为之间的关系。符号的含义是通过共同约定或社会文化背景来确定的，符号是人类社会和文化的产物，它们通过教育、传媒、交流等方式传播和使用。符号的理解是基于个体对符号含义的认知和解释。

（2）符号的分类和属性

从符号的意指层面上，可以将符号分为语言符号和非语言符号（图 8-1）。语言符号是指通过语言系统来传达意义的符号，它包括词汇、句子和语法规则等构成的语言结构。语言符号的意义是通过约定俗成的语言规则和语境来确定的。非语言符号是指不依赖于语言系统而能够传达意义的符号。它通过非语言元素，如图像、图形、手势、表情、声音等来表达含义。非语言符号的意义可以是直接的，如红色代表危险或停止，笑脸代表开心或喜悦；也可以是象征性的，如国旗代表一个国家的身份和民族情感。非语言符号在视觉传达、图形设计、电影、舞蹈等领域中具有重要作用。

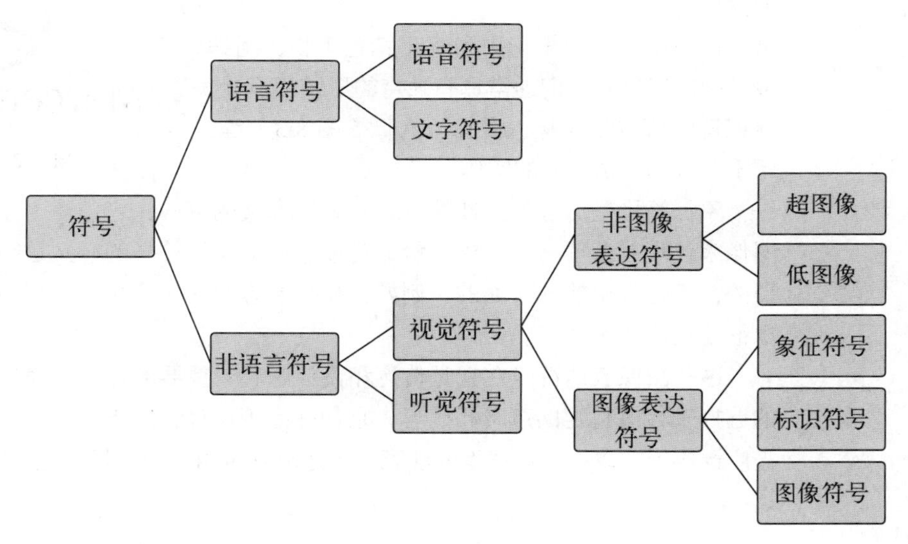

图 8-1 符号的分类

语言符号和非语言符号在意义的传达方式和范围上有所不同。语言符号依赖于语言系统和约定俗成的规则，可以表达更具体和抽象的概念；而非语言符号通过视觉、听觉等感官元素来传达意义，可以跨越语言和文化的界限。两者在交流和文化中都起着重要的作用，相互补充和丰富了符号的意义层面。

非语言符号可以分为视觉符号与听觉符号。视觉符号是通过视觉元素如图像、颜色、形状、排列等来传达意义的符号。视觉符号通过视觉感知来引起观察者的注意，并传达特定的信息或概念。例如，交通标志、指引标志、商标、图表等都是常见的视觉符号。听觉符号是通过声音和声音元素来传达意义的符号，它包括语音、音乐、声效等声音形式。听觉符号可以通过音调、音色、节奏、音量等音频特征来表达不同的情感、意义和概念。例如，语言中的音节、单词和句子，音乐中的音符和旋律，广告中的声音效果等都属于听觉符号。

视觉符号和听觉符号在传达方式和感知方式上有所不同。视觉符号依赖于视觉感知和观察者对图像和形状等的解读，可以通过视觉元素的组合和排列来传达复杂的意义。听觉符号则依赖于听觉感知和声音的传播，可以通过声音的特征和语调来传达情感和意义。视觉符号和听觉符号在广告、电影、美术、设计等领域中都具有重要的应用。

视觉符号中的图像表达符号可分为图像符号、标识符号和象征符号。

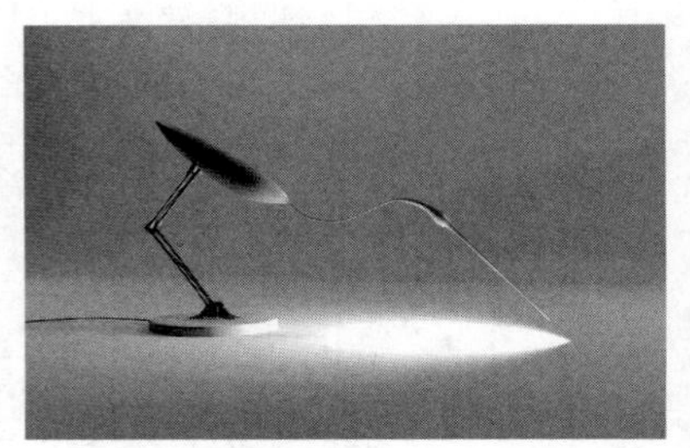

图 8-2　鸟造型灯具

图像符号是直接通过图像来表达特定概念、信息或意义的符号，它们依赖于视觉元素，如形状、颜色、比例、对比度等来传达含义。图像符号可以是具象的，直接展示事物的外观和形状，如图 8-2 中模仿鸟的造型的灯具设计；也可以是抽象的，通过形状和颜色的组合来表达特定的意义，如一个圆圈和一个叉形组合的图像表示禁止或停止。

图 8-3　奔驰标识

标识符号是用于识别和表示特定事物、组织或品牌的符号。它们通常具有独特的形式和设计。标识符号可以是图标、徽标、商标（图 8-3）等，用于区分和识别不同的实体。

象征符号是通过象征性的方式来表达意义的符号，它们使用一种物体、形状或图像来代表或象征一个概念、价值观或意义。象征符号的意义是基于社会和文化共识的，不是直接的或字面的。例如，和平标志中的鸽子象征和平与和谐，红心符号象征爱和情感等。

这些图像表达符号在视觉传达和设计中起着重要的作用，通过视觉元素和形式的选择来传达特定的意义和信息。它们在品牌设计、广告传媒、标志设计等领域中被广泛应用，以引起观察者的注意、传达品牌价值和建立情感连接。

8.2　设计符号的功能

① 信息传达：设计符号在信息传达中起着关键的作用。例如，交通标志使用不同的符号和图像来指示行进方向、警告危险或禁止某种行为。这些符号能够迅速传递简明的信息，帮助人们做出正确的决策和行动。

② 价值观表达：设计符号能够传达特定的价值观和理念。例如品牌标识符号，它们通过独特的形状、颜色和图像来代表品牌的价值观和个性。比如，Apple 公司的苹果图标传达了创新、简洁和高品质的理念，而 Nike 公司的对钩图标传达了动

力、运动和胜利的理念。

③ 情感共鸣：设计符号能够引起观察者的情感共鸣。符号的形状、颜色和图像可以激发观察者的情感反应，建立情感连接。例如，一个简单的笑脸符号可以传达快乐和友善的情感，向观察者传递积极情绪。

④ 品牌识别和差异化：设计符号在品牌识别和差异化方面起着重要的作用。品牌标识符号能够帮助消费者快速识别和区分不同的品牌。通过独特的设计和形象，品牌标识符号能够使品牌在竞争激烈的市场中脱颖而出，树立自己的独特形象和品牌个性。

⑤ 社会和文化影响信息传达：设计符号受到社会和文化的影响，能够传达和反映特定社会和文化信息。例如，不同国家和文化对颜色、形状和图像的解读可能存在差异，设计符号需要考虑到这些差异，以确保符号的意义和信息在特定社会和文化中得到准确传达。

8.3 设计符号的语义与传达

8.3.1 符号的语义及符号的外延与内涵

（1）符号的语义

符号的语义是指符号所代表的具体含义和概念，是符号与特定对象、事物或概念之间的直接联系和解释。符号的语义可以通过符号的形状、颜色、图像等视觉元素来进行解读和理解。符号的语义是基于文化和社会背景而产生的，不同文化和社会可能对相同符号的语义有不同的理解。例如，红色在西方文化中通常象征着爱、激情和力量，而在东方文化中常常与喜庆和吉祥联系在一起。

（2）符号的外延意义与内涵意义

在符号学中，内涵和外延是用来描述符号形式和符号意义（能指和所指）之间关系的术语，符号的意义是外延和内涵的有机统一。

外延：符号的外延意义是指符号所代表的具体事物、概念或现象的范围或内容。简单来说，外延意义就是符号所包含的实际指代对象的集合。

内涵：符号的内涵意义是指符号所代表的具体事物、概念或现象的内在含义、特征或属性。简单来说，内涵意义是符号所蕴含的思想、观念或象征意义。

符号的内涵不仅仅是指符号所代表的外在事物本身，更是指符号所传递的更深层次的含义，它可以是象征、隐喻等多种形式。符号的内涵意义往往需要通过语境、文化背景等因素进行理解和解释。

图8-4中，第一序列（1）代表外延层面，第一序列中的能指（形式F）、所指（意义M）构成了一个符号，其能指与所指的结合受编码规则支配，因此关系较为稳定。第二序列（2）代表内涵层面，它的能指（形式F）由第

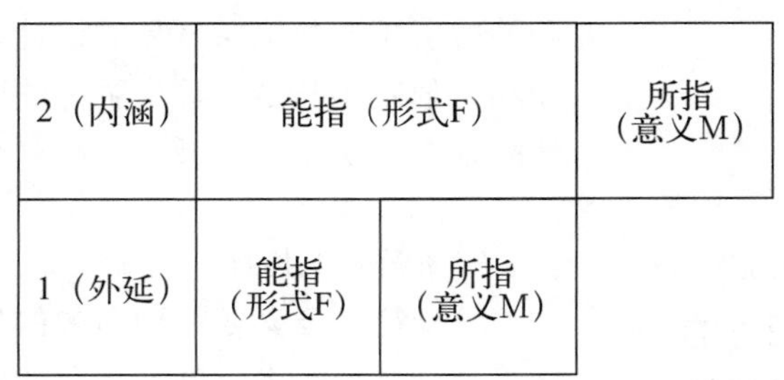

图8-4 能指所指与形式意义的对应关系

一序列（1）构成的外延符号组成，不受符号规则的支配，是基于对能指与所指整体间的类比、主观的认知与判断，所以符号内涵的能指与所指的结合不是固定的。依照这个构成，可以对生活中常见的小夜灯（图 8-5）进行符号意义的分析。

（a）球形小夜灯

（b）猫咪小夜灯

图 8-5 球形小夜灯与猫咪小夜灯

图8-6中的第一序列（1）是表意的外延层面，体现的是小夜灯的基本外延意义，也就是小夜灯的基本功能意义，这是这个物品成为小夜灯而不是其他物品的基础；在第二序列（2）中，可以将第一序列中“小夜灯”这一符号作为整体当作符号的形式，由于形式和意义之间的关系是不固定的，将它设计成什么样的形式，具有怎样的内涵意义，可以由设计师自由支配。

2（内涵）	球形小夜灯（形式F）		通过其硅胶与木制材料、几何造型、黄白对比的颜色，表达功能性强、温暖明亮等意义（内涵意义M）
1（外延）	人们观念中小夜灯的形式（形式F）	由灯罩、灯泡、底座组合而成的夜间照明功能元素组合（外延意义M）	

（a）

2（内涵）	猫咪小夜灯（形式F）		通过猫咪安静温暖、亲人的联想，以及猫咪守护主人的性格带来的舒适感受，产生放松、欢乐等意义（内涵意义M）
1（外延）	人们观念中小夜灯的形式（形式F）	由灯罩、灯泡、底座组合而成的夜间照明功能元素组合（外延意义M）	

（b）

图 8-6 小夜灯的符号意义

因此，产品设计中，不仅要根据产品的功能和特点确定符号的外延意义，也要明确产品所要传递的核心价值和特点，即产品的内涵意义。这些核心价值和特点可以是功能性、情感性、社会性等方面的。通过从符号的内涵和外延角度出发进行产品设计，设计师可以更好地理解用户的需求和情感诉求，并确保产品的设计与用户的认知和价值观相契合，提供更好的用户体验和情感共鸣。

8.3.2 符号的传播与解读

（1）符号的传播

设计符号意义要得到有效的传达，必须让设计师与使用者之间产生非线性的循环互动。如图 8-7 所示为设计符号意义传达的一个

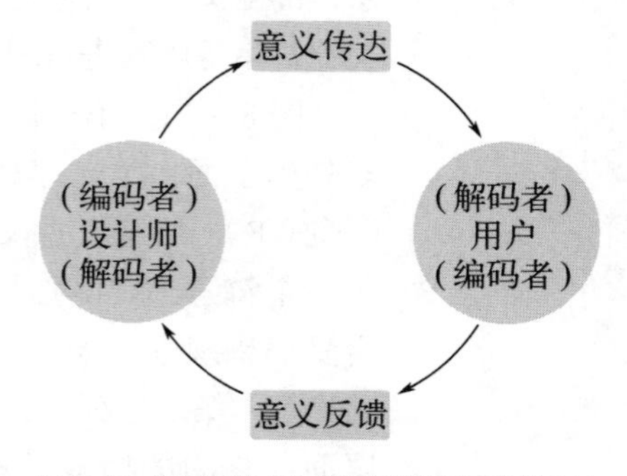

图 8-7 以循环模式表现的设计符号意义的传达

简化的循环互动过程。设计的创造过程就是设计师将要传达的意义编码转化为符号及符号系统的过程，通过这个过程，设计的意图、意义通过符号得以向外传达。与之相对应的是用户对设计符号的解读，通过这一过程，用户将通过感官获得的信息转化为意义，用户作为编码者，将使用意见反馈给设计师，设计师又作为解码者来解读用户的意见，从而优化改进设计。

（2）符号的解读

符号的解读是指对符号的理解和诠释过程。解读是基于观察者的个人经验、文化背景和认知能力进行的。观察者会根据自己的知识和经验对符号进行解读，以获取符号所传递的信息。

符号的解读依赖于符码。符码是一种共享的符号系统，它们被社会和文化认可并赋予特定的意义。符码可以是语言、图像、符号、姿势等，它们在人们的日常交流和文化传播中扮演着重要的角色。

当人们面对符号时，他们会根据自己所掌握的符码系统来解读和理解符号的含义。符码为人们提供了一种共同的语言和识别系统，使得符号能够传递特定的信息。例如，当人们看到一个红色的圆形标志，他们会根据已有的符码系统，将它解读为“停止”的含义。

符码可以根据其来源和性质分为先天性符码和后天性符码。

① 先天性符码（心理学符码）：先天性符码是指与个体的生物学和心理构成有关的符号。这些符码不依赖于文化和社会的学习，而是基于人类的生物本能和普遍的认知机制。例如，儿童玩具形态丰富、色彩鲜艳，是童趣化符码的一种体现。

② 后天性符码（文化学符码）：后天性符码是指根据社会和文化的学习和约定而形成的符号。这些符码的意义和解读是通过社会化过程中的教育、传统和经验习得的。例如，语言、礼仪、标志和象征等都属于后天性符码，其意义和使用方式在不同的文化和社会环境中可能有所差异。如图 8-8 所示为故宫文创的如意造型首饰设计，如意在中国文化中象征顺心如意，是一种美好的祝愿与祝福，如意的造型与寓意便属于后天性符码。

图 8-8 故宫文创的如意造型首饰设计

先天性符码和后天性符码在产品设计、广告传播、品牌标识设计等领域都有重要的应用。设计师需要考虑目标受众的先天性符码和后天性符码的认知和理解，以确保符号意义的传达能够与受众的心理和文化背景相契合，达到有效的沟通和情感共鸣。

8.3.3 符号的隐喻和象征

符号的隐喻和象征是符号的一种特殊表现形式，它们使用符号来代表或暗示更深层次的意义或概念。

隐喻是一种修辞手法，通过将一个概念或事物与另一个概念或事物进行类比，以传达一种隐含的意义。隐喻在符号设计中常常用于创造富有想象力和感性的表达。例如，一个符号使用了蜂巢的图形来代表社区或合作，这里的蜂巢是对社群集体的隐喻。

象征是一种使用符号来代表或象征特定含义、价值观或概念的表达方式。象征在符号设计中常常用于传达深层次的文化、宗教或社会含义。例如，在许多文化中，太阳是力量、生命和神圣的象征，所以太阳的图像可以用来传达这些含义。

隐喻和象征都依赖于观察者对符号的解读和理解，它们利用观察者的认知和经验来传达更丰富、深刻的意义。设计师在使用隐喻和象征时需要考虑目标受众的文化和社会背景，以确保符号能够被准确地解读。

8.3.4 符号的情感共鸣

符号的情感共鸣是指符号引起观察者情感共鸣和情感反应的能力。符号可以通过形式、元素、语义和传达方式来触发观察者的情感，并与观察者的经验和情感联系起来。比如盾牌是一个可以引起人们情感共鸣的符号，因为盾牌可以保护人们免受伤害，所以盾牌符号给人们一种安全和被保护的感觉，腾讯电脑管家图标便使用了盾牌这一造型（图 8-9）。

图 8-9 腾讯电脑管家图标

符号的情感共鸣可以是积极的或消极的，它可以引起观察者的喜悦、悲伤、愤怒、希望、温暖等各种情感反应。符号的情感共鸣可以帮助观察者建立情感连接和共鸣，增强他们对符号的记忆和理解。

符号的情感共鸣是基于观察者的个人经验、情感状态和认知能力的。不同的观察者可能对同一个符号产生不同的情感反应。设计师在创作符号时，需要考虑目标受众的情感需求和情感共鸣，选择和运用适合的形式和元素来触发观察者的情感。

情感共鸣对于符号的效果和影响是至关重要的，它可以增强观察者对符号的记忆和情感连接，使符号更具有说服力和影响力。符号的情感共鸣可以使观察者更容易接受和理解符号所传达的信息、概念或价值观。

8.4 设计符号学的应用

（1）品牌设计与标识

通过选择合适的符号、运用隐喻与象征以及确保符号的简洁与识别度，设计师可以创造出独特而有力的品牌符号，传达品牌的核心价值和特点，与观察者建立情感共鸣。如可口可乐的曲线字母标识是一个识别度极高的品牌符号（图 8-10）。设计师选择了特殊的字母排列和曲线形状，通过隐喻的方式与品牌的快乐、享受和社交联系起来。这个符号具有独特的形状和排列，能够迅速引起观察者的注意和情感共鸣。

图 8-10 可口可乐标识

（2）图形和界面设计

应用设计符号学的原理和方法，可以设计创造出易识别、易理解和易操作的图形和界面，这些设计能提升用户体验，还能够使用户快速理解和使用界面，从而实现更好的图形和界面设计效果。

社交媒体图标：设计符号学可以帮助设计师创造出易识别和易理解的社交媒体

图标。如图 8-11 所示，Facebook 的蓝色“f”图标、Instagram 的彩色相机图标都使用简洁的符号和形状，通过符号与品牌的联系，让用户能够快速辨认出各个社交媒体平台。

（a）Facebook 图标　　（b）Instagram 图标

图 8-11　社交媒体图标

导航菜单图标：设计符号学可以帮助设计师创造出易理解的导航菜单图标。例如，使用三条横线表示菜单的“汉堡”图标，使用一个箭头表示返回的“返回”图标。这些图标通过简洁明了的符号和形状，让用户能够快速理解和使用导航菜单。

按钮图标：设计符号学可以帮助设计师创造出易于操作的按钮图标。例如，使用一个加号表示添加、使用一个心形表示喜欢、使用一个垃圾桶表示删除等。这些图标通过简洁的符号和形状，让用户能够直观地理解按钮的功能。

数据可视化图标：设计符号学可以帮助设计师创造出易理解和吸引人的数据可视化图标。例如，使用柱状图表示数量、使用饼图表示比例、使用折线图表示趋势等。这些图标通过符号和形状的选择，将抽象的数据转化为直观的图形，帮助用户更好地理解和分析数据。

（3）产品设计

通过应用设计符号学的原理和方法，产品设计师可以设计出易于理解、易于操作和有吸引力的产品。

造型中符号学的应用：在产品设计中，旋钮和按钮是两种常见的控制元素，用于操作和控制产品的功能。它们在外观、形状、材质和使用方式上有所区别，适用于不同的操作需求和用户体验。如图 8-12（a）所示，旋钮是一种可以旋转的控制元素，因此旋钮通常呈圆盘状，有时带有刻度，多数情况下可以通过旋转来调节参数的大小或数值。如图 8-12（b）所示，按钮是一种可以按压的控制元素，通常用于触

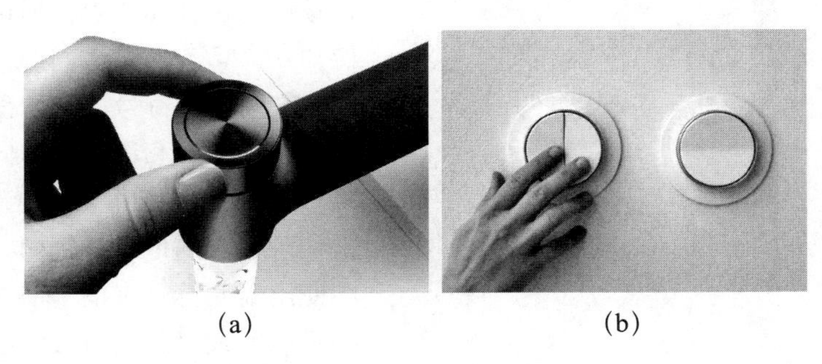

（a）　　（b）

图 8-12　产品设计中的旋钮与按钮

发开关、启动功能或执行特定的操作。按钮通常呈圆形、方形或其他几何形状，用户可以通过手指或手掌的按压来触发按钮的功能。

产品设计中符号的象征语义：在产品设计中，符号的象征语义是指符号所代表的抽象概念、意义或象征。通过使用符号来传递特定的象征语义，设计师可以增强产品的视觉沟通效果，激发用户的情感，引发用户的联想。比如灯泡符号常常被用来代表创意、灵感和想法，因此在产品设计中，可以用灯泡符号来表示某个功能的启发或提示用户的创造性思维。植物符号通常被用来代表生命、成长和自然，因此在产品设计中，可以用植物符号来传达环保、可持续发展等理念，或者用于表达产品与大自然相关的特性。

（4）平面设计与广告

应用了设计符号学的平面广告设计不仅能够吸引人的注意力，还能够传达品牌的核心价值和特点，并最终实现更好的平面设计和广告效果。

海报和广告设计：设计符号学可以帮助设计师创造出引人注目且有吸引力的海报和广告。通过使用符号和形状来传达信息和情感，设计师可以吸引人们的注意力，提升品牌的知名度和影响力。如图 8-13，这张由日本著名设计师福田繁雄设计的海报《1945 年的胜利》，用子弹和枪管这两种设计符号象征战争。这张纪念二战结束 30 周年的海报设计，获得了国际平面设计大奖，子弹反向飞回枪管的画面又讽刺了发动战争者自食其果。

图 8-13　福田繁雄《1945 年的胜利》

包装设计：设计符号学可以帮助设计师创造出与品牌一致且有吸引力的包装设计。通过选择符合目标消费者认知和情感的符号和形状，设计师可以使产品在超市货架上脱颖而出，吸引消费者的注意力。例如，使用一个勺子符号来表示健康和营养的食品包装，使用一个花朵符号来表示芳香和美丽的化妆品包装等，都是设计符号学在包装设计中的应用。

图 8-14　香港艺术馆导视系统图标符号

（5）空间与环境设计

应用设计符号学的空间与环境设计不仅能够帮助人们快速找到目的地，遵守安全规定，还能够传达场所的个性和特点，提供更好的用户体验和环境感知。

方向指示符号：设计符号学可以帮助设计师创造出易于理解和遵循的方向指示符号。通过使用简洁明了的符号和形状，设计师可以使人们快速找到他们想要去的地方。例如，在大型购物中心或机场中使用箭头符号来指示前进方向，使用图标符号来指示厕所或紧急出口，都是设计符号学在方向指示设计中的应用，图 8-14 所示为香港艺术馆导视系统图标符号。

安全标识符号：设计符号学可以帮助设计师创造出易于理解和遵循的安全标识符号。通过使用简单明了的符号和形状，设计师可以使人们快速理解并遵守安全规定。例如，在建筑物中使用火灾逃生图标来指示安全出口，使用危险物品符号来指示潜在危险区域，都是设计符号学在安全标识设计中的应用。

路线规划符号：设计符号学可以帮助设计师创造出易于理解和遵循的路线规划符号。通过使用简洁明了的符号和形状，设计师可以使人们快速找到他们想要去的目的地。例如，在公共交通系统中使用地铁线路图标来指示线路和站点，使用公交车符号来指示公交车站，都是设计符号学在路线规划设计中的应用。

身份认同符号：设计符号学可以帮助设计师创造出独特而有力的身份认同符号。通过使用符合场所特色和氛围的符号和形状，设计师可以传达场所的个性和特点。例如，使用一个优雅的花朵符号来传达酒店的豪华和舒适，使用一个波浪符号来传达海滩和休闲，都是设计符号学在身份认同设计中的应用。

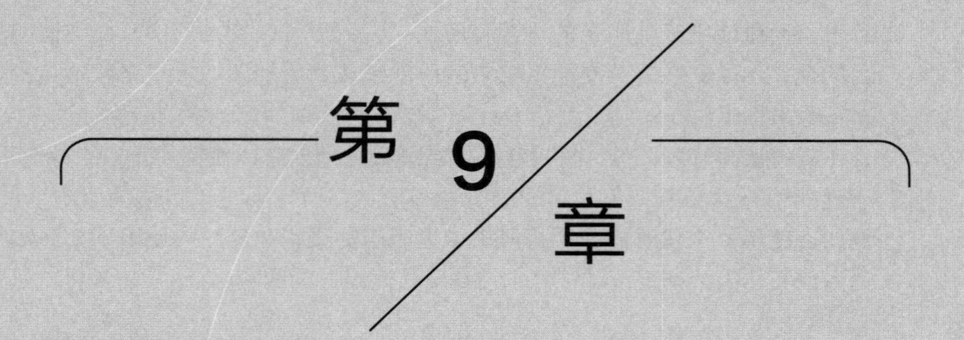

第9章

设计与形态学

9.1 设计形态学的概念

形态是指事物的外部形状、结构和组织方式。在设计领域，形态是指设计对象的整体外观和形状，包括物体的轮廓、比例、线条、曲面等元素。设计与形态之间存在密切的关系：形态是设计的表现形式，通过形态的设计可以实现设计的功能性、美感和差异化；形态也直接影响设计的产品的功能性、品牌形象和用户体验，因此在设计过程中必须充分考虑形态的因素。

设计形态学是一门研究物体或系统形态的学科，它关注事物的外观、结构和形状，以及这些因素对功能、形象和用户体验的影响。设计形态学是对设计对象形态如比例、纹理、色彩、材质等视觉和触觉方面的研究，旨在得到具有美学价值、功能性和可持续性的设计解决方案。

9.2 形态学在设计领域的重要性和应用价值

① 提升产品的美学价值：形态学研究能够帮助设计师理解和运用形状、比例、纹理、色彩等元素，以创造出具有美感的产品。通过考虑形态学原理，设计师可以打造出吸引人的外观，提升产品的视觉吸引力和品牌形象。

② 优化产品的功能性和可用性：形态学研究有助于设计师理解物体形态与其功能的关系，以及形状、结构、材质等对产品功能和性能的影响。通过优化产品的形态，可以提升其功能性和可用性，使用户能够更方便、舒适地使用产品。

③ 提升用户体验：形态学研究可以帮助设计师了解用户对产品外观的偏好和感知，从而根据用户需求和期望设计出更符合用户心理和审美的产品。通过考虑用户体验，形态学可以提高产品的满意度和用户忠诚度。

④ 促进创新和差异化：形态学研究可以帮助设计师寻找和发现新的形态和设计方向，促进创新和差异化。通过运用形态学原理，设计师可以创造出与众不同的产品，增加产品的市场竞争力。

9.3 设计形态学的元素及其组合

设计形态学的元素是指设计中用于构建形态和表达意义的基本要素，常见的元素包括形状、比例、线条、曲面、纹理等。而元素的组合则是指将这些元素有机地结合在一起，形成具有独特形态和意义的设计作品。

9.3.1 形态的构成与分类

形态要素是形态构成的最基本单元，通常人们所说的形态要素主要指的是点、线、面、体等概念形态。形态可以分为概念形态和现实形态两大类。人们常将空间中所规定的形态归结为概念形态。概念形态一般包括两个方面：一是质的方面，由点、线、面、体等基本要素组成；二是量的方面，有大小的区别。

现实形态是实际存在的形态，也可分为两类：一类是自然形态，如自然界中的花草树木、飞禽走兽等生命体的有机形态，以及自然界中的岩石、金属等所具有的以几何体为主的无机形态；另一类是人工形态，也就是那些由人通过各种技术手段，利用一定的材料创造的形态，如绘画、雕塑等艺术形态以及产品、建筑等设计形态。设计创造的人工形态，从空间的角度而言，既可以是在二维平面中的图案或绘画表现，也可以是用计算机创造的虚拟三维表现，还可以是由立体或者现实材料制作而成的三维实体。

（1）概念形态的运用与组合

点：在设计形态学中，点是最基本的要素之一，可以运用点及点的组合来创造各种形态和结构。点在设计中可以用来确定物体或空间的范围和位置。通过合理的点的布局和定位，可以创造出平衡、对称或不规则的形态。点可以通过线条或其他元素进行连接，形成线的组合。线条的方向、长度和曲线程度等可以通过点的连接来决定，从而创造出各种线条的形态。通过重复使用相同的点或相似的点，可以形成规律、节奏或模式。这种点的重复可以用来创造出有序、统一或有趣的形态。通过调整点的大小，可以产生不同的视觉效果。较大的点会吸引更多的注意力，而较小的点则可能形成细节或纹理。通过改变点的颜色、形状和质地，可以增加视觉的变化和表现力。不同颜色和形状的点可以吸引注意力、创造对比或构成图案。通过点的排列和组织，可以形成图形、图案和结构。点可以按照规则的网格或非规则的布局进行排列，以创造出独特的形态和组织（见图 9-1）。

线：从几何学角度来看，线是点的运动轨迹。直线和曲线是常见的线条类型，在设计中可以用来划分空间、定义形状或强调特定元素。直线可以传达稳定、坚定的感觉，而曲线则可以营造柔和、流畅的感觉。线的方向和长度可以通过线的运用来决定。水平线可以传达稳定和平静，垂直线可以传达力量和决断，斜线可以传达动态和活力。也可以通过拉伸或压缩线的长度来改变视觉效果和形态。线的交叉和交错可以创造出复杂的图案和结构。通过线的交叉和交错，可以形成网格、纹理和几何图形，从而增加形态的丰富性和视觉的复杂性。通过重复使用相同的线或相似的线，可以形成规律、节奏或模式。线的间距和间隔也可以调整，以创造出层次感。通过调整线的粗细和笔触的特性，可以增加视觉的变化和表现力，粗细不同的线条可以产生对比和强调，而不同类型的笔触可以营造不同的质感和风格。通过改变线的颜色和材质，可以吸引人的注意力、创造对比或构成图案（见图 9-2）。

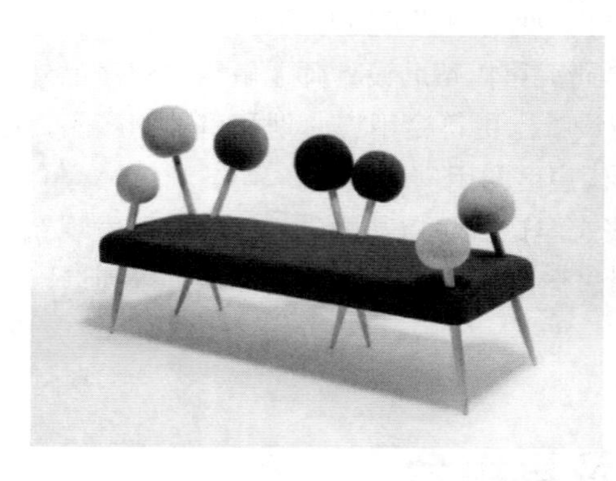

图 9-1 家具设计中的点

图 9-2 建筑设计中的线

面：从几何学的角度来看，面是线的运动轨迹。面有长宽，无厚度，可分为有边缘和无边缘两类。线常作为面的界限来定义面的存在，所以边界线的形态对面的表现有很大影响。通过不同的平面形状的运用，可以创造出多种形态和结构。通过面的布局和排列，可以形成多种图案、纹理和结构，如面可以按照规则的网格、对称的布局或不规则的组合来排列，创造出独特的形态和组织。通过调整面的大小和比例，可以改变形态的感觉和视觉效果，比如较大的面可以吸引更多的注意力，而较小的面则可以突出细节和层次感。通过面的交叉和叠加，可以形成复杂的图案、纹理和结构，可以创造出深度、层次和立体感。面可以被拉伸、扭曲、弯曲或折叠，以实现设计的目标和意图（见图 9-3）。

(a)

(b)

图 9-3 平面设计中的面

体：一般将占据一定空间，具有长、宽、高三维尺度的形态称为体。从几何学的角度看体是由面的移动轨迹形成的。立方体和长方体是常见的体形状，在设计中可以用来定义物体的外观、界定空间、划分区域等。圆柱体和圆锥体也是常见的体形状，可以用来创造出流动、柔和的形态。球体和半球体具有圆润、连续的形态，可以用来创造出柔和、有机的感觉。多面体是由多个平面构成的体，如正多面体（如正四面体、正六面体）、星形多面体等。通过将多个体进行组合和堆叠，可以形成复杂的形态和结构，可以创造出层次感、立体感和动态感。通过调整体的空间关系，如距离、角度、方向等，可以创造出不同的形态和结构，可以产生对比，创造平衡感、动态感和层次感。如图 9-4 中所示，产品设计中的立方体给人稳定、规矩、平和、安全的感觉，适合应用于电子产品、家电产品、储物类产品；圆柱体给人温和、友善、亲近的感觉，适合应用于家居产品、厨卫产品等。

图 9-4 产品设计中的立方体与柱体

（2）自然形态的启示

现实世界中的形态可以分为自然形态和人工形态两类。自然形态是指在自然界中存在的形态，它们是由自然规律和自然过程塑造而成的。自然形态包括各种地貌地形、动植物的外部结构、水流、云朵等自然现象。自然形态具有独特的美感和生态功能，它们常常被艺术家、设计师和建筑师作为灵感的来源，以及被用于设计中进行模仿和再创造。

自然形态可以提供丰富的形态、纹理、颜色等元素，可以通过观察自然界中的形态来获取创意和灵感。例如，花朵的形态可以用来设计出华丽的图案，树木的分枝可以用来设计出分支状的结构，动物的斑纹可以用来设计出独特的纹理等。

人工形态是由人类设计和制造的，可以根据不同的功能和需求进行创造。人工形态可以包括建筑物的外观和结构、产品的外观和功能、艺术作品的形态和表达等。

设计师可以通过模仿或改进自然形态来设计人工形态，以满足人类的需求和审美。例如，建筑师可以借鉴自然形态的曲线和比例来设计建筑物的外观和结构；产品设计师可以通过模仿自然形态的纹理和形状来设计产品的外观和质感；艺术家可以通过表达自然形态的美感和情感来创作艺术作品。

9.3.2 形态元素的符号意义与象征性

① 不同的形状具有不同的符号意义和象征性。例如，圆形往往被视为完整、无限和和谐的象征，常用于表示团结、和平和完美；方形则被视为稳定、坚实和实用的象征，常用于表示可靠性和安全感；三角形则常被视为动感、创新和进取的象征，常用于表示力量和进步。

② 比例在设计中也具有符号意义和象征性。比例的不同可以传达出不同的情感和信息。例如，大比例可以传达出庄重、威严和重要性，适用于表达权威和高端的形象；小比例则会产生亲近、温暖和轻松的感觉，常用于表达有亲和力和活泼的形象。

③ 不同类型的线条也可以传达出不同的符号意义和象征性。直线往往被视为稳定、坚定和直接的象征，常用于传达简洁和力量；曲线则常被视为柔和、流畅和优雅的象征，常用于传达柔和、优美的感觉；波浪线则常被视为活力、动感和变化的象征，常用于传达活力和创新。

④ 曲面的设计也可以传达出不同的符号意义和象征性。弯曲的曲面往往被视为柔和、流动和有亲和力的象征，常用于传达亲切和舒适的感觉；锥面则常被视为动感、尖锐和突出的象征，常用于传达活力和独特性；柱面则常被视为稳定、坚固和均衡的象征，常用于传达稳定和可靠性。

⑤ 不同的纹理也可以传达出不同的符号意义和象征性。光滑的纹理常被视为现代、高级和科技感的象征，常用于表达先进和高端的形象；粗糙的纹理则常被视为自然、原始和朴实的象征，常用于传达质朴和自然的感觉。

9.4 设计形态学的基本原则

设计形态学的基本原则是指在设计过程中，对形态（物体的外形、结构和比例等）进行研究和探索时所遵循的原则。这些原则有助于设计师创造出符合功能和美感要求的形态设计。

（1）统一与多样

统一性的设计可以使作品看起来有条理和协调，增强整体的稳定感和一致性，使人们可以更容易理解和接受作品，同时也能够增加作品的专业感和品质感。然而，过于统一的设计可能会导致作品显得单调和缺乏创意，缺乏引人注目的特点。这时候，多样性的原则就会发挥作用。

多样性指的是在设计中引入差异化的元素和变化，以使设计更加丰富和个性化。通过运用不同的形状、色彩、质感、线条等元素，可以创造出多样性的设计。多样性的设计可以吸引人们的注意力，引发兴趣和情感共鸣。它能够给作品增添变化和惊喜，使作品更具个性和独特性。

设计师必须能够在多样、纷乱的形态元素中更好地配置各元素之间的关系，使复杂的东西具有一致性，让单调的东西丰富起来，而达成这个目标的主要手段就是对比、统一和过渡。

对比：对比是指通过突出不同形态之间的差异来创造出视觉上的冲击力和吸引力。对比可以是形状对比、色彩对比、大小对比、纹理对比、材质对比等。如图 9-5（a）所示产品，塑料材质对比布料，温和简约，给人一种亲和感；如图 9-5（b）所示法国品牌 Aedle VK-1 耳机，采用复古的皮革材质对比铝的材质，时尚而优雅。

统一：统一性指的是设计中各个元素之间具有一致的特征和风格，形成整体的统一感。通过运用相似的形状、色彩、质感、线条等元素，可以创造出统一性的设计。设计形态中的统一可以通过形状、色彩、版式、字体等元素的统一来实现。如图 9-6（a）、（b）所示，室内环境采用白色简约风格设计，统一的白色调，从床品到立柜、抽屉柜，都采用了无装饰方形造型和同样的结构方式，并把这个造型特点强化，实现了设计的统一性与产品的系列化。

过渡：过渡是指在设计中平滑连接不同元素或者部分之间的过程。它可以帮助设计师实现元素之间过渡的流畅性和连贯性，使整个设计作品看起来更加自然、和谐。过渡可以应用于不同的设计元素，例如形状、颜色、质感、线条等，以实现不同元素之间的过渡效果。过渡的方法可以是直接过渡或者间接过渡。直接过渡是指两个形态之间的变化是直接的，即一个形态转变为另一个形态时没有中间的过渡阶段或者中间形态，如图 9-7 所示。间接过渡是指两个形态之间的变化通过中间的过渡阶段或者中间形态来实现。在这种过渡方式中，形态的变化不是直接的，而是通过一系列中间形态或者过渡阶段来实现。这种过渡方式常见于复杂的形态变化，如图 9-8 所示。

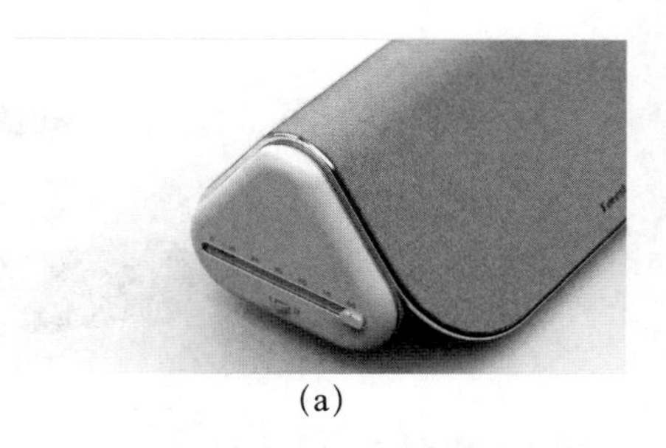

(a)

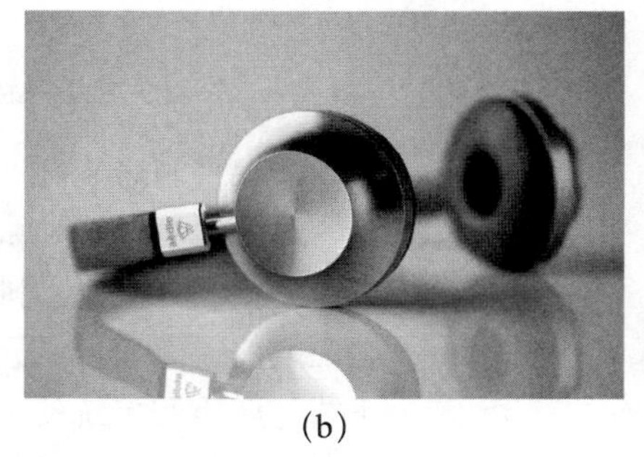

(b)

图 9-5 不同材质的产品设计

(a)

(b)

图 9-6 室内环境设计

图 9-7 形态的直接过渡

图 9-8 形态的间接过渡

（2）平衡与节奏

对称平衡与非对称平衡：① 对称平衡：是指在设计中通过相同或者相似的形态在中心轴线两侧对称排列，使整体呈现出左右对称的效果。在对称平衡中，各个形态之间的重量和视觉元素相似，呈现出稳定、均衡和整齐的感觉。对称平衡常见于正式、庄重和传统的设计风格中，见图 9-9（a）。② 非对称平衡：是指在设计中通过不同的形态在空间中分布，使整体呈现出不对称但平衡的效果。在非对称平衡中，各个形态之间的重量和视觉元素不相同，但通过形状、颜色、质感等元素的配合来实现平衡。非对称平衡常见于现代、创意和活泼的设计风格中，见图 9-9（b）。

图 9-9 对称平衡与非对称平衡设计

节奏与韵律：形态的节奏和韵律可以通过不同元素的排列、重复和变化来实现，例如形状、颜色、质感、线条等。通过合理运用节奏和韵律，设计师可以创造出有活力、有动感和有趣味的设计效果。同时，节奏和韵律也可以使人们更容易理解和接受设计作品，增强作品的视觉吸引力和识别度（见图 9-10）。

图 9-10 标识设计中的节奏与韵律

（3）比例与尺度

比例：形态的比例是指形态元素之间的大小关系。比例可以是相对的，即形态元素的大小相对于其他元素来说；比例也可以是绝对的，即形态元素的大小与某种标准或者尺度相关。比例的使用可以影响设计作品的整体协调性、平衡性和视觉效果（见图 9-11）。

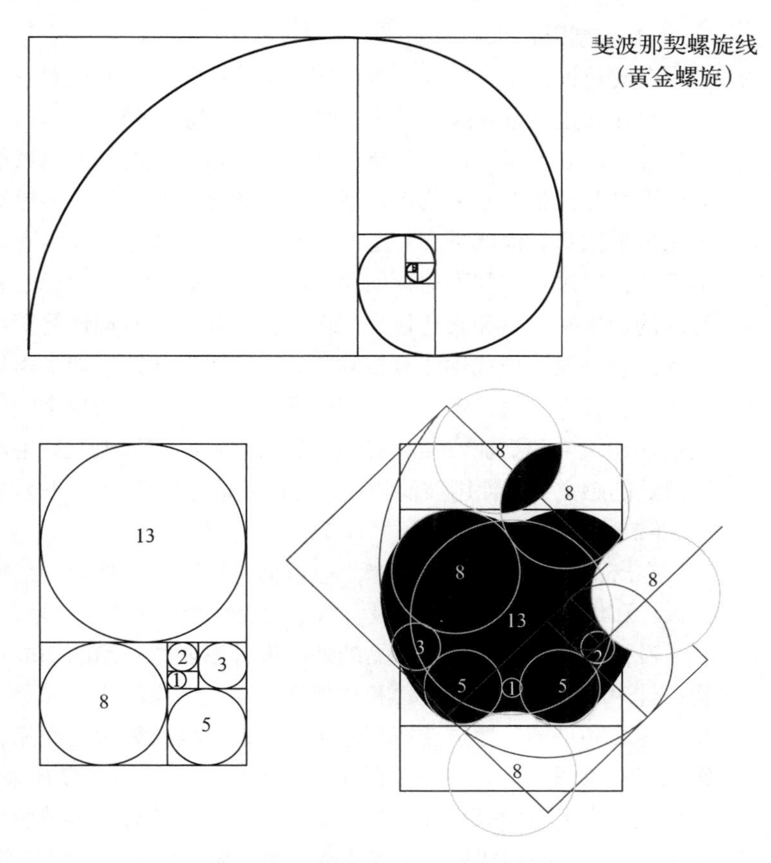

图 9-11 按照黄金螺旋比例设计的苹果标识

尺度：形态的尺度是指设计作品整体的大小。尺度可以是相对的，即设计作品的大小是相对于周围环境或者其他作品来说的；尺度也可以是绝对的，即设计作品的大小与某种标准或者尺度相关。尺度的使用可以影响设计作品的视觉冲击力、空间感和存在感。在建筑设计中，尺度不仅仅是指建筑的大小，还指建筑所传达的意义和精神内涵。不同类型的建筑，例如政治或宗教建筑，它们常常追求一种肃穆、庄严和神秘的氛围。通过运用特定的尺度和比例把控，建筑师可以创造出集中式的空间布局，使人们的视线被引导向中心，强化了空间的庄严感和神秘感。同时，通过运用特定的装饰和材料，如穹顶、柱子和壁画，也可以进一步增强空间的肃穆性和神秘性（见图 9-12）。

图 9-12 罗马的万神庙

综合应用这些设计形态学的基本原则，可以帮助设计师创造出好的结构和意义的设计形态，使设计作品更具吸引力和表现力。根据具体的设计需求和目标，设计师可以灵活地运用这些原则，来达到所期望的形态效果。

9.5 设计形态学的应用领域

（1）建筑设计

在建筑设计中，设计形态学起着重要的作用，通过对空间、结构、材料和形式的组合和表达，可以创造出具有独特形态和特色的建筑。

设计形态学可以通过建筑的形式来表达建筑的功能、风格和意义；通过建筑元素的尺寸和比例关系来创造出建筑的平衡感和和谐感；通过对建筑空间的组织和布局来创造出具有流畅性和舒适感的空间；通过选择和运用不同的材料，表现出建筑的质感；通过对称和不对称的排列和布局来表达建筑的稳定感和动感；通过色彩和光线的运用来丰富和表达建筑的形态。例如，一座现代建筑可能采用简洁的线条和几何形状来表达现代性和科技感，而一座古典建筑可能采用复杂的曲线和装饰来表达历史和传统。通过合理的空间分区和流线，可以实现空间的连贯性和功能性，使人们在建筑内部更加方便和舒适。建筑材料的选择上，使用木材可以赋予建筑温暖和自然的感觉，而使用玻璃和金属可以创造出现代和高科技的感觉。

（2）产品设计

在产品设计中，设计形态学可以通过对产品的外形、结构、比例和材料等方面的设计和组合，创造出具有吸引力、功能性和良好用户体验的产品形态。

设计形态学可以通过产品的外形设计来表达产品的功能和特点；通过产品的结构设计来实现产品的稳定性和功能性；通过产品的比例和尺寸关系来创造出产品的平衡感和和谐感；通过选择和运用不同的材料，表现出产品的质感；通过色彩和图案的运用来丰富和表达产品的形态；通过产品的形态设计来提升用户体验。例如，一台电子产品可能采用简洁的线条和曲面来表达现代科技感，而一件家具可能采用流线型和特殊的曲线来表达舒适感。使用金属材料可以赋予产品高端和坚固的感觉，而使用软质材料可以带来柔软和舒适的触感。通过人机工程学的原理，可以设计出符合人机工程学的产品形态，使用户在使用过程中感到舒适和方便。

（3）平面设计

在平面设计中，设计形态学通过对图形、色彩、排版和形式的设计和组合，表达出具有视觉冲击力和信息传递效果的平面形态。

设计形态学可以通过图形的形状、比例和排列来创造出具有吸引力和表现力的平面形态，通过色彩的选择和组合来创造出具有冲击力和表现力的平面形态，通过排版的布局和风格来创造出具有层次感和节奏感的平面形态，通过形式的设计和组合来创造出具有独特形态的平面设计，通过对图像的处理和组合来创造出具有独特形态的平面设计。例如，使用几何图形可以表达简洁和现代的感觉，而使用有机形状可以表达柔和和自然的感觉；使用流线型可以表达动感和速度感，而使用曲线和波浪形状可以表达柔和和舒适的感觉；使用图像的叠加和融合效果可以创造出视觉冲击力和艺术感，而使用剪切和拼贴的技巧可以表达创新和多样性。

（4）市场营销和品牌设计

在市场营销和品牌设计中，设计形态学通过对品牌形象、标志、包装和广告等方面的设计和组合，可以创造出具有独特形态和表现力的视觉形象，从而吸引消费者的关注并传递品牌的价值和信息。

设计形态学可以通过品牌标志的形状、颜色和排列方式来创造出具有独特形态和辨识度的标志；通过包装的形状、颜色和材质等方面的设计来传递产品的特点和品牌的价值；通过广告的布局、图像和色彩的设计来吸引消费者的注意力并传递品牌的信息；通过整体品牌形象的设计和组合，创造出具有独特形态和表现力的品牌形象；通过社交媒体营销和内容营销的设计和组合，创造出具有独特形态和表现力的视觉内容，吸引用户的关注和互动。例如，通过使用简洁的几何形状和鲜明的颜色，可以使标志在众多竞争对手中脱颖而出；通过使用有机形状和柔和色调的产品包装，可以表达产品的自然和健康的特点；通过一致的色彩、字体和图形的运用，可以建立起品牌的识别度和人们对品牌的信任感。

（5）数字界面设计

在数字界面设计中，设计形态学通过对界面元素的形状、排列、颜色和动画等方面的设计和组合，可以创造出具有独特形态和用户体验的数字界面（见图 9-13）。

图 9-13 数字界面设计

设计形态学可以通过图标的形状、线条和颜色的设计，创造出具有辨识度和易用性的数字界面；通过按钮的形态、颜色和动画的设计，创造出具有触摸感和可操作性的界面；通过界面的色彩选择和组合，创造出具有独特形态和情绪的界面；通过界面元素的排列和布局，创造出具有层次感和导航性的界面；通过动画的运用，创造出具有流动感和交互性的数字界面；通过适应不同屏幕尺寸和设备的设计，创造出具有灵活性和一致性的数字界面。例如，通过使用凸起的按钮形状和动态的过渡效果，可以增强按钮的点击感和反馈；通过使用对齐和间距的原则，可以使界面更加整齐和易读，同时突出重要信息；通过过渡动画和交互效果，可以增强用户对界面的参与感和用户的愉悦感。

第10章

工业设计与美学

10.1 美学的概念和作用

10.1.1 美学的定义和起源

美学是一门专门研究人类审美活动规律的学科。它主要考察的系统是以审美感受性为中介所形成的审美主体与客体之间的相互作用。它关注美的本质、美的价值、审美经验的起源和特点，以及美的表现和感知方式等问题。美学不仅限于艺术领域，也涉及日常生活中的美感体验。

美学这一学科的起源可以追溯到古希腊时期。在古希腊哲学中，美学最早由柏拉图和亚里士多德提出。柏拉图认为美是超越世俗的理念，是理性和真理的表达。他强调艺术的目的是通过美来启发人们的灵魂。亚里士多德则将美学与实际的艺术实践结合起来，探讨了美感的来源和审美判断的原则。

在历史的发展中，美学经历了不同的阶段和学派的兴起。在18世纪的启蒙时期，德国哲学家康德提出了以人的主体性为基础的审美理论，强调审美经验是主观的和个人的。他认为美是一种无目的的享受，是对无用事物的欣赏。这对后来的美学研究产生了深远的影响。

随着现代艺术形式的多样化和审美观念的变革，美学也发生了相应的变化。20世纪的现代美学强调多样性和相对性，关注艺术的观念、过程和观众的参与。同时，美学也与其他学科和领域相互渗透，形成了多个分支，如环境美学、建筑美学、音乐美学等。

10.1.2 美学对设计的影响和重要性

美学的理论和原则可以对设计师的创作和设计过程产生指导和影响。

① 美学研究探讨了美的本质和价值，帮助设计师培养审美观念和品位。美学的理论和原则可以指导设计师在创作中选择合适的形式、色彩和比例等元素，从而提升作品的质量。

② 美学研究对设计提供了指导和规范。它探讨了美的规律和原则，如对称性、比例、平衡、节奏等，这些规律可以用于指导设计师在创作中做出合理的决策，使作品更加具有美感和吸引力。

③ 美学对设计的重要性还体现在它对用户体验的影响上。美学原则和设计原则相辅相成，能够引导设计师在产品、空间或界面的构建中考虑用户的感知和情感需求，从而提供更好的用户体验。

④ 美学不仅仅关注外表的美，还关注作品背后的意义和价值。设计师可以通过美学的研究和应用，将作品与社会、文化和人类价值联系起来，传递更深层次的意义和信息。

⑤ 美学激发了设计的创新和表达能力。通过对美学的研究和应用，设计师可以挑战传统的审美观念，探索新的表现形式和风格，从而推动设计的发展和进步。

10.2 工业设计中的美学

设计中的美学是指应用美学原理和理论来指导和影响设计过程和结果的一种方法。它关注设计作品的美感、艺术价值和带给人的审美体验。设计中的美学不仅仅

强调外观的美，还涉及作品的内在品质和意义。根据艺术设计的特性，将该领域不同形态的美概括为形式美、技术美、功能美、生态美等几个审美范畴。

10.2.1 形式美

设计中的形式美是指通过色彩、形状、线条、比例等形式元素的组合和表达，创造出视觉上的和谐、平衡和美感效果。形式美是设计中的一个重要方面，它对于作品的整体外观和视觉效果具有决定性的影响（见图 10-1）。

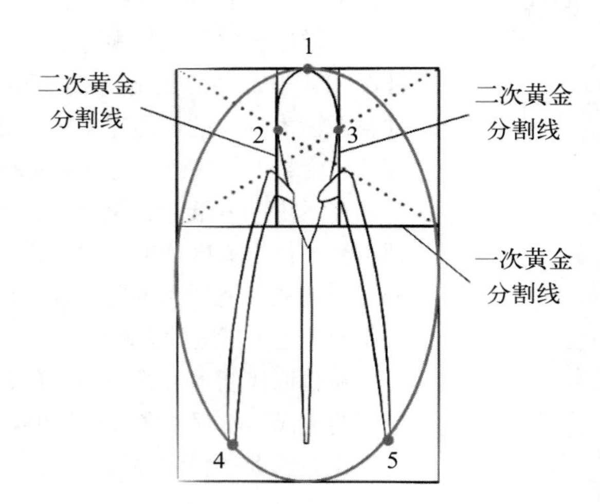

图 10-1 斯塔克外星人榨汁机的设计比例

① 色彩：色彩的选择和运用是创造形式美的重要手段之一。不同色彩的搭配和运用可以产生不同的情感和视觉效果，从而影响观者的感受和体验。设计中，色彩的明暗、饱和度和对比度等因素都可以用来创造出独特的形式美。

② 形状：形状是设计中的基本元素之一，它可以通过不同的线条和曲线来表达出不同的特点和情感。设计师可以通过选择和组合不同的形状，创造出独特的视觉效果和动态感。

③ 线条：线条的运用可以改变作品的结构和节奏，从而影响观者的视觉感受。不同类型的线条，如直线、曲线、粗细不同的线条等，都可以用于创造出各种不同的形式美。线条的方向、长度和间距等因素都会对作品的形式美产生影响。

④ 比例：比例是艺术设计中的一个重要原则，它涉及不同元素之间的大小关系和整体的平衡感。正确的比例关系可以使作品看起来更加和谐、统一和美观。设计师可以通过调节设计要素的大小和位置，创造出适当的比例关系，以达到理想的形式美效果。

通过运用形式美的原则和技巧，艺术设计可以创造出具有视觉冲击力和吸引力的作品。形式美不仅仅指外观的装饰性，更重要的是通过形式元素的合理运用，使作品具有独特的视觉语言和艺术表达。

10.2.2 技术美

设计美学中的技术美是指在设计过程中，通过技术手段如工艺处理所展现出来的美学价值。

（1）手工艺与技术美

手工艺在设计美学中具有重要的地位，它凭借独特的工艺处理、不同材料的运用和表现、手工的痕迹和不完美之处，以及传统的文化和工艺传统，展现了技术美的独特魅力（见图 10-2）。

图 10-2 竹编座椅

① 手工艺的美学价值在于其独特的工艺细节。设计师通过精细的工艺处理，如手工雕刻、手绘等，展现了对细节的关注和追求。这些工艺细节使得产品具有独特的个性和质感，增加了用户的亲近感和情感连接。

② 手工艺以材料为基础，设计师通过对不同材料的运用和表现，展现了技术美的魅力。手工艺师可以运用各种材料，如木材、金属、陶瓷等，通过手工加工和雕刻，使材料呈现出独特的纹理、质感和光泽，增强了产品的观感和品质感。

③ 手工艺的美学价值还体现在手工的痕迹和不完美之处。相比机器生产的产品，手工艺品通常会留下手工的痕迹和不完美之处，这些痕迹和不完美之处使得产品具有更加真实和人情味的感觉。手工艺品的不完美之处也代表着手工艺师的独特个性和创造力，增加了产品的独特性和艺术性。

④ 手工艺常常承载着传统的文化和工艺传统。设计师通过对传统工艺的继承和创新，展现了技术美在文化传承中的重要性。手工艺品可以通过传统的工艺技法和图案，传达出特定文化的意义和象征，同时也可以通过创新的设计思维和表现手法，使传统工艺焕发新的活力。

（2）现代工业生产与技术美

现代工业生产在设计美学中扮演着重要的角色，它通过高度一致性和精准度的实现、先进材料和加工技术的运用，以及工艺处理和精准装配的把控，体现了技术美的独特魅力。

现代工业生产注重效率和标准化，通过技术手段和工艺流程的控制，可以实现产品的高度一致性和精准度。设计师可以利用工业化生产的优势，确保产品在尺寸、形态和结构上的一致性，使产品呈现出整体的和谐和统一感。

现代工业生产运用了许多先进的材料和加工技术，如高强度合金、复合材料、数控加工等。这些材料和技术的运用可以使产品具有更高的质感和触感，增强产品的观感和品质感。

现代工业生产倡导工艺的不断改进和优化，以提高生产效率和产品质量。设计师需要关注产品的工艺处理和装配过程，确保产品在生产过程中的每一个环节都能够精确控制，以保证产品的质量和美观度。

（3）信息时代与技术美

创新的设计思维、数字化的表现手段，以及数字化的艺术创作，都体现了技术美的独特魅力。信息时代的技术让设计师能够更加灵活地创造出独特的形态和结构，为用户提供更好的使用体验和视觉享受。

信息时代的技术进步和创新为设计师提供了更多的可能性和创作空间。设计师可以运用数字化工具、虚拟现实和 3D 打印等技术手段，以全新的方式来思考和解决设计问题。这种创新的设计思维使得设计师能够打破传统的束缚，创造出更具创意和独特性的作品。

信息时代的技术让设计师能够更加灵活地表达自己的创意和想象。通过数字化工具和软件，设计师可以实现更精确的设计和更真实的展示效果。数字化的表现手段不仅提升了设计师的工作效率，还通过更真实的模拟和演示，让人们更直观地感受作品的美学价值。

图 10-3 人工智能创作生成的扫地机器人造型

信息时代的技术还促进了艺术创作的数字化发展。数字艺术可以通过计算机生成的图像、动画和交互设计等手段，以全新的方式表达艺术家的观念和创作理念。数字艺术的技术美体现在其独特的形态和表现手法上，使人们能够从不同的角度来欣赏和理解作品（见图 10-3）。

10.2.3 功能美

功能美的实质是对事物所显示出的合目的性的可感知形态的观照。功能美和技术美既密切相连，又有所区别。技术美表明人们对于客观规律性的把握，是人造物审美创造的基础和前提；而功能美则说明人们对人造物的审美创造总是围绕着社会目的性展开的，人造物的形态是人造物功能目的的体现，以及人的需要层次及发展水平的表征。功能性是设计作品存在的基础，无论是产品设计还是空间设计，都需要满足用户的实际需求和使用目的。

功能美注重作品的美感和观赏性。通过艺术性的表达和美感的提升，功能美使设计作品更具吸引力和感染力。设计师可以通过运用美学原则、形式语言和设计元素，使作品具有和谐的比例、平衡的结构、富有节奏感的布局等，从而提升作品的审美价值和观赏性。

合理的功能形式确实可以被视为美的形式。当一个设计作品的形式与其功能相匹配、相协调，并且能够满足用户的需求时，它往往会被认为是美的形式，这一观点从以下几个方面体现。

① 内在的和谐：合理的功能形式可以使作品呈现出一种内在的和谐。当设计作品的形式与其功能相互支持、相互补充时，可以形成一种内在的和谐感。例如，在产品设计中，如果产品的外观形式能够准确地传达产品的功能和使用方式，那么用户会感到这种和谐感，从而产生美的体验。

② 结构的稳定和均衡：合理的功能形式通常可以带来结构的稳定和均衡。当设计作品的形式能够合理地分布和组织各个功能部件时，可以实现结构上的稳定和均衡。这种结构的稳定和均衡会给人一种美感和安全感。

③ 视觉上的愉悦：合理的功能形式往往能够给人带来视觉上的愉悦。当设计作品的形式具有美感、比例和平衡时，会给人一种美的享受，使人感到愉悦和满足。这种视觉上的愉悦可以增加用户对设计作品的喜爱和接受度。

④ 用户体验的提升：合理的功能形式可以提升用户的体验。当设计作品的形式能够与用户的操作和使用方式相匹配时，可以提供更好的用户体验。如图 10-4 所

示，设计师 Seokmoon Woo 创造的一款便携式投影仪，仅有手掌大小，可以放在口袋里。用户可以通过旋转内部零件来打开。当隐藏的镜头出现时，它就可以运行了。

图 10-4 便携式投影仪设计

10.2.4 生态美

设计美学中的生态美是指设计作品与自然环境之间的和谐和平衡。它体现在设计与自然之间的互动和共生关系，追求人与自然的和谐发展。生态美的概念源于生态学的理念，强调人类与自然环境的相互依存和相互影响。在设计中，生态美主要体现在以下几个方面。

① 可持续性：生态美强调设计作品对自然资源的合理利用和环境的保护。设计师需要考虑材料的选择、能源的使用、废弃物的处理等方面，以减少对环境的负面影响，实现可持续发展。例如，使用可再生材料、降低能耗、推广循环利用等方式可以实现可持续设计。图 10-5 所示的由设计师 Dam 设计的软木摇椅采用软木材料，绿色环保，使用完以后，它可以被自然界中的微生物所降解，不会永久污染环境。

图 10-5 软木摇椅

② 自然融合：生态美追求设计作品与自然环境的融合和协调。设计师可以通过合理的布局、景观设计、自然元素的运用等手段，使作品与周围的自然环境相融合，创造出一种和谐的视觉等感官体验。例如，建筑设计中的绿化、水景和自然采光等都可以实现与自然的融合。

③ 生态系统思维：生态美鼓励设计师采用生态系统思维来设计和规划。这意味着要考虑到作品对周围环境、生态系统和社区的影响，并寻求相互促进和协调的关系。例如，城市规划中的绿地系统、水资源管理等都需要考虑到生态系统的平衡和可持续性。

④ 环境教育：生态美也包括对环境意识和环境教育的关注。设计作品可以通过展示和传递环境保护的理念和知识，引发人们对环境问题的思考和关注。例如，展示可再生能源的使用、环保技术的应用等可以提高人们对环境保护的认识和重视。

设计与心理学

11.1 人的日常行为心理活动

受个体特点、环境、文化背景等多种因素的影响，人在日常生活中进行各种行为时所表现出的心理活动是复杂而多样的。

（1）人的认知和情感

人的认知和情感是人类独特的心理能力和行为特征。人通过感知、记忆、思维等认知过程来认识和理解世界，从而对外界信息和事物进行思考和决策。

① 人类是通过视觉、听觉、触觉等获取对物体、空间、时间等的感知的。感知是人类最初的认知过程。每个人的感知受个体期望、经验、情绪和兴趣等因素影响，在感知同一事物时可能会感受到不同的刺激和信息。个体的情感状态会影响对信息的感受过滤，个体会对与自身情感一致的刺激更为敏感，以至于引导人们对信息进行更为积极或消极的加工和解释，从而影响他们对刺激信息的感受和理解。例如，当人们看到一款设计得非常有趣的产品时被激发出愉悦的精神感受时，也会对产品引起快乐的诸如形态、色彩、图案等刺激因素更有兴趣，以至于容易忽视这款产品的缺点。

在设计中感知是产品的形态、颜色、肌理等外在表现触发个体感官本能的反应，这种反应还没有涉及产品的实用性、易用性或可理解性，它只是个体对产品设计当前呈现状态的敏感体现，直接表现为人对产品的喜爱或厌恶，因此设计师应从美学角度激发用户对产品产生积极的感知反应。

② 记忆是人类认知世界过程中保存和回忆经验和信息的能力。记忆可以根据时间跨度和信息存储方式的不同而分为多种类型，如感觉记忆、短期记忆和长期记忆等。记忆的存储和检索是一个动态的过程，受到事物刺激、情境和情感等因素的影响。随着时间的推移以及信息量增大等因素，个体在记忆过程中会选择性地存储一部分重要的信息，也会逐渐遗忘部分不重要的信息。

人的记忆结合外部的知识与规范共同决定了人的行为。在设计中尽管人们利用储备在记忆中的知识和经验，能够轻松操作某件产品，但如果设计师在设计中能够提供足够的关于产品操作的外部知识与规范，那么即使人们记忆中缺乏操作产品相关的知识和经验，也不会影响用户操作产品。设计师所提供的关于产品使用的知识和经验，填补了个体记忆中知识与经验的不足。在设计中如果能将个体记忆里的和设计师提供的知识和经验结合在一起，则更有助于给用户创造好的产品使用体验。如家用洗衣机，虽然人们凭借以往的经验记忆可以很轻松地操作家用洗衣机，但如果出现故障，就会容易让人产生焦虑和无助，所以如果设计师能够确保用户可以快速获取用户指南，并且用户指南方便查阅，可以对故障设备的操作给用户以清晰明确的指示，帮助用户解决故障问题，那么用户对产品的好感会提高。

情感可以增强个体记忆内容的形成和存储。积极情感如喜悦、兴奋和负面情感如恐惧、压力等都可以增强对相关刺激和事件的记忆。情感状态还可以影响回忆再现时的情绪状态。当个体回忆记忆中的情感体验时，个体可能会更容易再次体验到与个体当时情感状态相关的情绪。在文创产品设计中将积极、友善、有温度的产品文化背景、元素等融入其中，容易给用户带来人性化的产品体验，也更容易使用户对产品背后的文化产生情绪上的共鸣，促进人与产品建立信任，产生亲密感，有利于传承文化。

图 11-1 台灯设计

图 11-1 所示这款台灯让人容易联想到孩子穿着雨衣在雨天时的可爱情境，激发人们对无忧无虑的童年的回忆，内心产生的温馨感觉，更容易让人对台灯的功能与细节的设计产生更多的兴趣：柔和细腻的灯光仿佛是孩子天真可爱的性格展现，移动“帽子”可以控制灯光亮度，更有趣是“帽子”的尖端充当了灯开关的旋钮。

③ 思维是人从具体事物中提取共同特征、归纳出一般规律和概念的能力。如人类通过具体图像、感知和想象来思考、理解和解决问题，还能够反思和审视自己的思考过程、思考问题的多个角度、合理性和可能的偏见，以促进对事物更准确和深入的认识，如人们可以通过将先前的学习经验应用于新的情境中来进行推理、决策和解决问题。

情感会影响人类问题解决思维的方式和效果。积极的情感状态如喜悦、乐观能够提高创造性思维、灵活性和创新能力，而负面情感状态如焦虑、悲伤可能会限制思维的广度和深度。在产品设计中，设计师应积极关注设计对人产生的情绪影响，一个复杂的、不易操作的产品界面，如果超出目标消费者的耐心及能力范围，可能会引起消费者抱怨，或导致沮丧、焦虑或无助。显然基于消费者期望的积极情感状态的产品体现，有助于用户提高对产品信息的关注兴趣和深入研究的程度。

在人类的演化历程中，那些能够为人类提供舒适、温暖和愉悦状态的物体，更容易激发人类积极的情感，如明亮的环境、高饱和度的色彩、笑脸图形、对称的东西、圆润平滑的东西，美好的声音和形状等。

（2）人的潜意识

人的潜意识是指那些存在于意识之下的心理过程和信息。大多数人的行为是潜意识的结果，我们无法察觉。潜意识包括各种感知、记忆、情绪和欲望等非常广泛的内容。潜意识在人的行为和决策中起到了重要的作用，它能够通过在背后运作的方式来影响个体的选择、态度和情感。当人们在做一个决定时，人们可能会不自觉地受到自身潜意识中存在的偏见和偏好的影响，它可以通过个人的价值观、信念体系、经验和情绪等因素，对人的决策和行为进行引导。尽管潜意识在人的意识中是不可见的，但它与人的认知和情感相互作用，通过自动的心理过程，引发和调节人的情绪反应，影响和塑造人的思维、行为和经验。

潜意识中存在着一系列不可知的信念和价值观，这些信念和价值观可能是人类在很小的时候形成的，它会在行动中触发人类行动的内在动机。潜意识也可能是来自人类的文化与环境等因素，或者人们经过了学习的初始阶段，再经过长时间的重复或不断的实践和研究，能够很少意识或无意识表现出来的一些技巧。设计师对目标用户群潜意识中的行为目标的关注，会更容易促进产品人性化设计的体现。如消防员通过反复的培训练习及测试，可以适应紧急情况，他们才能在发生突发事件时，对突发状况主动做出潜意识的安全行为，但普通人可能因为没有受到持续的练习，在发生火灾时，人在紧张的情绪状态下，很难做到先前培训时提及的安全操作，所以当在住宅空间设计逃生设施时，设计者必须设计单向的门或栅栏封锁住从一楼通向地下室的任何入口，否则当人们在火灾使用楼梯逃生时，很可能因为情绪紧张而错过一楼，潜意识顺着楼梯向下逃跑，却误入地下室而被困其中。

（3）人的行为方式

人类通过认知、情感和潜意识的动作与表现等行为方式，实现与外界的互动和响应。人的行为方式会受到认知、情感、目标、价值观、环境等多种因素的影响。人通过对环境信息认知的分析与整合，可以将主要的问题目标分解为可行的行动计划，并确定实施这些计划所需要的具体行为。从情感方面来说，人的行为可以受到情绪和情感状态的影响，情绪可以激发人的动力和行动力；情感状态会帮助人们选择与个人情感相符合的行动和选项，当人们对某个目标或行动具有兴奋、喜悦或愉快等积极的情感时，会更有动力去追求和实现这个目标或行动。人的行动不仅仅是个体的表现，也是社会交互和文化传承的一种方式，人类社会的进步和发展离不开人们的共同行动和合作，通过行动人们能够实现自己的意图和目标，改变自身和改变环境。设计师需要研究用户在产品使用中的行为习惯、行为模式、心理状态、情感需求等来综合考虑产品功能、结构、外观的设计，才能设计出真正满足用户需求的产品。

11.2 基于心理学的设计思维

（1）解决核心问题

探索问题的根源和各种相关因素，有助于深入理解问题的本质和背后的原因。解决核心问题是设计中的一个关键过程。清晰地界定问题是设计解决核心问题的第一步。设计师应明确问题的本质、范围和目标，确保设计的解决方案与核心问题相匹配。优秀的设计师不会一开始就着手解决目标问题，而是会努力理解设计目标核心的问题是什么。在实践中，设计师往往并不是首先聚焦于解决目标问题，而是通过发散式思考，先做用户研究，明确用户真正需要什么，不断激发出新的解决办法，再对比不同的解决思路，最后得出设计目标的解决方案。

设计解决核心问题需要设计师具备综合思考的能力和创新思维。设计师需要整合不同的观点、领域知识和经验，并从技术、社会、经济、环境等不同的视角和角度审视问题，识别潜在的交叉问题和可能的负面影响，并确保产品解决方案具有可持续性和全面性。创新思维可以帮助设计师打破传统思维的束缚，思考问题的根本原因，探索不同的解决方案，并激发设计师思考以往未曾考虑的新方法和新途径。在设计中除了要了解目标用户的需求，还需要与产品利益相关者和专业领域人士密切合作，如了解关键利益相关者的利益、期望和注意事项，综合考量来寻求产品的信息反馈和建议，以确保设计的最终解决方案能够真正满足用户需求。

系统性思维可以帮助设计师揭示问题之间的互动关系，帮助理解问题的复杂性，并发现问题解决的潜在影响。通过收集和分析相关数据，可以从中找出线索和趋势，获得相关证据来支持设计目标的解决方案。如设计者的系统性思维发展出的许多方法，可以避免拘泥于太容易实现但没有什么价值的解决方案，促使设计师将设计目标问题作为一种建议，而不是最终结果，深度触及潜藏在目标问题背后的深层因素。

（2）设计以人为本

设计以人为本是一种以人类的需求、行为和心理为中心的设计方法和理念。它强调将人的利益和体验放在设计的核心位置，通过深入了解用户的期望、偏好和行为，开发出符合用户期望的产品或服务。

以人为本的设计，需要满足设计生产销售中的限制约束和用户期待。产品的形状和外观，应具有可理解性与易用性，并且能够实现良好的功能，增加用户满意度，当用户在体验到符合他们期望的产品或服务时，也会更愿意继续使用或将好的产品体验传达给他人。

为实现以人为本的目标，设计师应通过观察、访谈、调查等方法来收集关于用户的需求、期望、行为和产品体验的信息，了解用户的真实需求和痛点；根据用户的认知、行为和体验特点，设计出符合用户认知能力的界面、操作方式和交互流程。简洁、直观且易于理解的设计，能降低用户的认知负荷。设计师可以通过测试和评估用户在使用产品或系统时的体验和表现，收集用户的反馈和意见，并根据测试结果对产品进行改进和优化，以提高用户的产品满意度。以人为本的设计还需要考虑到设计对社会、环境和经济的影响，追求可持续性和对社会与自然负责任的设计理念，将用户的长期福祉和环境可持续性作为设计的指导原则。

（3）承担设计的道义责任

承担设计的道义责任意味着设计师应该在设计过程中秉持道德和社会责任，应该对自己的设计和行为负责，考虑到设计对人类、社会和环境的影响，并致力于创造积极的影响和价值。设计师应尊重人权，包括对尊严、隐私和安全的尊重，并与其他相关团队进行有效的沟通与合作，包括市场营销、研发、生产等团队，以确保设计的产品或服务能够顺利实施和推广。设计师要考虑不同用户的文化、信仰、能力和需求，避免设计细节中的歧视和不平等。设计中还要遵守相关的安全标准和法规，确保设计的产品或服务不会对用户造成伤害。

设计应指引人们遵循道德原则，并提供对社会有益的解决方案，促进社会的和谐与发展。如要考虑产品或服务的可持续性，包括资源利用效率、环境影响、社会责任等方面，还要关注产品所使用的材料、制造流程、分销、服务和修理的成本，产品使用寿命的长短，更换组件的时间与方式，以及当产品进行回收或再利用时对环境产生的影响。

第 12 章

工业设计发展趋势

12.1 可持续设计

可持续设计是一种在设计过程中考虑环境可持续性、生态系统的健康和稳定，以及人类健康和福祉的长远影响的设计理念和方法，是推动可持续发展和环境保护的重要手段之一。设计师需要了解和考虑各种环境因素、资源利用方式，并采取综合性的方法来优化产品的整个生命周期。通过使用可再生或可回收材料、优化制造过程、减少能源消耗等处理方式，减少产品生命周期结束时的废弃物数量，减小对环境的不利影响。

可持续设计的目标是在满足消费者功能需求、用户体验、市场目标的同时，尽可能地减少对环境的影响，实现可持续发展。工业设计更侧重于产品的外观造型、功能与结构等物理特性，它涉及人机交互、材料、工艺、成本等因素，以及通过工业设计原理与方法对产品进行创新，提升用户满意度，通过视觉传达手段传达产品的特点和价值。

可持续设计的理念与方法可以为工业设计带来许多创新与变革，使设计师既可以获得具有可持续性和环保性的设计方案，又能创造出富有吸引力和用户体验良好的产品，同时促进产品商业目标的实现。设计师在可持续设计理念的指导下，会综合考虑产品的可持续性和人类需求，会通过环保材料的选择、制造过程的优化，设计易于回收和再利用的产品，同时通过采取减少污染物排放、降低噪声等生产措施减少对生态系统的影响，为大众提供既环保又具有良好使用体验的产品设计方案，最终实现产品从设计、制造、销售、使用到报废全生命周期的绿色化。

政府对环保产业的支持政策与法规、消费者对环保产品的需求、企业环保意识的提高，以及企业在生产、销售、使用、回收等各环节与环保部门的合作与协同，为可持续发展提供了重要的支持和保障。

12.2 数字化设计

数字化设计是利用数字技术进行设计的过程，数字化技术可以提高设计效率、减少设计误差、使设计方案优化，为设计师与其他团队成员及合作伙伴的协作与分享创造便利。数字化设计是以计算机软件作为工具，通过三维模型进行产品设计，它不仅节省了传统手工绘图的时间，降低了成本，还可以模拟出更加真实的制造过程，使设计结果更接近实际产品。随着数字技术的不断发展，未来数字化设计在工业设计领域中将继续得到广泛和深度的应用，是工业设计领域的重要发展趋势。

计算机辅助设计软件、数字绘画工具、数字印刷和打印技术、动态图像技术等各种丰富的数字化工具，使工业设计师能够通过创建二维和三维图像实现更为精确的建模和模拟，从而优化产品的外观造型、结构和性能，提高设计方案的精确度，减少设计中的误差，还能使设计师能够更轻松、快捷地表达和传递设计想法。

数字化设计技术通过机器学习和人工智能等算法，可以实现自动化的设计过程，方便设计师对设计细节进行比较和选择，例如，计算机视觉技术可以用于图像识别和优化，自动调整图像的色彩、对比度和亮度等参数，还可以根据设计师的指示或基于数据和算法自动生成设计方案，节省了设计过程的时间和设计师的精力，提高了设计效率，使设计师获得了更多创作过程中的自由和灵活性。数字化设计技术和智能化技术为可持续设计理念的实施提供更多的可能性和创新空间。设计师可以利用数字化工具进行精确建模、模拟和分析，提高产品结构和性能的优化效率。

数字化设计技术应用于虚拟现实和增强现实领域，为工业产品提供了数字化、沉浸式的展示环境。用户能够与虚拟产品进行互动获得产品体验，或进行用户测试获得反馈信息等，更好地了解用户需求与体验，便于设计师以用户为中心不断改进及优化设计方案，最终为用户提供更加优质的产品和服务，如通过数字化技术工具进行问卷调查、产品交互，通过用户使用分析等来获得信息反馈，并根据反馈结果对设计进行调整和改进。设计师可以通过使用基于数字化设计技术的云存储和协作平台来共享设计文件、实时协作和讨论，实现高效的信息交流与互动。

12.3 智能化设计

智能化设计本质是智能化辅助设计，是利用人工智能技术进行设计的过程，旨在实现设计自动化、方案优化和智能化评估。智能化设计是数字技术不断发展下的新兴趋势，可以提高工业设计过程的效率和准确性，提高设计师想法的创新性和实现的可能性。

智能化设计主要体现在将智能化技术融入设计过程，通过计算机技术对人类的大脑思维活动进行模拟，提高计算机的智能水平，让计算机技术成为设计人员辅助工具。这一过程不仅涉及产品的造型功能，还涵盖了产品与使用环境及用户的交互方式，以及产品智能化信息传达与交互的表现方式。在不断优化的算法模型及海量数据储备的基础上，智能化技术可以达到传统设计过程无法比拟的效率，可以在短时间内提出多种设计相关方案和建议，设计人员可以将更多精力投入到方案的筛选和评估中，从而大大提高设计效率和质量。

智能化设计的产品，是指通过装载具有智能、感知、控制等功能的芯片，传感器，处理器，软件等，实现智能化和数字化转型的产品。这主要指的是具体的物理产品，这些产品通过内置的智能技术实现各种智能化功能，具有自主学习、高度智能化、智能互联、可智能化升级等特点。能够通过自主学习和不断反馈优化自身的性能和功能，实现智能化的逐步提升。这些产品通常具有智能感知、智能识别和智能决策等高度智能化的功能。

如图 12-1 所示的小度智能屏可以利用自然语言处理技术实现智能问答、智能翻译、智能搜索等功能，带来了智能化、个性化、高效化的用户体验。

苹果公司在智能技术领域也有很大的投入，旗下的产品如人工智能助理 Siri 应用了智能技术，是利用自然语言处理和机器学习技术的人工智能助手。

应用智能化设计可以通过机器学习和深度学习等算法帮助设计师提高方案设计的效率，提高设计精确度，

图 12-1 小度智能屏

优化设计方案，如使设计过程实现自动化，实现参数自动调整、产品预测和分析，并评估设计方案的优劣。设计师通过智能化技术，可以预测市场趋势和消费者需求，并为用户提供定制化的解决方案，或依据用户使用习惯和需求，自动调整产品参数，改进性能，优化产品的使用体验，最终为用户提供符合需求的具有良好体验感的产品和服务，提高用户满意度。

AI（人工智能）设计是将人工智能技术应用于平面设计、产品设计、服装设计、建筑设计和数字艺术等领域的辅助设计过程。AI 可以依据算法和指令快速生成大量设计样本，能够实现自动优化和改进设计是 AI 设计的主要优势，节省了设计师进行设计方案创作的时间和精力。此外，AI 设计还可以帮助设计师从不同的角度和维度对设计方案进行评估和选择，使设计师更快、更高效地完成设计任务。目前，AI 设计在设计领域中的局限性，主要体现在它不能完全取代人类的创造性思维和决策过程，尤其是无法完全代替设计师在情感、直觉和想象力等主观因素的设计中发挥作用，同时 AI 工具设计生成的设计方案也有些缺乏特色和原创性，因此还需要设计师进一步调整和优化。智能化设计时需要注意用户隐私保护和安全性等问题，确保用户的信息和数据安全。目前有一些公司正在研究基于神经网络的设计系统，以实现更高级的自动化和智能化 AI 设计。

智能化设计不仅可以提高产品的智能化程度和性能，提高设计与生产效率，降低人工成本，还可以减少能源消耗和环境污染，为可持续发展做出贡献。

12.4 定制化设计

定制化设计是一种根据用户需求进行个性化设计的理念，通常是为特定用户或组织量身定制的产品设计，它更多考虑到特定用户的个性化需求、应用环境等，强调产品的个性化、独特性和适应性体现。用户在使用产品过程中的情感、认知、思考和行为等方面的体验是定制化设计关注的内容，这涉及交互设计、用户体验设计、信息架构、服务设计等领域，因此需要设计师具备广泛的设计知识和技能。随着消费者需求的多样化，定制化设计越来越受到市场的欢迎。

定制化设计需要设计师以用户为中心，深入了解用户对产品的期望和要求，通过分析用户的行为和心理，在与用户的互动和沟通中，根据用户反馈信息进行优化和改进，不断创新和探索更加独特和新颖的产品设计方案，创造出符合用户期望的产品和服务。

基于数字化技术和智能化设计技术的定制化设计，可以通过高效收集和分析数据，快速了解用户需求和商业趋势，运用人工智能、大数据、云计算等技术，提高产品的智能化程度和效率，同时根据用户反馈和数据分析，不断优化和改进产品，自动评估设计方案，使设计师在设计中获得更加准确和客观的参考。这种数据驱动的方法可以帮助设计师更精确地定位特殊用户的需求，优化设计，提高用户对定制产品的满意度。

定制化设计的产品通常能够更好地解决用户的特定问题，提高生活与工作效率，或者在外观和感觉上更符合用户个体的审美需要。

定制化产品的兴起深刻改变了传统以大规模生产为主导的生产模式。传统产品的设计往往是通用化的，以适应尽可能广泛的客户。随着科技的不断进步，现在的消费者对于产品独特性和个性化体验的需求越来越多得到满足。定制化设计能赋予产品独特的外观、性能和功能，更加灵活地满足不同消费者对产品个性化的需求。定制化产品的需求与设计在一定程度上还促进了产品设计创新和产品可持续性的设计，由于定制化产品更加贴合客户需求，因此可以减少废弃物和资源浪费，这有助于减少环境污染、节约能源，也有助于提高产品的寿命。尽管定制化产品设计的崛起为工业设计领域带来了许多机遇，但也同时带来了一些挑战。例如，定制化产品的生产和设计过程可能更为复杂，需要更多的时间和资源。企业需要更好地理解和把握客户需求，以避免过度个性化设计导致的设计制造成本的飙升。

工业设计的一些原则和方法可以用来提高定制化设计的质量和效率，如人机交互、色彩搭配、材料选择等。工业设计为定制化设计提供了物质基础，设计师将工业设计和定制化设计理念相结合，可以创造出更加符合用户需求的人性化、智能化、便捷化的产品和服务，提高产品的市场竞争力和品牌价值。

为应对不断变化的市场和用户需求，定制化设计需要不断创新，不断引入新的设计理念和方法，如将产品与服务相结合，不仅可以提供更加全面、个性化的产品和服务，满足用户的不同需求，还可以减少为个体用户单独提供产品和服务所需的成本，提高企业的经济效益，提高企业的品牌形象和影响力，增强企业的市场竞争力。设计师在定制化设计中，要不断关注用户的信息反馈和产品测评结果，不断优化产品的后期维护和升级服务，提升用户交互体验，提高产品的易用性和吸引力，力求为用户提供全方位的产品和服务支持，提高企业的市场竞争力，推动产业发展。

第13章

工业设计方法论

13.1　工业设计的特征

13.1.1 **设计观念的系统性与设计元素的多元性**

13.1.1.1　设计观念的系统性

（1）系统性的定义

系统是由相互关联的组成部分组成的整体，这些部分共同协作以实现特定目标。系统性在设计中的应用是指将设计看作一个系统，考虑各个组成部分之间的相互关系和影响，以及整体与环境的交互。

（2）系统性的重要性

系统性思维可以帮助设计师更全面地理解和解决问题，避免片面和孤立的设计方案。系统性思维可以影响设计结果，可以提高设计的效率、可行性和适应性，确保设计方案的一致性和协调性。

（3）产品设计的系统性

① 从产品设计环境角度来考察产品设计的系统性：产品设计实际上是在一个复杂的设计环境中，通过人、科学、技术、经济、社会环境、自然环境和其他产品等众多要素的相互作用，来寻求最优解决方案的过程（图 13-1）。产品设计的主体是人，因为设计的过程需要人的创造力和想象力；科学和技术是产品设计的基础，只有通过科学理论和技术手段，才能实现产品的功能和性能；经济则影响着产品设计的成本和效益，影响着产品的市场竞争力；社会环境和自然环境则对产品设计有着重要的影响；其他产品也是影响产品设计的一个重要因素，因为它们可能为解决某个特定问题提供了不同的解决方案，可以成为设计的灵感来源或者参照物。因此，产品设计是由众多要素参与组织而成的“环境”对产品设计行为的约束与限制，呈现为一种复杂系统中求解结果的非线性的复杂行为。

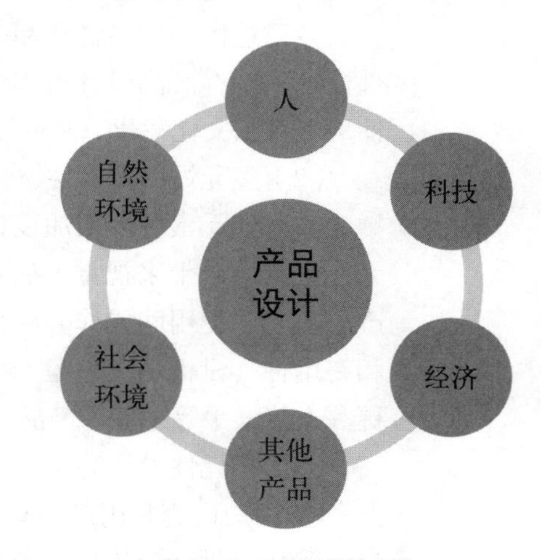

图 13-1　产品设计的环境

② 从产品自身的功能系统构成要素来考察产品设计的系统性：产品作为人与环境的中介，合目的性要求使产品必须满足人对产品的种种需求。因而产品的功能构成就是一个产品的功能系统。从图 13-2 中可以看出，产品功能系统中的任何一个子系统都会影响其他子系统与整个系统的功能与特征；产品功能系统结构在不同的时代，由时代差异引发的人的需求差异

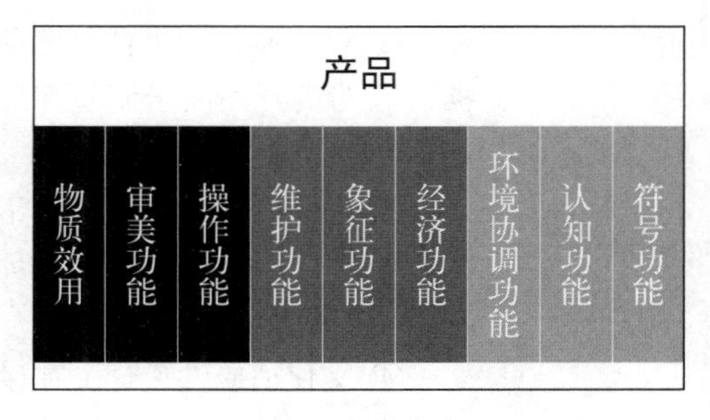

图 13-2　产品功能系统的构成

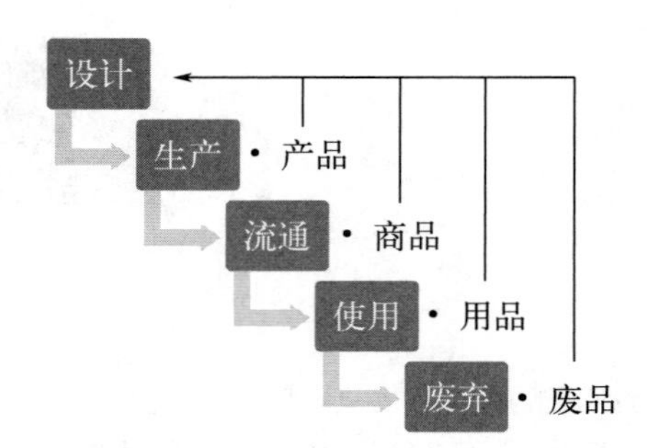

图 13-3 从产品生命周期出发的产品设计

而表现出不同的内容，例如当产品短缺、供不应求时，产品需要首先满足其物质效用（也就是产品的使用功能），操作功能、审美功能、符号功能、环境协调功能及维护功能的需求降低。

③ 从产品的生命周期构成来考察产品设计的系统性：产品设计的系统性反映了产品生命周期中各个阶段设计的集合，工业设计显示出一种超前性设计与预见性设计的特征。如图13-3 所示为从产品生命周期出发的产品设计。

产品设计首先必须反映作为生产对象的产品在生产过程（即物化过程）中的合规律性的特征与规范。产品设计也必须反映出产品物化后进入流通领域的商品特性，使处于流通领域中的商品能最大程度地被消费者接纳。产品设计还要反映出产品作为用品的全部特征，例如产品及产品界面的对使用方式的提示、使用过程中易用性与有意义的体验性、故障发生后的可维修性与维修方便性等。最后，产品设计还必须反映出产品成为废弃物，即废品的处理方式，设计出生态、环保的产品。

13.1.1.2 设计元素的多元性

（1）多元性的定义

多元性指的是多样化和多变性的特征，包括不同的形式、颜色、材质等。多元性设计是指在产品设计过程中考虑到各种不同用户群体的需求和特点，以及不同的使用环境和文化背景，从而设计出能够满足多样化需求的产品。

（2）多元性的重要性

多元性元素可以增加设计的创新性和吸引力，满足不同用户的需求和偏好。多元性元素可以带来视觉上的变化和丰富感，以及情感上的共鸣和互动体验，可以使产品更易于使用和操作，降低用户的学习难度，减少错误操作，提高产品的可用性和易用性。设计多元性是一种社会责任的表现，它追求产品的包容性和普适性，使更多人能够平等地使用产品。这有助于构建一个更包容和平等的社会。

（3）多元性设计的实施方法

① 用户研究和用户参与：深入了解不同用户群体的需求、期望和特点，可以为设计团队提供宝贵的信息和洞察。用户定期参与产品的反馈，可以帮助设计团队更好地理解用户的多样性，并在设计过程中融入他们的意见和建议。

② 可定制化和个性化选项：为用户提供一定程度的个性化选择，使他们能够根据自己的偏好和需求调整产品的设置和功能。例如，提供不同的主题和配色方案、自定义按钮布局或快捷键等。

③ 无障碍设计：考虑到不同用户的身体和认知能力差异，设计无障碍产品以确保所有用户都能够平等地访问和使用。这包括提供辅助功能，如屏幕阅读器、语音控制和辅助导航等。

④ 文化适应性设计：在设计过程中考虑到不同文化和地域的差异，避免设计上的偏见和歧视。这可以包括避免使用特定文化的符号和象征，以及提供多语言支持

和本地化选项等。

⑤ 多样化测试和评估：在产品开发过程中进行多样化的测试和评估，确保产品在不同用户群体中的可用性和满意度。这可以包括用户体验测试、可用性测试和用户反馈收集等。

13.1.2 设计目的的人文性与设计对策的多样性

（1）设计目的的人文性

设计的本质是人的生存方式的设计，是更合理的生存方式的创造，是人的生存质量的提升。这反映出工业设计的最高目的：体现人的价值与人的尊严。这使工业设计充分体现出了人文性与人文价值。设计目的的人文性指的是在进行设计时，将人类的需求、价值观和情感体验等人文因素纳入考虑，使设计与人的关系更加紧密和和谐。

设计目的的人文性强调以人为中心。在设计过程中，要深入了解用户的需求、习惯和情感，将用户的体验和满意度放在首位。设计目的的人文性还强调尊重和关怀用户的价值观。在设计产品或服务时，要避免对任何特定群体的歧视或偏见，并提供多样化的选项和个性化的体验，以满足不同用户的需求和期望。设计目的的人文性还强调情感体验和情感共鸣。设计可以通过形状、颜色、材质等元素来引起用户的情感共鸣，营造愉悦、舒适和亲切的感受。这类设计可以建立用户与产品之间的情感联系，增加用户的参与感和忠诚度。

（2）设计对策的多样性

设计对策的多样性指的是在设计过程中采用多种不同的方法和策略来解决问题和实现设计目标。通过多样性的设计对策，可以提供更多的选择和可能性，以适应不同的情境和需求。工业设计中设计对策的多样性，体现了人的需求的多元化与复杂性。不同文化背景下形成的文化民族性、区域性，以及同一文化背景下的人的需求的变异性，使人的需求既复杂又多样，从而使工业设计学科截然不同于自然科学与工程技术领域中的各类学科。

设计对策的多样性可以带来创新。通过尝试不同的设计方法和策略，可以激发创意和得到新的解决方案。设计对策的多样性可以满足不同的需求和目标，不同的设计问题可能需要不同的解决方案。设计对策的多样性还可以增加灵活性和适应性，使设计能够适应不同的环境和条件。最后，设计对策的多样性可以提供更多的选择。通过采用多样化的设计对策，可以鼓励用户、利益相关者和团队成员参与设计和贡献策略，有助于提高设计的质量和可接受程度。

13.1.3 设计意识的创造性与设计思维的交叉性

（1）设计意识的创造性

设计意识的创造性指的是在设计过程中培养和发展创造性思维和创新能力，以产生具有独特性和创新性的设计解决方案。

① 设计意识的创造性要求设计者具备开放和灵活的思维方式。设计意识的创造性鼓励设计者打破传统的思维模式和约束，以允许不同的观点和想法涌现。② 设计意识的创造性要求设计者具备勇于冒险和尝试的精神，敢于挑战传统的做法。③ 设计意识的创造性要求设计者具备观察和洞察的能力。④ 设计意识的创造性鼓励设计者对周围的环境和事物进行仔细观察和分析，以发现隐藏的需求和问题。⑤ 设计意

识的创造性要求设计者具备跨学科的知识和思维能力，从不同领域和学科中获取灵感和知识，将多元的思维融入设计中。

（2）设计思维的交叉性

与绝大多数学科所使用的思维不同，工业设计的思维特征是逻辑与形象思维的交叉，即理性思维与感性思维的交叉。这种交叉思维是工业设计的核心特征，可以帮助设计者在解决问题和创造新产品时融合理性和感性的因素。

理性思维是指通过逻辑和分析来解决问题的思维方式。在工业设计中，理性思维是设计者对问题进行分析、理解和规划的基础。理性思维使得设计者能够通过系统和有序的设计过程，确保产品的可靠性和实用性。感性思维是指通过直觉和创造力来理解和表达事物的思维方式。在工业设计中，设计者需要通过感性思维来创造产品的形象、色彩、材质等方面的特征，以满足用户的审美和情感需求。这种感性思维使得设计者能够在产品设计中注入创造性和个性化的元素，提升产品的吸引力和亲和力。

逻辑与形象思维的交叉使得工业设计能够综合考虑功能和美学的要求，将技术和艺术融合到产品设计中。设计者需要通过逻辑思维来确保产品的功能和性能满足用户需求，同时通过形象思维来创造与用户情感共鸣的产品形象。逻辑思维和形象思维的交叉使得设计者能够在解决问题的同时，注重产品的感性体验和品牌价值。

13.1.4

设计本质的文化性与设计评价的社会性

（1）设计本质的文化性

工业设计的本质是创造更合理的生存方式，提升人的生存质量，因而设计本质是一种文化创造，是通过创造来表达和延续文化。设计与文化密不可分，设计作品往往承载着特定文化的价值观、传统和精神。工业设计涉及科学技术、社会科学和人文科学三大领域的知识。

① 工业设计与科学技术领域密切相关。设计师需要了解和应用各种科学技术的原理和方法，以便在设计过程中充分考虑产品的功能性、可行性和可制造性。他们需要了解材料学、工程学、机械学等相关学科的知识，以便选择合适的材料和技术来实现设计目标。科学技术的发展也为工业设计提供了新的可能性，例如，3D打印技术、虚拟现实技术等的应用，使得设计师能够创造出更加新颖和复杂的产品和服务。

② 工业设计也与社会科学领域有关。设计师需要了解人类行为、社会文化和市场需求等方面的知识，以便在设计中考虑人们的需求和偏好。他们需要了解用户研究、市场调研等社会科学的方法和理论，以便从用户的角度出发进行设计。社会科学的研究也可以帮助设计师理解社会趋势和变化，为设计提供更有针对性的解决方案。

③ 工业设计也涉及人文科学领域的知识。设计师需要了解艺术、美学、文化等人文科学的理论和方法，以便在设计中考虑美学价值和文化表达。人文科学的研究也可以帮助设计师理解不同文化背景下的审美观念和价值观，以便创造出能唤起文化共鸣的设计作品。

（2）设计评价的社会性

设计评价的社会性是指设计作品被社会和公众评价的特性。设计评价的社会性包括设计作品对社会的影响、对公众需求的满足、对社会价值的体现等方面。

设计服务对象的社会性会对工业设计评价的社会性产生重要的影响。设计服务对象的社会性指的是设计作品所服务的人群或群体，以及设计作品对他们的影响和他们对设计作品的满意程度。不同的设计服务对象具有不同的需求和特点，设计师需要根据他们的背景和需求，提供合适的解决方案。如果设计作品能够满足设计服务对象的需求，提高他们的生活质量和参与度，则会受到社会的积极评价。

设计评价的社会性在于设计不是个人的单方面行为，而是涉及社会各阶层、各行业的集体行为。工业设计不仅受制于社会，同时也具有影响社会的力量。

13.2 工业设计的原则

工业设计的原则是指在进行产品设计时，设计师所遵循的基本规则和指导原则，这些旨在帮助设计师在设计过程中更好地解决问题、满足用户需求、提升产品质量和用户体验。为了更全面地涵盖工业设计的方方面面，以便设计师在设计过程中能够全面考虑产品的人性化、物质化和环境化的特点和需求，将工业设计的原则归纳为人化原则、物化原则和环境原则。

13.2.1 人化原则

人化原则是指设计师在进行产品设计时，将人的需求和体验置于设计的核心，以提供更符合人类特征和行为习惯的产品。人化原则强调以人为本，将用户的需求、行为和体验作为设计的出发点和指导原则。

13.2.1.1 实用性原则与易用性原则

（1）实用性原则

工业设计应具备实用性，能够满足用户的需求和期望。设计师要注重产品的功能性、可用性和安全性，确保产品能够实现其设计目的，并为用户提供实际价值。例如，要设计一款厨房切菜工具，该工具的主要功能是方便用户快速切菜和减少伤害风险，需要从以下几个方面来考虑实用性原则。

① 功能性：要确保切菜工具能够满足用户的切菜需求，刀片应很锋利以具备好的切割能力，能够轻松切割各种食材，如蔬菜、水果和肉类。另外，设计师可以考虑增加额外的功能，如切丝、切片和切块等，以满足不同的切菜需求。

② 可用性：要确保切菜工具的使用对用户来说是方便和易于理解的，切菜工具的握把应该符合人机工程学设计，提供舒适的握持感受；刀片的形状和角度应该使得切割更加容易和高效；工具的重量和平衡性应适中，以便用户能够轻松控制。

③ 安全性：要减少人使用切菜工具的过程中受伤害风险，刀片应具备安全保护装置，如刀鞘或刀片锁定机制，以防止误触伤害；握把应具备防滑设计，以提供更好的控制和稳定性；刀片的材料和刃口设计应考虑减少切割时的滑动和切割力。

如图 13-4 所示为 Master 的弯头刀具，刀背有绿色保护层，刀具前端有弯头设计，便于协助铲菜，镂空的构造可以起到沥水的作用，实用性很强。

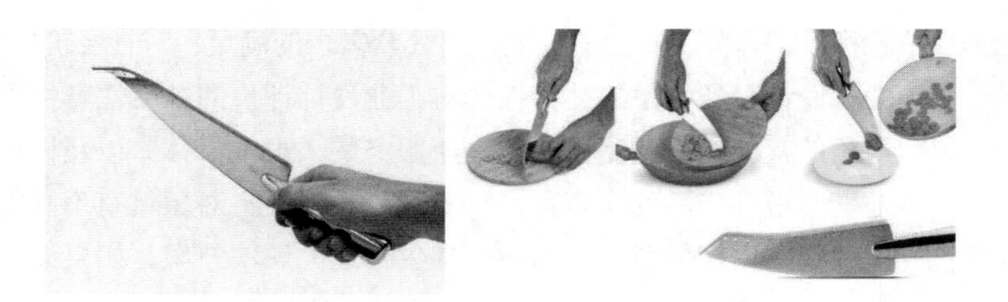

图 13-4 Master 的弯头刀具

（2）易用性原则

工业设计应具备易用性，使用户能够轻松、高效地使用产品，减少使用过程中的困惑和错误。设计师要注重产品的界面设计、操作方式和用户反馈等方面，以提供友好且直观的用户体验。比如要设计一款智能音箱，且该音箱具备音乐播放和智能助手等功能，需要从以下几个方面来考虑易用性原则。

① 界面设计：要确保音箱的界面设计简洁、直观。音箱可以配备触摸屏或物理按钮，用于调节音量、切换功能或暂停音乐等操作。界面上的标识和图标应清晰易懂，以便用户快速理解和操作。

② 语音交互：要确保音箱的语音交互功能准确、快速响应。音箱应能够识别用户的指令并做出相应的反应，如播放指定的音乐、回答问题或执行家居控制等。语音交互的反馈应具备自然和友好的语调，以提高用户的满意度和使用舒适度。

③ 使用指引：要确保音箱配备明确的使用指引，以帮助用户快速上手。音箱可以提供语音提示或屏幕显示，引导用户进行初次设置或连接其他设备。此外，设计师还可以提供详细的用户手册或在线帮助，以解答用户可能遇到的问题。

④ 用户反馈：要确保音箱能够给予及时和明确的用户反馈。音箱可以通过语音或视觉方式确认用户的指令是否被正确接收或执行。此外，音箱还可以提供声音或灯光等反馈，以指示当前的工作状态，如音乐播放、待机或连接状态等。

如图 13-5 所示的 SberBox Time 智能多媒体音箱，获得了 2022 年德国 iF 设计奖。此款音箱是一个三合一多媒体中心，可用作智能扬声器、电视流媒体和闹钟。它采用带有白色磨砂玻璃屏幕的机械时钟外形，将时间和技术这两个概念融合到一个设计中，还可以作为一款时尚的闹钟，具有自适应亮度功能。

图 13-5 SberBox Time 智能多媒体音箱

13.2.1.2 经济性原则与审美性原则

（1）经济性原则

工业设计的经济性原则指的是在产品设计过程中要考虑并优化成本和资源的使

用，以实现经济效益。设计师需要在保持产品功能和质量的前提下，尽可能降低生产成本，提高生产效率，减少资源浪费。例如设计一款家用电器洗衣机，可以从以下几个方面来考虑经济性原则。

① 材料选择：可以选择成本相对较低但质量可靠的材料，以降低生产成本，比如可选择经济实惠的钢材作为机身材料，而不是高成本的合金材料。

② 零部件设计：可以优化零部件的设计，以降低生产和装配成本，比如通过设计简化、模块化或标准化的零部件，降低生产工艺复杂度和装配成本。

③ 生产工艺：可以考虑使用更有效率的生产工艺，以提高生产效率和降低成本，比如采用自动化生产线来替代传统的手工装配，可以提高生产速度和减少人工成本。

④ 能源效率：可以优化产品的能源消耗，以降低用户的运行成本，比如通过改进电机和控制系统的设计，减少能源的浪费，提高洗衣机的能效等级。

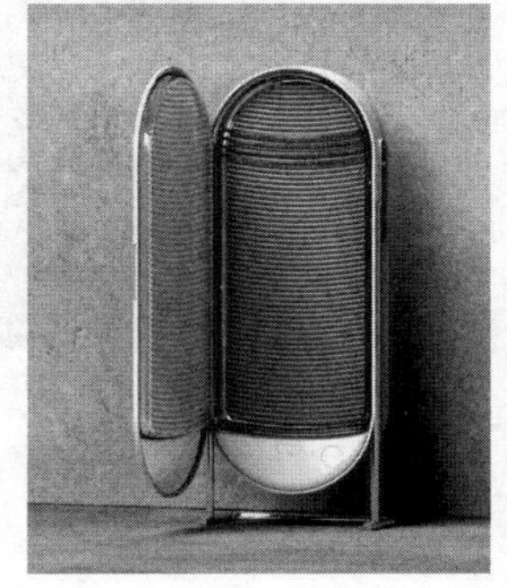

图 13-6 Valet 专为单人家庭设计的洗衣机

如图 13-6 所示的是一种为单人家庭设计的洗衣机。与传统滚筒洗衣机不同，它以搓衣板的清洗方式为主，可以清洗每天替换的一套衣服。洗衣机通过内部的硅胶板轻轻移动，来回敲击，以此来清除衣物上的污染物，是一款非常新奇有趣又经济实用的设计。

（2）审美性原则

工业设计的审美性原则指的是产品设计应具备美学价值，追求外观的美感和艺术性。设计师需要关注产品的形状、比例、色彩和材质等方面，以创造出具有吸引力和独特性的外观设计。例如设计一款豪华轿车，可以从以下几个方面来考虑审美性原则。

① 外观造型：可以通过优雅、流线型的车身造型来传达豪华和动感的感觉，采用流畅的线条和精致的细节设计，使整车外观显得时尚而典雅。

② 比例和平衡：需要确保车辆的比例和平衡感，比如，车身的长度、宽度和高度的比例应该协调，车轮的位置和尺寸应与车身相匹配，以创造出稳定和均衡的外观。

③ 色彩和材质：可以选择高质量的色彩和材质，以提升汽车的豪华感和品质感，例如，使用金属质感的车漆和镀铬装饰来增加车辆的光泽和奢华感，采用高级的真皮和木纹材料来打造内饰的豪华感。

④ 照明设计：可以通过照明设计来增强汽车的外观效果，比如采用 LED 日间行车灯和独特的大灯造型，使汽车前脸更具辨识度和个性化。

如图 13-7 所示为奔驰 VISION EQXX 豪华电动轿车，它是梅赛德斯 - 奔驰的旗舰顶级纯电车款，也代表着梅赛德斯 - 奔驰未来新车的设计理念，采用了“长尾”（long tail）超跑设计，流线型的车身造型、侧身溜背式设计，使车辆的风阻系数低至 0.17，大量采用了轻量化的先进材料，百公里能耗不足 10 千瓦时，满电可行驶 1000 公里。

图 13-7 奔驰 VISION EQXX 豪华电动轿车设计

13.2.1.3 认知性原则与社会性原则

（1）认知性原则

工业设计的认知性原则指的是产品设计应具备易于理解和使用的特征，以提供直观的认知和操作体验。设计师需要考虑用户的认知过程和心理需求，设计出符合用户期望的界面、标识和操作方式。比如要设计一款智能手环，且该手环具备健康监测、计步和信息推送等功能，可以从以下几个方面来考虑认知性原则。

① 界面设计：要确保手环的界面设计简洁、清晰，比如，手环可以配备液晶显示屏，用于显示时间、步数、心率等信息。界面上的字体和图标应具备良好的可读性和辨识度，以便用户快速理解和操作。

② 标识设计：要确保手环上的标识具备直观的意义，比如，使用心形图标表示心率监测，使用足迹图标表示计步功能，这样的标识能够通过视觉形象传达功能和意义，方便用户的认知和理解。

③ 操作方式：要确保手环的操作方式直观易懂，比如，手环可以配备物理按钮或触摸屏，用于切换功能或调节设置。操作的流程和逻辑应符合用户的习惯和期望，减少用户的困惑和错误。

④ 反馈和提示：要确保手环能够给予及时的反馈和提示，比如，可以通过振动、声音或灯光等方式提醒用户到达目标步数或发出低电量警告，这样的反馈和提示能够增强用户的认知和注意力，提高用户的参与度和满意度。

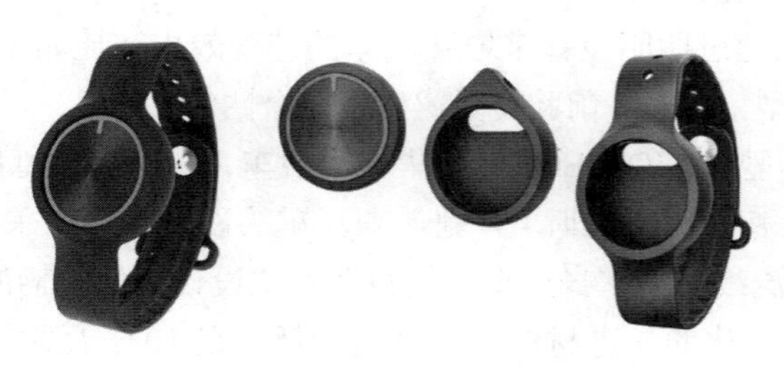

图 13-8 B10 多用途手环

图 13-8 为云里物里公司自主设计与研发的 B10 多用途手环，它专为孕妇、老年人或需要照顾的人而设计，搭载最新的处理器技术以及低功耗蓝牙模块（BLE 5.0），通过室内定位技术可以全天候监测患者活动轨迹和状态。B10 多用途手环外观

极简精致；采用优质材料，舒适轻盈；手环还提供多种佩戴方式，可自由选择；表带可拆卸可调节，佩戴者可根据个人喜好和场合自定义不同的风格。该设计获得了2023 年德国红点产品设计奖。

（2）社会性原则

工业设计的社会性原则指的是产品设计应该符合社会和人类价值观，尊重人类的尊严。设计师需要考虑产品对环境和社会的影响，关注可持续发展、社会责任和用户健康等方面。例如设计一款家用电烤箱，可以从以下几个方面考虑社会性原则。

① 环境友好：可以选择环保材料和高效能源部件，以减少产品对环境的影响，如选择可回收材料和低能耗的加热元件，减少能源消耗和废弃物产生。

② 节约资源：可以优化产品的设计，以减少资源的消耗，如通过改进隔热材料和加热方式，减少能源浪费，提高烤箱的能效。

③ 安全健康：设计师要确保产品的使用安全和用户的健康，例如，采用防烫手设计和快速冷却功能，避免用户在使用过程中发生意外伤害。同时，避免使用有害物质和设计易清洁的内部结构，以保证用户的卫生和健康。

④ 用户体验：设计师要关注产品对用户体验的影响，提供便利和舒适的使用感受，如通过智能控制和预设菜单，使烤箱的使用更加方便和智能化，提高用户的满意度。

如图 13-9 所示为 Hybrid & Wide-Oven 圆形电烤箱，它可以根据设定的要求自动完成烤制中加料的操作，免于手动停机操作。

图 13-9 Hybrid & Wide-Oven 圆形电烤箱

13.2.2 物化原则

物化就是物态化，物化原则就是工业设计必须符合产品物态化工程中的种种要求，使观念中的设计、图样中的设计顺利地、完整地、准确地物化为产品。物化原则的本质是设计要遵循科学技术的原理与规律。

科学技术对设计的限制与约束具体反映为科学原理、结构形式、材料性能与加工工艺的规律性与有限性，以及大工业生产特征，如标准化、通用化、规格化的限制与约束。反过来，科学技术也成为设计的支撑条件，给设计的物化提供了可能，是设计走向现实的支撑手段与力量。科学技术对于设计的影响体现在以下几个方面。

① 技术可行性：设计方案必须符合现有的科学技术水平和可行性。设计师需要了解和掌握相关的科学知识和技术，以确保设计方案的可行性和实施性。

② 材料和工艺限制：不同的材料和工艺有着不同的性能和特点，要根据科学技术的要求和限制来选择合适的材料和工艺，以保证产品的质量和可靠性。

③ 安全性和可靠性要求：设计要依据科学技术的相关知识和标准，确保产品能够达到安全性和可靠性的要求。例如，在设计飞机或医疗器械时，设计师必须遵守相关的科学技术标准和规范，保证产品的安全性和可靠性。

④ 能源和环境限制：设计要考虑能源的利用效率和环境保护的要求，选择合适的设计方案来减少能源消耗和环境污染，以满足可持续发展的要求。

⑤ 费用和时间约束：设计要根据科学技术的发展水平和成本，合理安排设计的

时间和资源，以确保设计能够在可接受的成本和时间范围内完成。

13.2.3 环境原则

环境原则就是以人类社会可持续发展为目标，以环境伦理学为理论出发点来指导工业设计的原则。

工业设计的可持续发展原则是指在设计过程中关注环境、社会和经济的可持续性，以实现资源的合理利用、环境的保护和社会的可持续发展。可以从以下几个方面来概括工业设计的可持续发展原则。

① 资源可持续利用：设计需要考虑如何最大限度地减少资源的消耗和浪费。通过选择可再生材料、使用高效节能的工艺和设备，减少产品制造过程中的能源和资源消耗。同时，还可以考虑产品的可维修性和易拆卸性，以延长产品的使用寿命和减少废弃物的产生。

② 环境保护：需要关注产品在使用和废弃阶段对环境的影响。通过选择环保材料、减少有害物质的使用，以减少产品对环境的污染。另外，还可以考虑产品的循环利用和再生利用，以减少废弃物的产生，减轻自然资源的负担。

③ 社会责任：需要考虑产品对用户和社会的影响。通过提供安全、健康和人性化的产品设计，保障用户的权益。还可以考虑产品对社会的积极影响，如通过产品的创新，为社会带来更多的便利和价值。

④ 经济可持续性：需要考虑产品的经济可行性和竞争力。通过提高产品的质量、降低成本和增加附加值，以实现产品的经济可持续发展。还可以考虑产品的市场需求和用户价值，以提高产品的市场竞争力和用户满意度。

13.3 工业设计的创新

13.3.1 工业设计创新的本质

在当今社会中，创新是各行各业不懈追求的核心驱动力，而在工业设计领域，创新则承载着独特的价值与内涵。工业设计的创新并不单纯是为了创造新颖奇特的产品形态，而更在于发现并解决现实生活中的问题和挑战。

例如，在风扇的设计上，其本质目标是满足人们在炎热环境下的降温需求。1830 年，詹姆斯·拜伦为了寻求凉爽体验，研发出了首款机械风扇——固定于天花板并通过发条驱动的吊扇，这一原型沿用至今。其工作原理为利用空气流动加速人体汗液蒸发以达到散热降温的效果。然而，传统风扇风力集中且长时间使用可能引发不适，于是设计师们一定创新推出了离心风机和无叶风扇，这两种风扇产生的风感更加接近自然风，从而提升了用户的舒适度。

在此基础上，人们进一步思考如何使风扇吹出的风变得更凉爽，由此推动了空调扇的诞生，它通过让空气快速流过湿润的蒸发器实现液态水的快速蒸发，达到降温的目的。尽管如此，高温环境的挑战仍然存在，直到威利斯·开利发明了空调，通过制冷剂循环系统将热量排出室外，有效调节了室内温度。

从风扇到空调的发展历程生动揭示了工业设计创新的本质：运用不同的科学原理和技术手段来解决实际问题，并在解决问题的过程中不断适应新情况、满足新需求。工业设计的目标远不止于解决产品的基本功能问题，它还更深层次地关注用户在使用过程中的体验感受，以及针对特定情境下目标用户多样化的需求提供解决方案。

举例来说，面对户外公共场所降温难题，设计师们创造性地设计出了手持便携式小风扇；为避免扇叶可能带来的伤害，便携风扇采用了柔软材质制作的扇叶。鉴于传统吊扇使用率不高的现状，设计师们独具匠心地推出了集风扇与照明于一体的多功能吊扇灯（图 13-10）。这种设计既保留了风扇的功能，又能巧妙地作为家中的照明设备，同时，透明亚克力材质扇叶的选用更是画龙点睛之笔。透明扇叶使得风扇在视觉上几乎“隐形”，与室内整体设计风格形成和谐统一，不仅提升了空间美感，也让吊扇灯在满足实用需求的同时，成为家居装饰的一大亮点。这样的创新设计成功提高了吊扇的利用率，并为其赋予了全新的功能属性与审美价值。

图 13-10 吊扇灯

综上所述，创新无疑是工业设计的核心特质和生命力所在。它驱动着工业设计领域不断向前发展，持续塑造和改变着人们的生活。工业设计创新的本质，首先在于发现和解决问题。这一过程涵盖了对现有问题的洞察与识别，以及对潜在问题的预见和探索。设计师需要具备敏锐的观察力和深入的理解力，以便从用户需求、技术进步、环境变化等多个角度出发，发掘出那些未被满足或者尚未被充分认识的问题。其次，解决设计过程中不断出现的新问题，是工业设计创新的另一个重要方面。

13.3.2 工业设计创新的方法

13.3.2.1 头脑风暴法

头脑风暴法是一种创新的问题解决和决策制定策略，由美国广告经理亚历克斯·奥斯本在 20 世纪 50 年代创立。这种方法的核心理念是通过集体讨论和自由联想的过程，鼓励团队成员提出尽可能多的创意和解决方案，而不受传统思维模式或即时评价的影响。

在实施头脑风暴法时，首先需要明确会议的目标，通常针对特定的问题或挑战进行深入探讨。其次要有多元化的参与者，包括专家、团队成员以及相关领域的人员，他们的专业知识和不同视角能够丰富想法的多样性。

为了创造一个有利于创新思维的环境，主持人会努力营造一个积极、支持性和无判断的氛围，让所有参与者都感到舒适并愿意分享他们的想法。在这个过程中，延迟评价是一个关键原则，即在讨论阶段不对任何想法进行即时的评价，以避免抑制参与者的积极性和创新精神。

在头脑风暴的过程中，强调的是想法的数量而非质量，因为大量的提议往往能增加找到有价值解决方案的可能性。因此，过程中鼓励参与者提出各种各样的想法，即使它们看起来不寻常或荒诞。这种开放的态度有助于激发独特的见解和引发突破性的思考。

在初始想法生成阶段之后，参与者可以对已提出的设想进行建设性的反馈，包括补充、改进和综合，从而形成更完善的概念或方案。主持人在这一过程中扮演着重要角色，他们负责引导讨论、解释规则、维护开放的讨论氛围，并确保所有参与者都有平等的发言机会。

头脑风暴法的价值在于其能够打破常规思维的束缚，激发创新思维，促进团队合作，并产生超越个体能力范围的解决方案。这种方法已经被广泛应用于产品开发、市场营销、企业管理、教育和科学研究等多个领域，证明了其在推动创新和解决问题方面的强大作用。在工业设计领域，头脑风暴法主要应用于前期设计创意阶段。

美国著名的 IDEO 设计公司是采用头脑风暴法进行创造设计的典范。IDEO 是一家全球知名的设计和创新咨询公司，成立于 1991 年，总部位于美国加利福尼亚州的帕洛阿尔托。该公司以其以人为本的设计方法和创新思维而闻名，致力于通过设计推动积极的社会和商业变革。IDEO 公司内部有一个“动脑会议室”，会议室被精心设计和布置，有灵活的家具和可移动的墙壁，可以根据不同的项目需求和团队规模快速调整空间配置。房间里配备了各种工具和材料，如便签、白板、马克笔、剪刀、胶水、纸张、泡沫板、乐高积木等，以便团队成员快速记录想法、绘制草图和制作简易模型。每当开始一场头脑风暴会议开始，三面白板墙就会在几个小时内被大家一边讨论一边画下来的设计草图贴满。当所有人都把画出来的草图放在白板上后，大家就用便利贴当选票进行投票，得到最多便利贴的创意就能胜出。头脑风暴法已经成为 IDEO 设计公司设计流程中最重要的设计创新方法。

13.3.2.2　6W 设问法

6W 设问法，也被称为六何分析法或六问思考法，是一种常用的解决问题和进行系统思考的方法。这种方法通过提出六个关键问题来帮助人们全面了解问题情境、明确问题核心并寻找解决方案。以下是 6W 设问法的六个基本问题。

① What（是什么）：产品的功能是什么？

② Why（为什么）：为什么要设计这些功能，即设计目的是什么？

③ Who（谁）：产品的目标用户是谁？谁是购买者？谁是使用者？

④ Where（哪里）：什么地方使用，即产品使用的条件与环境是什么？

⑤ When（何时）：消费者使用产品的时间是？产品推广的时间是？

⑥ How（如何）：产品如何使用？即通过产品形态赋予语义，提示使用者具体操作等信息。

通过回答这六个问题，设计师可以对问题进行全面的分析和理解，找出问题的根源，识别关键因素，以及制定有效的解决方案。6W 设问法不仅适用于个人思考问题，也非常适合团队协作和讨论，因为它提供了一个结构化的框架，确保所有相关人员对问题有共同的理解和认识。

在工业设计领域，6W 设问法可以帮助设计师深入理解用户需求、产品使用环境、功能实现方式等多个方面，从而提出更具创新性和实用性的设计方案。这种方法鼓励设计师从不同的角度和层面去审视问题，确保设计过程中考虑到所有相关因素，最终实现产品的优化和创新。

13.3.2.3　缺点列举法

产品设计中的缺点列举法是一种旨在改进和创新产品的决策方法，最初由日本的鬼冢喜八郎在优化运动鞋设计过程中提出。这种方法的核心理念是系统性地识别并列出当前产品或设计方案中存在的所有不足之处，随后针对这些缺点进行深入的改进和创新。

在实施缺点列举法时，首先需要明确所要分析的产品或设计方案，并确定改进的目标和范围。接下来，通过各种途径如市场调研、用户反馈、专家意见等收集关于产品的相关信息，以了解其在实际使用中的表现以及存在的问题。随后，组织团队成员或邀请相关专家、用户等对产品进行全面审查，详细列出所有可能的缺点和不足。这包括但不限于功能缺陷、用户体验问题、安全性隐患、生产成本过高、维护困难、环保性能不足等多个方面。在列举出所有缺点后，对其进行分类和整理，可以按照缺点的严重程度、影响范围、改进难度等因素进行排序和分组。然后，根据每个缺点的重要性和紧迫性设定优先级，优先解决那些对产品性能、用户满意度和市场竞争力影响最大的问题。接下来，针对每一个或一组缺点，运用头脑风暴法或其他创新思考方法来寻找改进或解决问题的新方案，鼓励团队成员提出大胆、新颖的想法，不受限于现有的设计和技术框架。接着在提出解决方案后，对它们进行评估，考虑其技术可行性、经济合理性、用户接受度等因素，选择最具潜力和价值的改进措施，并将选定的改进措施转化为具体的设计，更改或优化设计方案，且在产品原型或样品中进行试验和验证。最后收集改进后产品的用户反馈和测试结果，再次进行缺点列举和改进循环，以持续优化产品设计。通过这种方法，产品设计师和团队能够系统地识别产品的弱点，并有针对性地进行改进和创新，从而提升产品的性能、用户满意度和市场竞争力。

总的来说，缺点列举法强调从问题出发，通过批判性思维和创造性解决方案推动产品的进化。这种方法鼓励全面审视产品设计的各个层面，确保产品能够在不断改进的过程中满足用户需求，适应市场变化，最终实现持续的成功和发展。

13.3.2.4 仿生法

仿生法在产品设计中的运用是一种创新的设计策略，它借鉴和模仿自然界的形态、结构、功能和生态系统，以解决或改进人类设计中的问题。仿生法分为形态仿生、结构仿生、功能仿生、系统仿生、材料仿生、过程仿生、行为和交互仿生等。

在工业设计领域，设计师通过从自然界中获取灵感，将某些生物的形态用于产品造型设计中，这样不仅能够起到功能上的作用，而且可以创造出更加直观、更加自然和令人愉悦的用户体验，提高产品的颜值和视觉吸引力。如图 13-11 是一个喷气式飞机的模型展示，这款喷气式飞机的设计师是被国际设计界誉为“21 世纪达·芬奇”的德国设计师卢易吉·科拉尼，他的代表设计作品很多，无论是日常生活用品还是汽车、飞机都体现了流畅的曲线感和雕塑般的外观形态，因此也被称为有机仿生设计。他将仿生学和空气动力学的知识应用到了设计实践中。这架喷气式飞机的造型，像是一条大白鲨，表现了他强烈的造型意识，不仅外观上

图 13-11 喷气式飞机（模型）

展现出独特的视觉效果，而且功能上可以大大减少飞机在飞行过程中受到的空气阻力。

仿生设计法在工业设计领域中的应用也较为广泛，例如，仿鲨鱼皮的泳衣，其表面模仿了鲨鱼皮肤的微结构，可以减少人受到的水阻力，提高游泳速度，这是典型的结构仿生；乔治·德·梅斯特拉尔在观察到苍耳种子与羊毛相互黏附的现象后，发明了 Velcro 尼龙搭扣，这种设计模仿了苍耳种子的钩状结构，也属于结构仿生。总的来说，仿生设计法是一种富有创意和实用价值的设计方法，它鼓励设计师从自然界中汲取灵感和智慧，解决人类面临的各种设计挑战，同时促进人与自然和谐共生。

13.4 设计思维

13.4.1 设计思维的作用

随着科技的快速发展和消费者需求的不断变化，工业设计面临的挑战也越来越大。设计思维作为一种思考方式，能够帮助设计师从用户角度出发，激发设计师持续对知识进行更新和管理，运用创新思维，对设计问题进行系统化的思考和解决，从而创造出更加实用、美观、用户体验好的工业产品。设计思维能够帮助设计师适应快速变化的市场环境，以更加灵活、高效的方式解决问题，以及更好地适应未来社会的需求。设计思维的核心在于了解问题，识别机遇，并用创新的方法创造有意义的产品、服务，其能够在解决产品开发和商业问题中，帮助企业设计团队激发创新想法，以新颖、实际且适应需求的方式解决复杂设计问题或探索有益团队合作的管理经验，因而得到了广泛的应用和实践。

设计思维能指导设计目标的实现，帮助设计团队采取合理的设计计划，以及创建团队内相互依赖、相互合作的方式，并指导设计团队适时运用合理的方法解决实现设计目标执行过程中随时可能出现的问题，提高了工业设计师以及设计团队的创新能力和管理能力，从而使工业设计的过程更富有挑战性，令人更加受到鼓舞并富有成就感。

13.4.2 设计思维方法

（1）深度理解

在设计中关注问题的相关面与深度理解问题是设计思维展开的关键，这包括理解问题的目标、限制条件、用户期望等。设计师首先要对产品、用户、市场、技术等各方面信息进行观察和分析，深入了解用户需求、市场环境、技术条件等因素。想获得对问题的深度理解，可以尝试理解问题的背景信息，如深入了解问题的产生原因、影响因素，以及现有解决方案的完成效果如何。或将复杂问题分解为更小、更易于处理的部分或子问题，列出问题的关键点和难点，并逐一解决，这有利于剖析问题的核心。若从不同的角度去看待问题，也可以帮助设计师了解问题的不同方面，同时借助分析与问题相关的数据、事实和信息等，可以理解问题的本质和提升问题解决方案的有效性。设计师或设计团队通过对设计目标问题的深度剖析与理解，可以了解产品的现状和问题，发现用户的需求和痛点，确定设计的核心价值和意义，并制定目标实施的有效计划和策略。

如企业想要使某一类产品在市场中保持领先地位，就会面临许多挑战，如社会文化生活的变化、消费者购买力的变化、技术的革新等，这些挑战常常需要公司重新定义自己的产品目标和实现目标的途径。在设计思维指导下，企业想要实现产品目标，就需要在增加产品利润的同时，保持一种使企业品牌获得连续性、创新性健康发展的内在结构。因此企业在努力实现现有产品销售目标和预计利润的同时，还会考虑通过识别新的市场趋势，基于对现有产品进行合理、创新的改造基础上寻找合适的新产品。在确定产品目标后，企业会找到与重新定义的产品目标相匹配的技术和市场动力。企业会充分提高新产品开发前期的效率，以减少或避免后期过程中的修正，在不影响创新和降低质量的前提下，缩短新产品开发周期。

企业通过开发成功的新产品，保证了企业品牌质量，并保持品牌相关产品类的市场领先地位。随着社会经济文化生活的快速发展，大多数顾客会融入某种生活趋势，而当这种生活趋势刚刚流行且他们甚至还没有意识到自己在这种趋势下会对某种产品产生需求的时候，如果有公司把握住了匹配这种生活趋势的新产品开发机遇，新产品就会很容易变成消费者的一种必需品，而新产品一旦成功地被推向了市场，其很快就会成为人们所希望拥有的产品。

企业为成功开发新产品，会使用设计思维指导管理层面使设计、市场和工程等领域有机地结合起来，使工程、工业和视觉传达设计与市场真正地整合在一起。这里所说的整合是把相关人员组织在一个相互尊重和欣赏的气氛中，使彼此得到团队有力的支持和有效的管理。在产品开发过程中，产品开发团队从管理高层、中层、底层到每一个成员都应对产品开发目标保持有统一的认识和看法，如对产品的潜在特性和市场竞争力有统一的认识，并应使团队一起维护这种认识。

基于对新产品开发问题的深度思考与理解，开发成功的新产品会为用户提供丰富、充实的生活体验，其开发过程本身对设计团队而言也会是强有力的和富有成就感的体验，它应是一个充满乐趣的过程，这个过程应该使团队中的每个人都能享受其中，并能够在工作中得到收获产生愉悦的情感。

（2）创新思考

设计思维重视思考过程，并寻求具有启发性的行动路径，突破现有方案，探求独特的、创新的解决方案。如通过多种方式思考问题，从不同的角度考虑问题的本质和方向来探索解决方案；尝试从反面或对立面思考问题，以发现新的可能性；从不同的用户群体中获取反馈，通过不断学习新的技能和知识，开阔视野，发现新的可能性；通过分析、推理和比较新旧问题来解决问题，以确定问题的本质，并评估潜在的解决方案的可行性和有效性，更好地应对不断变化的市场环境和问题。

如企业中的工程技术人员、设计师和市场调研人员是产品开发过程的核心力量，但他们往往也都会从各自专业领域来看待产品。市场调研人员基于市场营销角度来分析产品概念，如谁是消费者，谁会购买。设计师会根据产品外观和人机工程学来分析，如产品造型应是什么样，产品的功能是什么，实现产品美观和理想交互界面的形式是什么。工程技术人员则基于技术创新来分析产品，如产品功能如何实现，运用什么样的技术进行加工制造等。以上各自对产品独立的认识可能会导致市场调研人员依据传统思路定义产品概念，而工程技术人员和设计人员则从各自领域定义产品，偏离市场调研人员定义的产品概念的理解，最终就很难开发出能够提升用户价值、以用户为中心的新产品。

在设计思维引导下，企业的设计团队成员应克服和弥补技术人员、设计师和市场调研人员在产品概念定义上的差异，才能成就一个高效、合作的团队。针对以上问题，若采取整合的创新思路，可以先从团队各部门成员的角度分析其对产品概念的关注点，探寻高效合作的方向，然后再找到市场调研人员、工程技术人员和设计人员对产品关注的相似点，并探索与整合这些关注点之间的关联，最终会得到一些问题，如市场对品牌的认可度、产品的性价比、产品可靠性和安全性的有效实现途径、产品价格定位、材料的选择及加工方式等。针对这些内容，团队可以提炼出对产品概念开发的可行、有效的设计目标和措施。这个目标的实现需要团队各领域间的合作与互动。而在企业管理层面，当团队中的每个人都受到重视并被合理定位，彼此被赋予尊重与信任时，最理想的合作表现就会被呈现出来。

（3）关注用户体验

将用户放在中心，从用户的视角考虑，会更容易找到提升产品价值的方法。没有人会购买只是加工品质优良但他们并不想要的产品。为保证不断发展的产品开发内容与最初计划的产品目标属性相吻合，企业采取持续听取核心用户的直接反馈和相应专家组的意见，会更容易获得令人满意的效果。企业也可以进行大量的用户调研，获得用户体验信息的数据分析，这些围绕用户获得反馈信息的做法有助于提高产品开发过程的效率，减少后续工作中的矛盾和变更，从而增加产品在市场上成功的概率。如若企业能够获得用户与产品的交互体验反馈，会更容易指导团队设计出清晰、简洁、易于理解和操作的界面。分析用户的行为和偏好，会提升产品设计的细节质量，增加个性化的体验，增加用户的满意度和优化使用体验。

在现实中当顾客购买大公司产品的时候，公司里成百上千的参与产品开发的人员和他们所花费的精力如果被大量投入到产品计划、开发、生产、分配和销售当中，就很容易在这个过程中失去对用户的深度关注和理解。如果把对用户需求的深刻理解作为决定产品价格、性能特征和造型的重要因素，就会更有效地指导产品开发过程中的造型和功能特征的设计。产品要想获得成功，就必须拥有能迅速被消费者认可的功能、造型和细节，因此企业团队所有研究的结果都应是对用户体验以及围绕这一体验的不断深入的探索与理解。

（4）跨领域合作

设计思维涵盖广泛的领域，包括工程、艺术、社会科学、技术、市场、财务和法律等，它指导团队跨越这些领域，寻找新的方法解决产品问题。设计师与其他领域的专家合作，可以更好地理解目标问题的复杂性，获得更全面的视角和更有效的解决方案。

跨领域团队的相互支持和团队成员间的相互尊重，以及彼此克服学科偏见和解决各领域间矛盾的有效措施，可以改善交叉领域产品开发的环境，促进各领域间的相互沟通与协商。若团队内部各方面的需求和期望都被兼顾，会促使跨领域合作的过程变得效率更高。所有与产品开发工作有着间接利益的相关领域人员，如环境保护者、产品销售商以及售后服务人员等，如果他们对产品开发工作有着重要影响，则他们对产品信息的反馈也应被关注与参考。他们通常不是决定产品开发的主要因素，但他们也会对已有的产品设计做出反馈。如果产品开发团队能够关注他们反映的问题，会提高后续开发工作的效率，减少重大的设计变更，避免耗费大量的时间和金钱。

（5）测试与优化

要获得满足用户需求的产品或服务，设计师及团队需要通过反复试验、测试来获得信息反馈，不断调整和优化产品设计。首先设计师需要明确产品设计中存在的问题或不足之处，这可以通过市场调研、用户反馈、竞品分析等方式获得。其次要针对识别到的问题，制定相应的解决方案，这可能包括改变设计元素、增加新的功能、优化现有功能等，最终制作产品的原型或样品，以便更进一步地测试和评估，如验证产品功能与造型相互结合的合理性、评估制定的生产计划和初步的市场营销策略的符合程度、预测产品的销售和利润、验证产品开发的可行性、验证并展示新产品较竞争者产品所具有的某种不同的功能和造型创意，以及新产品获得用户的认可度等。测试执行完成后，需要对测试结果进行分析和总结，分析测试中发现的问题，评估产品设计系统的质量和性能，并提出改进建议和措施，根据反馈再对产品进行必要的调整。同时，还需要对测试方法和流程进行总结和优化，以提高测试工作的效率和效果。

对产品不断地测试和优化措施，能使企业获得丰富的信息来判断产品在市场上能否获得成功，并决定公司是否应该投入大量的财力和人力以保证产品的顺利推出。

第14章

工业设计师的社会责任

14.1 为大众而设计

14.1.1 目标与实现

工业设计师在设计过程中充分考虑大众的需求与喜好，通过设计创新、优化和改进产品，提升产品的功能性、可用性和美观性，改善产品的用户体验，促进可持续发展，为大众提供符合生活方式和价值观的产品。

为实现为大众而设计，设计师首先需要从用户角度出发，采用用户研究、市场调查和用户测试等一系列方法，深入了解目标用户的需求和偏好，研究用户的使用习惯和行为模式。同时设计师还需通过创新和科技应用，不断探索新的设计理念和技术，最终将复杂的技术和功能转化为更加智能、便捷和功能多样化、人机交互效果优良的产品，让产品与用户之间的互动更加自然和顺畅。

工业设计师在产品设计过程中要考虑到产品的成本和制造工艺，使产品能够以合理的价格供大众购买和使用。为引导大众拥有可持续消费观念，设计师还要考虑产品的全生命周期和可持续发展。设计师通过设计与生产环节的改进与创新，开发更加环保和可持续的产品，如采用环保材料和生产工艺，提高能源效率，降低产品生产与使用对环境不利的影响，不仅可以帮助企业生产更具吸引力的产品，提升产品的附加值和竞争力，也能增加产品的销售额和利润，促进经济的可持续发展，推动产业结构升级。设计师通过产品的外观、包装和品牌标识等方面的设计，为企业打造独特的品牌形象，包括品牌名称、标识、口号等，建立和塑造品牌的形象和识别度，提升品牌认可度和市场竞争力。

工业设计师致力于为大众创造更好的产品体验在提高人民生活质量的过程中起着至关重要的作用，它引导设计师探索用户需求、设计目标、设计过程、产品生产、营销和推广以及建立品牌识别等方面的设计策略，激发设计师在家居用品、电子产品、汽车、服装等领域发挥作用，通过设计让人们的生活变得更加便利、舒适和美好。

14.1.2 工业设计中的公益性设计

公益性设计是指在工业设计过程中，通过设计手段解决社会问题，从而提高人类生活质量，促进社会进步，它是工业设计中的一个重要方向，主要包括以下几个方面。

（1）环境保护设计

环境保护是公益性设计的首要任务。工业设计师需要关注产品的整个生命周期，从产品设计、生产、使用到回收，力求实现绿色设计，促进可持续发展。通过采用环保材料、优化产品生命周期、降低能源消耗等方式减少对环境的影响。

（2）社会公正设计

社会公正设计是指设计师关注包括弱势群体在内的广泛群体的权益和需求，实现社会公正，推动社会公平和平等。

（3）健康和安全设计

健康和安全是工业设计师在设计过程中的重要考虑因素。设计师需要关注产品的安全性和健康性，尽可能减少产品对人类身体的危害。如在产品设计中采用安全材料、增加防护措施、优化产品结构等方式提高产品的健康性和安全性。

（4）人文关怀设计

工业设计可以通过情感化设计、文化传承、人性化考虑等方式关注人类情感和人文价值，体现人文关怀。例如，在产品设计中采用文化元素创意、关注用户体验、增加情感化设计等方式增强产品的人文关怀。

（5）公益活动设计

工业设计可以通过创意设计、公益广告、公益展览等方式帮助公益活动的开展，为公益事业贡献力量。例如，设计师可以参与或策划志愿者活动，支持慈善机构，开展义卖活动等公益活动为社会做出贡献。

（6）弱势群体关爱设计

工业设计师为关注弱势群体的需求和权益，可以通过针对弱势群体的特殊需求展开设计或增加无障碍功能等方式，提高产品的可用性和舒适性。例如，为老年人、残疾人等特殊群体设计专用产品，提高他们的生活质量和便利性。

（7）公共利益设计

工业设计关注公共资源的利用和公共利益的实现，通过对公共设施、公共交通、公共文化等方面展开创意设计，促进公共利益的实现和公共福祉的改善。例如，设计师可以参与城市规划、公共设施设计等，为城市发展做出贡献。

（8）多元文化设计

工业设计师关注不同文化和价值观的交流与融合，通过文化创意设计、多元文化交融等方式推动文化的传承和创新。如在产品设计中采用多元文化的元素和符号提升产品的文化特色，并展现不同文化的独特魅力和特色。

14.1.3 工业设计为大众创造美好生活

工业设计关注人类生存发展和生活体验，通过产品的创新设计对人类生活的各个方面产生了积极的影响和作用。工业设计师通过观察、分析用户的需求提出创新的解决方案，如针对残障人士的需求，设计出帮助他们解决生活难题的产品，像无障碍餐具、智能轮椅等。同时设计师通过优化产品的功能和性能，使产品更加符合人类的使用习惯和需求，为用户提供舒适、便捷的使用体验。如设计合理及兼顾审美的智能手机界面减少了用户操作过程中的疲劳感，让用户的使用过程更加顺畅，还能提升产品的品牌价值，吸引更多消费者的关注，激发消费者的购买欲望，从而推动消费市场的繁荣和经济增长。

工业设计也关注着人类的生存与未来。为减少人类生产、生活对环境的负面影响，工业设计师将环保理念融入产品全生命周期的管理。从产品设计初期就考虑产品的回收和处理，通过对可再生能源和节能措施的研究，不断探索环保材料和环保工艺，如采用可生物降解材料制作产品，或通过优化产品设计来减少能源消耗。

工业设计也关注人类生活环境的改善，如工业设计师通过分析和优化公共设施的设计，提高公共设施的便利性和舒适度。比如通过优化城市公共座椅的设计，提高市民在公共空间休息的舒适度；通过设计人性化的公共交通设施，提高市民出行的便利性。

工业设计也是一种文化传播的手段，设计师将文化元素和符号融入产品设计中，使产品成为文化的传播者甚至传承者，通过产品设计传递特定的文化价值和人文精神。

14.2 设计扶贫

14.2.1 工业设计助力乡村产业振兴

工业设计在现代制造业中扮演着不可或缺的角色，其创新性和实用性为乡村产业振兴提供了强大的动力。工业设计与乡村扶贫的实施方案相结合，根据贫困地区的实际情况采取合适的方式，可以推动当地产业发展，助力精准脱贫和可持续发展为主的乡村扶贫工作的顺利推进，实现贫困乡村的脱贫致富。

（1）为乡村制造业提供设计服务，带动区域脱贫

工业设计师为乡村制造业提供设计服务，如通过设计使产品更加美观、实用，可以提升产品的附加价值，提升消费者对产品的认可度，促进销售，增加乡村企业的利润。通过独特的外观设计、标志性的元素或特征，工业设计使乡村制造业产品的外观、功能、用户体验更富有独特性，以突出本地区产品与其他地区差异化的特点和优势，使其与其他地区的产品区分开来，提高产品的识别度和市场竞争力。工业设计师还可以在设计阶段充分考虑到乡村制造业产品的生产工艺和制造成本，如通过材料选择、节能设计和循环利用等设计手段，减少乡村制造业在生产过程中的浪费，提高产品生产效率和产品质量，降低生产成本和资源消耗，让企业更好地应对市场变化，促进可持续发展。工业设计师通过对乡村制造业品牌形象的再塑造，增强乡村制造业品牌影响力，增加品牌的认知度和忠诚度，提升乡村制造业品牌的市场份额，从而带动区域脱贫。

（2）优化乡村旅游体验

乡村旅游产业是乡村振兴的重要推动力之一。工业设计师可以参与乡村旅游项目的规划与设计，设计与规划创新的乡村游览路线、丰富的旅游体验项目和具有地方特色的住宿设施。例如，通过设计精美的旅游地图、游览指南和导览牌，让游客提升乡村旅游的兴趣，更加方便地了解与欣赏乡村独特的人文环境和自然景观。同时设计师还可以通过产品设计、室内设计等的思路与方法，改善农村基础设施，参与农家乐的设计，为游客打造舒适、环保和富有特色的住宿环境，提升游客的居住体验。

（3）设计与推广地方特色工艺品

设计师可以与当地手工艺人合作，参与当地独特的手工艺传统的推广，通过对工艺品造型和材质的创新设计，将当地传统手工艺品与现代审美相结合，为乡村手工艺发展与振兴注入新的活力，提高市场竞争力，提升农民经济收入和乡村形象。设计师通过优化手工艺产品的审美品质、实用性，改善加工方式，可以提高制作效率，有利于将地方特色手工艺产品推广到更大市场，扩大乡村手工艺产品的销售范围，提高市场影响力。

14.2.2 工业设计提高农产品附加值

（1）农产品创新与打造品牌形象

产品创新是提高农产品附加值的关键因素。在乡村振兴目标实施中，可以引入工业设计理念和技术手段，对农产品进行创新改造，增加新功能、新用途，提高农产品的附加值和竞争力。例如，设计具有多功能的新型农产品加工机械，提高农产品的加工产量与品质。可以通过工业设计的理念，优化农产品的功能，提升实用性和便利性，使其更符合用户的需求，提升用户的体验感。

农产品品牌形象的提升是提高品牌附加值的重要手段，加强农产品的品牌推广可以扩大地方农产品知名度和影响力，提高农产品市场竞争力。比如通过各种媒体和宣传渠道推广农产品品牌，提高品牌知名度和美誉度，提高消费者对产品的认可度和信任感。可以利用社交媒体、广告宣传、平面广告等方式推广农产品品牌。

具备高颜值和高品质的农产品包装，会使农产品在视觉上更具吸引力，有利于增加消费者对产品的兴趣，促进农产品销售。与农产品的品质、特点、文化背景等设计相匹配的品牌包装，可以打造出独特的农产品品牌形象。美观的农产品包装不仅会增加产品的辨识度，也有利于提升农产品的美誉度，凸显地方农产品的差异化竞争优势，进一步增加产品的附加值。在农产品包装材料中使用环保可再生材料，如竹、植物叶子及纤维等还可以促进农产品开发与环境保护的协调发展，推动乡村可持续发展目标的实现。

（2）开发并优化农产品加工设备

为提高农产品加工效率与质量，可以使用工业设计开发并优化农产品加工设备。如开发特色农产品包装设备、农产品深加工设备等，可以提升地区农产品差异化加工特色。在优化加工设备的功能与结构设计中应体现人性化设计理念，如考虑农民的工作习惯和身体健康，减轻农民的身体强度等。利用工业设计对加工设备的加工流程和工艺进一步优化，可以减少污染和资源浪费，提高加工设备的加工效率，降低成本，从而提高农产品的经济效益。如优化农产品加工中的照明设备，可以减少农产品加工中的电力消耗和碳排放。

利用工业设计开发的农产品加工中的废弃物收集设备，能够提升农民积极参与废弃物回收的意识，激励农民将农产品废弃物转化为肥料或能源等有用物质，实现资源的循环利用。

（3）优化农产品流通渠道与提高农产品管理效率

工业设计师可以将创新思维、技术手段和人文理念相结合，对农产品流通渠道及管理进行创新性的优化与整合。如可以通过对包装、运输工具、储存容器的创新设计，优化农产品流通渠道，提高流通效率，降低损耗，同时满足不同流通环节的需求，提升农产品流通效率。工业设计师还可以帮助农产品管理实现智能化、信息化，提高管理效率。例如，可以通过设计智能标签、二维码等，实现农产品信息的快速查询、追踪和管理，保障农产品质量安全，满足消费者需求。

（4）为农产品提供农业数据采集与分析工具

工业设计师可以结合信息技术，开发一系列农业数据采集与分析工具，并提供科学的决策支持。这些数据采集与分析工具可以帮助农民检测土壤状况、气象变化、病虫害等数据，以便于农民准确了解农作物生长情况，更好地掌握农业生产规律，提高农产品生产效率，为乡村提供多样化的农产品种植模式和养殖模式提供物质保障，也有利于增加乡村生态系统中生物种类的数量和多样性，提高生态系统的稳定性和抗干扰能力。

这些农业数据采集与分析工具还可以帮助农民减少人力投入，降低生产成本，帮助农民制定更科学的种植方案，提高农作物的产量和质量。还可以帮助农民合理实施农业流程，如根据数据采集与分析工具制定合理的灌溉措施，实现精准灌溉，避免过度灌溉导致的水资源浪费，帮助农民制定高效的排水计划，避免土壤盐碱化，提高水资源、土地资源的利用率，最大化地提高农业生产效益。同时农业数据采集分析工具还可以与物联网、人工智能等技术相结合，实现农业智能化发展。

14.2.3 工业设计助力乡村振兴案例

（1）工业设计助力乡村产业兴旺

产业兴旺是解决乡村一切事务的前提，产业振兴是乡村第一要务。工业设计助力乡村产业升级，应全力打造完整的产业空间与环境生态内核，以设计出生产、生活、生态一体化为核心的新型产业园区，助力乡村振兴。

如图 14-1 所示为广西东兰县长寿生态食品加工园二期北区标准化厂房项目。设计师结合当地地理与人文环境特点，因地制宜，深度挖掘当地资源特点，以经济效益为主设计规划产业园布局，使其空间利用效率高，在功能布置中体现便利。同时设计师在建筑功能布置的基础上进一步体现出“工业 + 文旅”的设计理念，使得生态园区的厂房建筑不同于传统工业建筑的形象，其建筑立面设计有壮族元素和当地文化符号，建筑整体色调淡雅，也提升了工业园区的观赏体验，促进了当地旅游业发展，带动了产品消费，不仅推进了当地企业转型升级，还带动了该县新型工业化、城镇化发展。

图 14-1 广西东兰县长寿生态食品加工园二期北区标准化厂房项目

工业设计机构在对广西百色巨人园食品科技有限公司果蔬深加工项目进行设计时，从产业特点入手，通过多次调研了解国内加工企业生产情况和加工工艺特点，以及当地农副产品采收特点，全面掌握了果蔬采收、深加工、仓储物流全过程生产情况，将调研结果运用在该项目的设计中，以先进的规划理念以及节能环保的厂房建筑设计手法，将农业、加工业、物流业有机结合，为该企业的特色经济的良好发展提供物质基础。

（2）工业设计助力乡村环境美化

工业设计助力乡村风貌提升，对乡村村落的改造工作成为实施乡村振兴战略的切入点和发力点。工业设计师以塑造乡村民房特色风貌为抓手，结合地域发展脉络、传统文化等特色，对民房建筑的外立面、屋面、坡檐、色彩、材质等方面进行精心设计与规划，确保改造后的村庄旧貌换新颜，与乡村周边环境协调统一，塑造乡村新风貌。

如图 14-2 所示为位于福州的“后花园”北峰之上的九峰村。乡村四面环山，村中有溪流，自然环境

图 14-2 九峰村

优美，风景如画。村中有很多老房子，设计师经过与村民的沟通和协商，将老宅改造并出租。图 14-2 所示为设计师利用村中一间已经多处变形的老宅子进行的改造，设计师将其改造成了一座乡村客厅，能够用于接待来客、开会、培训，或者供人喝茶小聚。

（3）工业设计助力乡村教育发展

工业设计师在乡村学校设计中，应坚持以人为本、实用为主、兼顾美观的主要设计原则，注重学校建筑使用功能。设计师应结合学校建筑及环境特点，并充分考虑学生的学校生活和学习需求，为学生提供一个完善的学习和课余休闲运动空间。同时在学校建筑设计中，工业设计师应更关注健康、安全问题，并践行保障学校建筑设计的安全性、牢固性。还应运用多种多样的具象化设计要素，让学校建筑体现出教育功能以及其传递的精神与理念，从而整体优化学校环境，焕发学生青春活力，促进乡村人才培养。

如图 14-3 所示是位于杭州市淳安县千岛湖区的富文乡中心小学建筑设计改造后的效果。设计师以提供各种可能性、人性化的设计理念，将小学原有的一座普通的水泥房改造成如今的“远望是青山，近看有彩虹”的“美丽城堡”。

图 14-3　富文乡中心小学

设计师使用了大量的彩色透光材料，可以给孩子们带来无尽的光明和愉悦幻想。校园建筑的室内设计为满足孩子们舒适、自由、快乐成长的需求，增加了许多专属于孩子的空间，如每层楼的连接处都有一个攀爬绳网，可以顺着它滑到另一个地方；而室内的读书角又为孩子们提供了安安静静地与大自然、与书中内容进行一场精神交流的空间。

14.3　为弱势群体而设计

14.3.1 工业设计为弱势群体设计的意义

弱势群体通常是指由于身体状况、年龄、贫困或认知障碍等原因，在社会生活中处于相对弱势地位的人群，包括儿童、老年人、残疾人、贫困人群、身体特征多样性人群等。弱势群体在社会生活中常常面临独特的困难和挑战。工业设计作为一门关注人类生活品质的学科，可以为弱势群体提供更好的生活体验和产品解决方案。

弱势群体对产品的需求往往有别于大众常规产品，为提升弱势群体的生活质量和舒适度，工业设计师可以为弱势群体设计定制化产品，满足他们特殊的需求和挑战，帮助他们更轻松地生活和更自信地参与社会活动。例如，为残疾人设计助行器、轮椅等产品。通过为弱势群体设计产品，不仅能激发工业设计师探索新的设计领域和产品创新解决方案，为弱势群体生存与生活状况带来更多可能，还可以为市场带来新的商机，促进就业和社会经济发展。例如，设计师为弱势群体提供更好的公共场所坡道、扶手、卫生间设施，满足了行动不便群体对日常顺利出行的需求，也推动了无障碍环境建设及相关产业的发展。

工业设计可以提升社会对弱势群体的关注和实际行动力，营造更具包容性的社会环境，促进社会的公平和稳定发展。弱势群体在社会中往往由于身体障碍或社会条件限制而感到沮丧和束缚，而工业设计通过创新的产品，可以帮助他们减轻生活方面的不便，克服障碍，提高生活质量和自主性。同时，设计师通过广告、宣传和教育活动向公众传递社会包容性信息，鼓励大众提升对弱势群体的包容、理解和尊重的态度，有助于减少弱势群体面临的隔离和歧视，使他们更好地融入社会，参与各类活动，享受平等的权益，提高就业能力，获得社会对他们特殊需求的尊重和认同。

14.3.2 弱势群体对工业设计的需求

弱势群体更希望能够以独立自主的状态融入社会，因此设计师还需考虑产品和设施的外观、重量和便携性的合理性，以增强弱势群体的自尊心和社交能力，帮助他们获得社会平等的对待和尊重，维护自尊心和身份认同感。

弱势群体对产品易用性有特殊的需求。产品设计师应关注弱势群体的人机工程学需求，确保产品的重量、尺寸、形状等符合弱势群体的肢体力量、体型和认知能力。如随着人口老龄化的加剧，对产品的易用性要求日益提高，产品设计应简单、直观，能提供易于操作和阅读的界面。如为方便老年人的行动，设计易于操作的智能家居设备；通过设计关注老年产品中图标和文字的大小，减轻老年人在产品信息阅读中的视力负担；老年人在日常生活中需要能够长久使用的产品，因此设计要减少产品故障和维修频率，提高产品的寿命。

儿童的身材比例与肢体力量以及肢体控制能力与成人存在不小的差距，因此儿童对产品同样有着特殊的易用性的需求，如儿童产品的设计应简单、直观，易于掌握和操作。按钮、开关、旋钮等设计应适合儿童肢体的大小和力量，避免复杂的步骤和难以理解的程序。

弱势群体对产品有安全性的需求。针对弱势群体的产品设计应注重安全性，避免使用尖锐、易碎、有毒的材料，减少锐利的边角对人体的伤害。如考虑到老年人身体功能衰退、体力衰弱等身体状况，应注重产品的防滑、防摔、防坠等安全设计，降低老年人在使用过程中的意外伤害风险。

儿童的安全是家长和社会非常关注的问题，为儿童设计产品，需要考虑他们的认知和身体发展特征，如防止儿童误食或受伤。儿童对于产品的趣味性要求较高，但安全性是儿童产品创意和趣味性设计的前提，在保证产品安全性的前提下，应使产品能够吸引儿童的注意力，并提供与之互动的方式，如丰富的色彩、音乐、灯光效果等。

弱势群体希望产品能够提高自己生活的舒适度。产品中良好的人机工程学体验可以提升弱势群体的生活舒适感。产品的重量、尺寸、手感等设计，要符合人体曲线、肢体操作部位力量，减少产品构件对身体部位的压力和不适感。同时产品材质的选择要确保触感舒适和无刺激。身体特征多样性的人群更希望拥有个性化定制的产品，来满足自身特殊身体特征的需求。针对他们对生活舒适度的需求，设计师可以在产品尺寸、配件、设计风格等方面提供选择和定制的可能性。例如，专为肥胖人群设计的座椅和设备，可以更好地适应他们的身体特征，提高他们的舒适度。设计师也可以使产品的设计具有一定的灵活性，满足身体残疾人群、身材处于大尺度或小尺度的人群、身体功能受限的人群的个性需求，如设计使产品具有尺度调节功能，以适应各种身高和体型人群。

14.3.3 工业设计为弱势群体服务的设计导向

了解弱势群体的需求是工业设计为他们设计产品的前提。设计师为更好地体验和理解弱势群体的需求，可以通过实地观察、行为分析、问卷调查、焦点问题讨论以及用户体验测试等方式，深入了解用户的使用习惯、需求和面临的挑战；将弱势群体视为合作伙伴并让他们参与到产品的设计和评估过程中，能够将设计师对弱势群体的主观理解和情感与弱势群体的真实需求相结合，使设计的产品更加符合他们的需求和使用能力。

（1）为弱势群体设计实用易用的产品

设计师需要深入了解弱势群体的实际需求和使用习惯，包括他们对产品的使用能力、技能水平、面临的生活挑战、身体的健康问题、肢体的活动能力、认知状态等，并为之设计实用、简化、易于操作的产品。产品功能应与弱势群体的真实需求相匹配，去除不必要的复杂功能和冗余操作，尽量减少弱势群体操作产品的难度，使用清晰易懂的标识和指示帮助弱势群体依照说明与指示准确操作产品。

设计师可以直接使弱势群体参与到产品测试中，收集反馈和建议，通过观察和分析他们的使用情况和信息反馈，不断改进和优化产品，确保产品的实用性和易用性符合实际需求。实用易用的设计可以增强弱势群体的自信心和生活满意度，提高生活品质。

（2）为弱势群体设计适应性强的产品

产品设计应具有一定的可调节和可扩展性，以适应弱势群体的不同身体特征和需求。设计师需要进行深入的用户研究，了解弱势群体的生理、心理需求、使用环境等，以确定产品的适应性需求。例如设计师提供可调节的座位、扶手、脚踏板等，以适应不同身高、体型和身体功能水平的人；在公共环境设计中留出足够的空间供轮椅通过，确保按钮、开关等产品设施的大小和位置便于不同身体状态的人群使用。设计师还需考虑产品的未来发展，让产品既能够满足弱势群体当前需求，又能够适应未来的变化和挑战。例如针对老年人的产品设计，应该考虑到他们随着年龄的增长可能会出现的身体变化和认知能力的衰退；为用户提供一定的产品定制化功能，使产品能够根据个体的特殊需求进行结构功能的调整以适应用户需求。对于儿童，设计师可以考虑产品的成长性和可变性，以适应儿童不断变化的身体尺寸和认知状态。

（3）为弱势群体设计情感化产品

设计师需要关注弱势群体的情感需求，给予产品更多的情感化设计，让产品更具有吸引力和互动性，增进用户对产品的信赖。设计情感化产品可以帮助弱势群体更好地表达情感、获得支持、提高生活质量。如为弱势群体设计情感化辅助器具可以帮助他们更好地应对日常生活中的情感困扰。情感化产品的设计应建立在对弱势群体实际需求和情感特点的深入了解之上，设计应遵循人性化、易于使用和易于接受的原则，以提高产品的实用性和用户接受度。如针对自闭症儿童可以设计情感识别器具，帮助他们识别和理解不同的情绪表达；针对老年人可以设计情感化陪伴机器人，帮助他们缓解孤独和焦虑情绪。设计师还可以为弱势群体设计提供情感支持的社交平台，让他们可以与同样面临困境的人分享经验、互相支持。

如今人工智能技术与电子产品的结合应用，可以进一步帮助弱势群体追踪和管理自己的健康状况和情绪状态。这种应用可以帮助老年人定时记录体征数据、记录情绪变化，为他们提供定时服药提醒，并且可以根据数据提供个性化的建议和支持。此外，工业设计虚拟现实体验装置也能帮助弱势群体增强自信，体验幸福、满足等情感，这种体验可以通过听觉、视觉和触觉等多种感官刺激来实现，帮助他们消除压力。

（4）为弱势群体设计可持续性产品

为弱势群体设计产品同样要关注环境保护和可持续发展。设计师在为弱势群体提供产品解决方案过程中，还需考虑环境因素和可持续性，尽量减少产品生产及使用对环境的负面影响，降低能源消耗，减少废弃物的产生。如可以采用环保材料、可再生材料和改善生产工艺等措施提高产品的可持续性。

鉴于弱势群体往往收入有限，设计可持续性产品时还需考虑降低产品成本，确保产品的价格经济实惠，使他们能够负担得起。针对贫困地区的设计，设计师可以选择使用可再生材料和低成本制造技术，以符合当地的环境和经济条件。

设计师可以通过对可持续理念的倡导和推广，促进可持续性产品在弱势群体中的认可和普及；可以通过宣传和教育活动，提高社会大众对弱势群体、可持续理念的关注。这些有助于吸引更多的利益相关者和投资者参与其中，推动可持续性产业的发展。

14.4 为地球而设计

14.4.1 工业设计的人文精神

（1）人文关怀

工业设计将科学、艺术和商业等多个领域的知识和技能综合运用于设计、制造和应用领域，它不仅追求产品的创新和实用，还关注人类的生存、生活、安全、情感和文化。

通过对用户生活方式、习惯和期望的研究，工业设计师致力于提升产品的实用性、易用性、人机交互性、创新性，他们引入新技术、新材料、新工艺等，减少了人们使用产品过程中的疲劳和不便，满足了人们对舒适、便利生活的需求。例如，设计适合不同年龄段使用的产品，设计提供给残障人士的专用设备，设计地震后提供给人的满足基本生活需求的住所（见图 14-4），设计高效能的电器产品，增强产品的

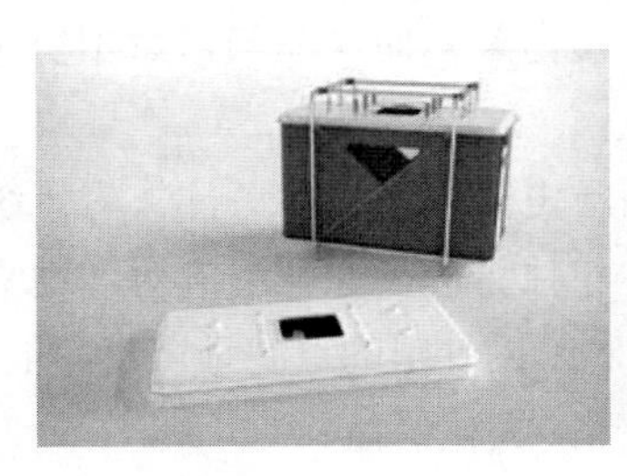
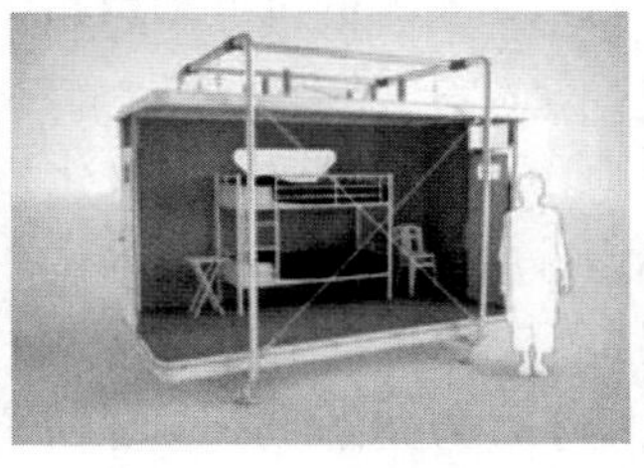

图 14-4　地震生存房子

包容性和可及性，提供易于维护和更换的零部件，增强产品的实用性及延长产品的使用寿命等。

工业设计有助于保障人类为生存发展而探索自然的活动。自然提供给人类生存所需的空气、水、食物以及各种生活、生产资源，而人类通过探索自然获取自身生存发展的知识和技术，改变自然环境以适应自身需求。工业设计通过创新的产品，为人类探索自然的活动提供保障。如户外探险用品在设计中需要确保产品在使用过程中符合人机工程学原理，设计师需要结合材料、结构与技术的创新设计，提高用品用具的轻量化、耐用性与可靠性。而多功能、安全性的户外用品设计可以帮助探险者方便携带更多必要的装备和物资，以应对户外探险带来的各种挑战。如采用轻量化材料和结构设计的登山帐篷，可以减轻负重；充气救生衣不仅可作为浮板还可作为保温用具使用。

工业设计师在确保产品设计的安全性和可靠性、满足人类对安全的需求上发挥着重要的作用。他们通过优化产品结构和功能的设计，预防产品在使用过程中产生的故障和危险，减少潜在的风险，保护用户的安全和利益。如在设计和制造中添加安全保护装置、遵循安全标准和规范、采用合适的材料等；在工业生产和办公场所中考虑空间布局、设备配置、紧急情况下的疏散通道等因素，最大程度地降低工作场所事故的发生概率；通过对人的工作能力、心理和行为等因素的评估，设计易于操作、符合人机工程学的工业产品和界面，使人在使用产品时能清晰理解产品的操作步骤与注意事项，以应对潜在的安全威胁。

人类的情感需求也是工业设计关注的内容。人类渴望与物品、生活的环境产生情感联系，因此设计师需要考虑人类心理需求，设计出符合心理需求的产品。例如，设计师通过人性化、便利的用户界面和交互方式，使用户与产品互动更加流畅和愉悦，增加人对产品的情感满足度；通过产品形状、颜色、文化、故事等因素来创造精美的设计情境，赋予产品独特的个性，激发人们对产品的兴趣，使人们与产品产生情感连接。比如设计师可以凭借产品背后的文化、故事、创意、灵感等，创造出独特而令人难忘的设计，激发人们与特定的时刻和回忆产生关联，使人们与产品建立起情感联系。

（2）文化认同

中国传统文化强调与自然和谐共生，注重尊重自然和保护动植物资源，倡导保护人类生存的环境和生态系统。工业设计从传统文化的角度融入环境保护的理念，并在产品设计和制造中体现这些理念。如在设计与制造中尽可能使用可再生资源、选择环保材料、降低能源消耗，结合传统工艺和现代技术设计出环保、实用价值高的产品，减少对自然资源的过度利用和环境污染，使产品与自然相协调，实现与中国传统文化中“天人合一”观点的一致性。

工业设计师还可以通过对地域文化和历史文化遗产的关注，将传统文化和本地特色融入产品设计中，体现产品的地域性和独特性，增强用户对本地文化的认同感和自豪感。例如，结合传统工艺和现代技术，设计出的具有地域特色的旅游纪念品，不仅传承和弘扬了优秀文化，还增强了产品的文化价值。

14.4.2 工业设计与可持续发展

（1）降低对环境的影响

随着科学技术的进步，人类活动对环境的影响日益加大，环境问题也越来越凸显。科技与工业技术的不合理使用与过度开发导致环境问题的进一步恶化，如工业化和城市化进程中对环境的破坏、自然资源的过度消耗等。

工业设计的发展与环境保护需求相协调，其可持续发展的方向为环境保护提供了有效的解决方案，如工业设计通过各种创新设计的仪器设施等，为科学家们更准确地了解环境污染、生态系统变化等情况提供了保障。设计师在产品设计与生产中，尽可能地使用环保材料和生产工艺，如设计可回收包装、节能电器等，以降低自然资源的消耗和废弃物的产生。

工业设计将产品的使用寿命作为设计的重要考虑因素。设计师能通过优化产品设计，提高产品工作的效率和安全性，提高材料的利用率，同时借助人机工程学的应用，提高用户体验，设计出能够经受时间考验的耐久性高的产品，减少频繁更换产品带来的资源浪费和环境污染；通过节能技术和减排措施，减少能源消耗的产品和系统，以此降低碳排放和污染物排放量；通过设计可拆卸和可回收的产品，便于产品的维修和回收；同时还要考虑产品材料的可再生和可回收性，通过资源循环利用，最大程度地减少废弃物的产生，降低温室气体排放，如使用可降解的包装材料、使用太阳能公共照明系统等；通过采用环保的生产工艺，减少使用一次性用品，优化包装设计，减少包装材料的用量、提高包装的再利用率，以减少对环境的负面影响。工业设计师还可以通过不同形式的宣传提升用户参与度和环保意识，如设计产品时同时提供环境保护指南，鼓励用户实施可持续生活方式。

（2）提高能源利用效率

工业设计师在设计产品时还需持有生态系统保护的理念。这意味着设计师需要在充分理解用户需求的同时，积极采用可持续的设计方法，在选择能源和材料时，优先选用环保、可再生的，如使用太阳能、风能等可再生能源，使用可回收利用的纸张、可降解塑料、可回收金属等材料。设计师可以通过优化产品设计和制造过程来提高资源利用效率，提高产品的能效，减少资源的浪费和消耗。在产品设计过程中可采用轻量化材料、优化制造流程等措施，减少资源的使用量，并延长产品的使用寿命；可通过节能技术、智能化设计降低能源消耗，实现资源的平衡利用，如利用创新技术和设计思维设计高效的太阳能电池板，应用到产品中，以提高其能效；可通过设计智能照明系统减少不必要的能源消耗；可采用数字化设计和3D打印技术，减少制造过程中的资源浪费。

工业设计能够推动能源利用效率意识的普及，如通过节能环保产品、环保招贴、环保设计活动等，宣传与科普环境保护的知识与重要性，使人们更加了解能源问题的严重性和紧迫性，促使人们积极参与有效的能源利用和能源保护行动。

14.4.3 工业设计与动植物保护

（1）减少生态系统破坏

工业设计师在产品的设计和制造过程中会尽量避免或减少对物种栖息地和生态系统的破坏。如在建设工业设施和基础设施时选择的地点，应尽量减少对野生动物栖息地的破坏，避免占用珍稀动物的自然栖息地。在产品设计和生产过程中，工业设计应选择环保材料，采用资源节约型技术和循环经济模式，减少对森林、水资源等自然资源的破坏，以及减少对动植物和其生存环境的危害。工业设计师可以与相关的动植物及环境保护组织、研究机构合作，共同推动动植物保护工作。如针对人类栖息住所的设计应与周围的自然环境相协调，采用环保材料的建筑形式融入自然景观，以不破坏现有的生态系统；或通过广告、媒体等方式向公众传达保护野生动植物的重要性，提高公众的生态保护意识。野生动物需要一个安全和舒适的地方休息、繁殖和抚养后代，工业设计在为野生动物设计栖息住所时，不仅要提供合适的巢穴、栖息处或巢箱等，还应提供一定的保护和安全措施，以防止野生动物受到威胁或遭受损害，如围栏、隔离区等，栖息住所应具备可持续性，同时尽量避免对环境的负面影响。

（2）保护物种多样性

工业设计师应遵守相关的环境和生物保护法规，关注生物多样性，注重动植物种群和生存的保护。工业产品及设施的设计应与环境保护及生态平衡相辅相成。

图 14-5 所示为设计师使用土、石、木等材料为鸟类设计的生活屋，自然的材料与造型使其能和谐融入周边环境。这个鸟类生活屋，位于哈灵水道附近的 Scheelhoek 自然保护区。保护区沿岸防线的内侧是大规模的芦苇床，外侧是一些平坦的沙岛。建在沙岛上的鸟类生活屋，为一些鸟类提供了繁殖和觅食的场所，帮助了部分鸟类种群的繁衍，例如普通燕鸥和琵鹭，以及当地标志性的白嘴端凤头燕鸥等。

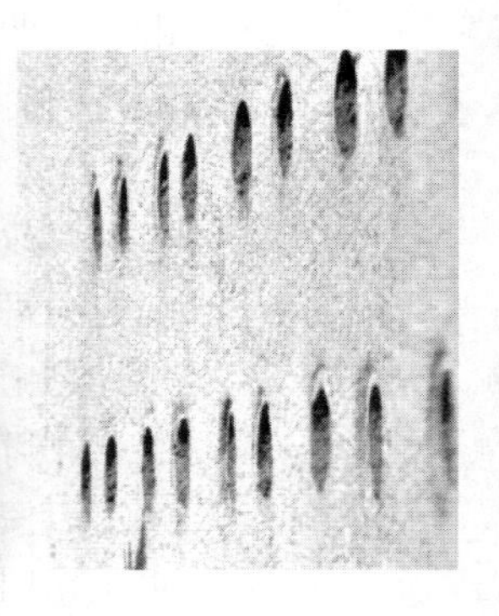

图 14-5　鸟类生活屋

工业设计师在人类的建筑物或交通工具中设计安装的避撞器，使用柔软的材料，设有警示装置或声音引导等，以减少野生动物与人类活动的冲突。此外，设计师还通过设计用于追踪和研究野生动物的产品，如追踪器、标签或传感器等，来研究动物的迁徙模式、栖息地偏好以及潜在的威胁。

工业设计师通过产品设计及产品使用过程中环境保护信息的传达，可以提高用户对动植物保护的意识和参与度，如在产品用户手册中加入环保使用建议、鼓励用户采取环保行动及保护生物多样性和栖息地等。

第15章

优秀工业设计作品及案例

15.1 世界三大设计竞赛奖及获奖作品

工业设计竞赛奖是表彰凭借产品或项目展现出优秀设计理念、创新技术，实现高质量生产工艺，具有强大的市场表现和获得商业成功的设计师和设计团队的奖项。这些奖项是对设计师和设计团队在工业设计领域取得的杰出成就的认可与鼓励，同时在促进设计创新、弘扬优秀设计、推动产业发展和加强国际交流与合作等方面具有重要意义。红点设计奖、iF 设计奖、IDEA 奖被称为世界三大设计竞赛奖。

15.1.1 红点设计奖

（1）简介

红点设计奖即红点奖源自德国，设立于 1955 年，每年评选一次，授予在产品设计、传播设计以及设计概念方面表现出色的作品。红点奖的发展几经演变，由最初的商业、政治、文化和公众的设计论坛，转变为设计行业的商业推广机构，并由发起人彼得 • 赛克教授于 1992 年正式定名为“红点奖”。

红点奖鼓励和推动全球设计界的创新和优秀实践，通过多个奖项的设置，促进设计与产业之间的深度融合。其中，“产品设计奖”是德国红点奖的核心奖项，旨在表彰各个领域里最具创新和设计品质的产品；“设计概念奖”是专门针对未来设计和概念设计的奖项，它鼓励设计师们提供解决现实和未来社会问题的新想法和新理念，并评估其创新性和未来前景；“传达设计奖”旨在表彰卓越的品牌设计和创意。

德国红点奖对参赛作品的评审，不仅注重作品的外在美感，更关注创新性、实用性和可持续性等方面，其具有严谨的评审标准。评审过程由国际专业评审团组织完成。评审团成员为来自各领域的权威人士，包括设计师、学者、专业媒体人士和行业领袖等，他们被邀请参与到评审过程，对参评作品进行细致的评估和分析。

参赛者在规定的时间内提交自己的设计作品，红点奖组织会对提交的作品进行初步筛选，确保符合基本的评选标准和条件，经过内部初选的作品将交由国际专业评审团进行评审。评审团会定期举行评审会议，仔细审查和比较不同作品之间的优劣，讨论并决定最终的评选结果。评选结果公布后，获奖者将受邀参加红点奖的颁奖仪式。

（2）获奖作品

设计师兼建筑师乔治 • 纳尔逊曾将设计定义为人类思维超越能力的表达。如图 15-1 所示是一款获得红点产品设计奖的设计作品——Numo 椅子，它的设计目的是为人们熟悉的悬臂椅子提供一种新的形式，并通过额外的支撑结构对椅身加以增强，使椅子经典的形式与创新的技术相结合。这款椅子的核心部件是一个由四个弯曲点组成的阻尼运动系统，该系统始终集成在框架和塑料座椅外壳之间，使得坐着的人不仅可以向后摆动，还可以向前摆动。因此即使人长时间坐着，Numo 也能提供出色的人机工程学功能和极大的舒适度。其绝对的功能性设计和简洁优雅的造型表达，为这把椅子开辟了广阔

图 15-1 Numo 椅子

的使用范围，如办公室、会议室、候诊室、餐厅、休息室等。针对不同的使用场合，用户还可以在椅腿设计中选用不同材质和造型，如实木直腿结构或铝合金折角结构。此外，还有适用于户外的带有滑橇框架的版本，并提供五种不同的颜色供用户挑选。

如图 15-2 所示的电动滑板车是中国产品设计团队设计的一款优秀的现代设计语言的作品，它有着浓厚的国际化视觉表达，在 2017 年获红点产品设计奖。简约流畅的线条成为小米米家电动滑板车外观设计的关键，为此设计团队还将跑道形和椭圆形作为设计的基础元素，运用到车体骨架的每一处，并为此重新设计、建模并研发，做了 300 多套模具和制具。在车身折叠固定件设计的实现上为了整合配件，以及安全性的考虑，设计师与工程师反复尝试，实现了卡扣和铃铛合二为一的巧妙设计。在工艺上率先在滑板车上运用椭圆前管 3D 锻造技术，连焊缝的走向都经过严密的推敲，保持统一斜度和中轴线，强化设计上的秩序感。

图 15-2　小米米家电动滑板车

15.1.2 iF 设计奖

（1）简介

iF 设计奖由创立于 1953 年的德国汉诺威工业设计论坛（Industrie Forum Design，iF Design）于 1954 年起每年定期举办。表彰在建筑、产品、图形设计等方面的杰出作品。该奖项鼓励设计师和制造商在工业设计领域通过不断推动产品创新和提升产品品质，改善人类的生活状态。

iF 设计奖具有严谨和专业的评审程序，它通过严格、公正、专业的评审标准，发现和表彰具有重要影响力的优秀设计作品。评审团采用多人评审制度，评委团成员由来自全球的知名设计师、行业专家和学者组成，以确保评选结果的公正性和权威性。参赛者需在规定的时间内提交设计作品，作品需要满足创新性、功能性、可持续性等要求。iF 设计奖的内部评审团将对提交的作品进行初步筛选。通过内部初评的作品将交由来自全球不同领域的专家和知名设计师组成的专业评审团进行评审。评审团成员对每件作品独立进行评审，评估其创新性、设计质量、实用性、可持续性等方面。评审团定期分享各自的评审经验和观点，并对作品进行综合评估和讨论，并决定最终的评选结果。

iF 设计奖为设计师和制造商提供了一个展示个人才华和优秀设计产品的平台，促进了工业设计领域的交流和发展，推动了产品创新和品质提升，提升了人类的生活品质。它所表彰的产品和设计师在很大程度上反映了当前工业设计的趋势和未来发展方向。

（2）获奖作品

如图 15-3 所示是一款多功能的空气管理器，是 2021 年德国 iF 设计概念奖获奖作品。它将除湿、加湿、净化和夜间照明功能集于一身，并能够提供来自触觉和视觉方面的功能反馈，以实现更好的用户体验。该产品配备了智能模块，可以自动监视室内空气湿度并激活相

图 15-3　多功能空气管理器

应的功能。作为一个以空气管理为主要功能的小型管家，这款产品可以真正实现房屋的恒湿空间，并实现智能化、自动化的管理方案。

这款产品在现代工业加工基础上融入了南美图腾文化元素的造型语言，精密的加工工艺和阳极氧化铝材质的配合，使整个产品造型散发着精致而神秘的气息。产品作为人造物超出了一点点“人造”的痕迹，这也许就是 iF 设计奖一直追求的。

如图 15-4 所示是一款健康的空调，也是 2021 年德国 iF 设计概念奖获奖作品。其设计特点是易于更换滤网，解决了普通空调滤网难以拆卸、清洁和更换烦琐的问题。这款空调产品的过滤器为卷盘设计，采用一次性过滤器，为更换滤网提供了一种新的便捷方式，有效地提高了产品的附加值，并为用户提供了健康舒适的生活环境。空调顶部封闭式设计，可避免进气口暴露，起到防尘、防菌的作用。产品整体造型结构小巧紧凑，设计语言中借鉴了电子产品的元素，使它的气质更加符合年轻人的口味。

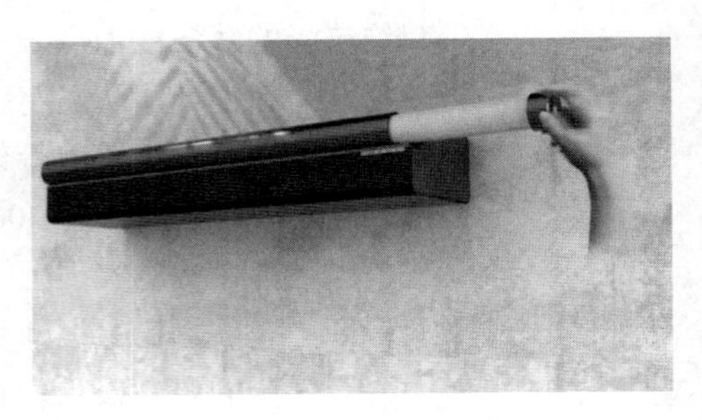

图 15-4　空调

15.1.3 IDEA奖

（1）简介

IDEA（the International Design Excellence Award，国际工业设计优秀奖）是由美国商业周刊主办、美国工业设计师协会（IDSA）担任评审的工业设计竞赛奖项。该奖项源自美国，设立于 1980 年，是美国最有声望的工业设计奖项之一，旨在表彰在设计创新、功能性、可持续性和美学等方面做出杰出贡献的产品和设计团队。该奖项涵盖了各种产品和服务，包括汽车、电子产品、医疗设备以及包装等，激励了设计师们不断追求卓越和创新。美国 IDEA 奖通过不断拓展和提高人类生存生活的边界、连通性和影响力来引导专业领域的发展方向，启发设计师的设计理念并提升他们的职业素养。

每个奖项类别都由专业评委团队进行评选，通过创新性、功能性、视觉吸引力、社会影响力等维度来评估作品的质量与价值，评选最具创新和功能性的产品设计、平面设计、包装设计、交互设计，及在可持续发展、健康与安全、创新设计思维等方面对社会产生积极影响的设计项目。参赛者需提供详细的申请表和相关材料，描述产品的设计理念、创新点和价值。专业评审团对所有申请进行初步筛选，评估申请的质量和符合奖项标准的程度。由专业工业设计师、学者和业界专家组成的评审团对入围的申请进行详细评审。他们会考虑产品的创新性、功能性、材料选择、可持续性等因素来评价产品的设计质量。

（2）获奖作品

如图 15-5 所示抗疲劳背带专为物流行业的工人设计，以减轻工作造成的疲劳。背带没有电机和电池，由机械硬件和弹性乳胶带的组合提供动力，其作用类似于人造肌肉，可以减少超过 22 公斤的背部压

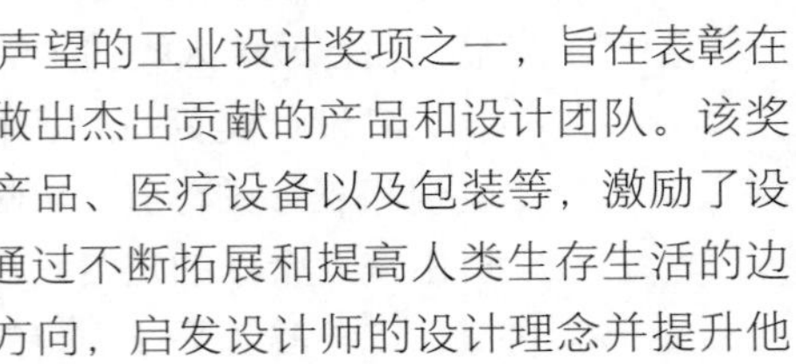

图 15-5　抗疲劳背带

力。其类似背包的造型设计让工作人员在穿脱中仍能保持凉爽和舒适，并且可调节以适应各种体型和尺寸。

15.1.4 世界三大设计竞赛对中国设计的影响

目前我国高校和设计机构在工业设计领域的研究和教育中，积极关注和参与世界设计竞赛的评选。这些竞赛为国内设计界提供了学习和交流的平台，让国内设计师和设计机构能够了解国际最新的设计趋势和成果，提升自身的创新能力和设计水平。这些竞赛也促进了国内设计行业的国际交流与合作，为国内设计界走向国际市场提供了机会和渠道。

我国高校及设计机构通过参加世界三大设计竞赛评选、举办相关活动和论坛等方式，与国际设计界进行交流与合作，同时在高校和设计机构中开设相关课程和培训，培养具有国际视野和创新能力的工业设计师，为国内设计行业提供更多的人才支持，提升了国内设计的整体水平，对于推动产业升级和转变经济增长方式具有重要的作用。

在竞赛中获得奖项的设计作品往往能够吸引更多的关注和投资，从而促进相关产业的升级和发展。我国的获奖作品往往具有浓郁的中国特色，这些作品能够让更多的国际设计师和消费者了解和认可中国文化，从而推动中国文化走向世界，增强中国设计的品牌价值，让更多的国际消费者愿意购买中国设计的产品。

世界三大设计竞赛为学生提供了实践的机会。参与竞赛，学生可以接触到真实的设计需求，学习如何应对实际问题并提供解决方案，在与设计师、专家和产业界人士的联系与沟通中，获得经验和指导。

竞赛要求学生独立思考和创新设计，并运用其所学的工业设计技能和知识参与竞赛以满足特定的要求，这会激发学生的创造力和创新思维，巩固和扩展学生在设计过程、材料选择、人机工程学等方面的专业能力，促使他们提出与众不同且富有创新性的设计方案，而团队参与竞赛也会促使学生学会交流和合作，在集体智慧中共同完成设计任务。

15.2 中国设计红星奖及获奖作品

15.2.1 红星奖简介

中国设计红星奖（简称红星奖）是由北京工业设计促进中心于2006年承办，并由中国工业设计协会、中国家用电器协会、中国服装协会等十余家单位协办，面向全领域的创新设计奖项。该奖项旨在表彰中国各行业和各领域内具有创新性和实用性的优秀设计成果。红星奖是中国最具影响力的设计奖项之一，该奖项获得者不仅会获得主办单位颁发的荣誉证书和奖杯（如图15-6），还可以通过举办方提供的媒体报道、展览展示、奖金支持等宣传及推动设计成果研发的机会，实现设计成果的商业转化和推广，提升获奖企业和产品的知名度与影响力。

图15-6 红星奖证书与奖杯

中国设计红星奖获奖类别主要分为概念奖和产品奖，概念奖主要评估在设计思路、创新性、实用性和可行性等方面杰出的设计概念以及未实际生产的项目。产品奖主要评选具有突出的创新性和实用性的工业产品领域的优秀设计成果。产品奖的奖项类型设置广泛，涵盖了电子信息、家用电器、家居用品、服装服饰、工艺美术、医用器械、装备制造、交通工具和公共设施等。红星奖的举办大力推动了中国设计的创新发展，提升了中国制造的国际竞争力。

中国设计红星奖以促进设计创新和提高设计质量为目标。首先评审团依据参赛作品的质量与符合奖项要求的程度，依据创新性、实用性、美感、可持续性、市场性评选标准对所有参赛者准备的设计描述、设计理念、技术参数、产品图片等申请资料进行初步筛选。最终评审团根据评审结果和标准，评选出获奖作品和设计团队，并通过对获奖者及作品的宣传，为广大企业和设计者之间的交流与学习提供素材，进一步彰显了红星奖获奖作品和团队在工业设计领域的典范性和示范效应，激励整个工业设计产业向着更高的专业水平和设计质量发展。

15.2.2 红星奖获奖作品示例

红星奖获奖作品通常在设计理念、技术应用、工艺流程等方面均具有较高的创新性及良好的实用性、美观性和艺术性，在设计和制造过程中通常考虑了环保和可持续性因素，在国内引领了设计潮流，促进了中国工业设计的发展。

（1）获奖作品一：智能交通警示机器人

设计者：区耀光

图 15-7 是一款为避免大部分车主在公路上紧急停车后因没有合理设置好警示牌，而发生二次事故的智能交通警示机器人设计。该款作品采用了螃蟹的设计元素，造型生动醒目，识别性好，并能沿道路上的白色车道分界线自走而不跑偏。该产品能够在车主不动的情况下结合定位系统功能与车主手机同步定位，实现该设备沿预定路线移动适当的安全距离，并能够提前把道路安全状况反馈给车主。此款设计能大大降低车主在公路上紧急停车时的危险系数。

图 15-7 智能交通警示机器人

（2）获奖作品二："青梅竹马"竹自行车

设计者：杨文庆

自行车是一种环保的交通工具，相对于汽车等交通工具来说，对环境的影响更小。竹子作为一种环保材料，具有多种环保优势，在绿色低碳发展背景下，竹材作为可再生绿色资源在工业设计领域具有独特的优势。如图 15-8 这款"青梅竹马"竹自行车采用原竹作为部分车架的竹钢混合结构，与传统普通钢管自行车相比，车身竹材具有高度的韧性和良好的吸振特性，使得整车质量较传统自行车可减轻 30%～40%。同时斜向

图 15-8 "青梅竹马"竹自行车

大竹以及纤细的双梁结构，体现了以“竹马”与“青梅”命名的造型语言。该竹系列自行车设计项目是设计者团队为上海老字号永久企业的自行车设计的，通过材料、结构、技术的创新融合，实现了自行车材料和外观的革新，蕴含了“郎骑竹马来，绕床弄青梅”的文学典故，展示了符合传统文化内涵的视觉审美，使这款竹自行车外观造型和人文内涵带给人的吸引力增强，振兴了民族品牌。在推动可持续发展过程中，价廉物美的新材料及其在工业化大批量生产上的使用，将为中国制造带来新的创利点，更是一种有助于实现绿色低碳发展生活方式的体现。

（3）获奖作品三：“蜂巢”置物架

设计者：曲美家具

曲美家具从蜂巢造型汲取设计灵感，以极简的线条表达，纹理清晰的木质，打造出结构稳定、实用美观、风格灵动的“蜂巢”置物架家具造型（如图 15-9）。曲美家具设计团队精确地测算置物架的每根线条、每个角度的数值，并结合胶合弯曲木的制造工艺，还原了蜂巢独特的结构形式。每层置物架的横面都保证了足够的尺寸，不仅确保了置物架“下盘”的稳定，使其能够牢固矗立于地面，还展现了每层良好的置物功能。这款置物架风格百搭，适应性强，可以满足用户在不同功能空间的使用需求，消费者可根据置物需要调节层数，自由安排书籍、摆件、护肤品等物品。

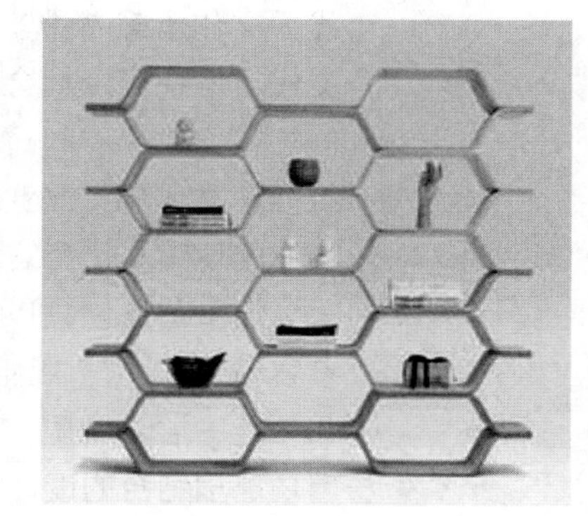

图 15-9 “蜂巢”置物架

15.2.3 红星奖的影响

（1）红星奖与中国企业

企业通过参与红星奖，可以吸引更多的设计人才，提高研发能力，促进设计与企业的交流与合作，进而提升企业的核心竞争力。而企业若获得红星奖，则意味着企业的产品设计取得了一定成果，在工业设计领域得到了设计界的鼓励与肯定，这将提高企业和产品的知名度与影响力，提高产品市场占有率，进一步促进工业经济发展与产业结构升级。同时获得红星奖的企业往往还能得到政府和投资者的关注，这将为企业带来更多的资金支持和政策优惠，使企业更容易获得商业合作伙伴的关注，为企业带来更多的商业合作机会，帮助企业在市场上建立更高的品牌认可度和影响力，并吸引更多的消费者关注与认可企业的品牌。这种设计业与制造业之间相互促进的发展模式，可以有力推动中国制造转向中国创造，以及从中国速度向中国质量转变。

（2）红星奖与中国高校设计教育

红星奖作为中国工业设计界的最高荣誉，其奖项都是经过严格评选而产生的，获奖作品在设计领域中均具有较高的设计水平和创新性。在高校设计教学中，通过对红星奖获奖作品的研究与分析，可以帮助学生学习获奖作品的设计方法、创意、思路、表现技巧等知识，并从作品中获得启发与灵感。

高校设计学生也可以参与红星奖评选，并借助红星奖平台展示自己的设计成果，提升自己的设计创新能力。高校学生通过了解及分析红星奖评选标准，可以了解市场需求和趋势，掌握设计技能和策略，提升自身设计作品在创新性、实用性、美感、可持续性和市场性等方面的表现。参赛过程中的设计构思、设计表达可以帮助学生积累丰富的社会经验，激发其对市场和用户需求的深入研究，提高其与团队成员、用户和市场的沟通技巧，增强学生人际交往和沟通能力，以及对市场和用户真正需求与期望的了解，提升综合设计能力。

获得红星奖对高校设计学生来说是一种很高的荣誉，既可以增强设计的自信心和动力，又能激发其对设计事业的热情和追求，同时还能获得更多企业招聘的优先权及拓展职业发展的机会。

（3）红星奖与文化创意设计

文化自信是一个民族、一个国家以及一个政党对自身文化的肯定和自信。中国优秀文化承载着中华民族的文化底蕴和智慧，为实现我国的经济繁荣与社会稳定，文化自信在当今社会中显得尤为重要。文化创意设计是传承优秀文化与展现文化自信的有力途径，同时文化创意设计与文化传承是相辅相成的过程。文化创意设计可以推动文化创意产业的可持续发展，促进本民族或本地区文化与世界文化的交流互动，展现出文化自信。

红星奖自创立以来，作为中国文化创意设计产业的重要组成部分，特别强调了参赛设计作品与中国文化的结合与创新，红星奖鼓励设计师们探索中国文化的内涵和特色，展示中国文化的独特魅力和价值。设计者们运用文化元素、创新理念和实用功能相结合的设计方式，展示本民族或本地区文化的独特性和魅力。

红星奖的获奖作品不仅代表了中国工业设计的最高水平，也是中国文化创意产业的重要成果。参赛者可以通过数字化、智能化等设计思路，让产品用户更加便捷地体验文化的魅力，如可以通过深入挖掘文化内涵，向消费者传递深刻的文化价值，或通过拓展文化体验的方式，让消费者深入地了解和感受文化表达的形式。红星奖的设立和举办，展示了中国工业设计的创新精神、敏锐观察力和人文关怀，并在国内外广泛传播和宣扬中国设计的同时，展现中国文化的魅力与价值。

15.3 工业设计大师作品

工业设计大师的设计思想和作品对产品设计领域、制造业、消费者，以及社会各方面都具有广泛的影响力。他们以独特的设计理念和技能，推动了产品设计的创新与发展，推动了制造业的转型和升级。他们的作品或以创新的形式和功能，引领全球潮流；或以高质量和出色的使用体验，提升产品的价值，满足消费者对产品品质的期待。他们作品的实用性与审美性，反映了时代的精神和社会文化的变迁，传达出对环境、社会和人类福祉的关注，影响着人类对生存及生活状态的看法和态度。

15.3.1 工业设计大师介绍（部分）及作品

（1）迪特·拉姆斯

迪特·拉姆斯（Dieter Rams）是现代主义设计大师，被誉为“德国工业设计之父”。作为20世纪最具影响力的工业设计师之一，他以其极简主义和功能主义的设计哲学闻名于世。拉姆斯的设计理念影响深远，他提出了著名的“设计十诫”（即好设计的十大原则），这是指导设计实践的十大基本原则，包括“好的设计是创新的”“好的设计让产品有用”“好的设计是唯美的”“好的设计使产品易于理解”“好的设计是谦虚的”“好的设计是诚实的”“好的设计是有持久生命力的”“好的设计是追求细节的”“好的设计是对环境友好的”“好的设计是极简的”。迪特·拉姆斯提出的好设计的十大原则从产品、人和环境几个方面论述了什么是好设计，同时体现了他对消费主义、可持续性设计和未来设计的反思，这在当时来讲是具有创新性和前瞻性的，他的这些理论对于当今的工业设计乃至未来的工业设计发展方向仍然具有启发意义。

迪特·拉姆斯还提出了“少而好”的设计哲学思想，提倡尽可能少的设计，剔除不必要的东西，这一思想和德国包豪斯的第三任校长密斯的“少即是多”异曲同工。他的这一设计思想影响到了世界上许许多多设计师，包括日本的深泽直人和苹果公司的首席设计师乔纳森·艾维。

迪特·拉姆斯最著名的设计是为博朗公司设计的一系列收音机，1958 年，年仅 26 岁的迪特·拉姆斯设计了博朗 T3 口袋收音机（图 15-10），这款收音机非常小巧，适合放在口袋里，满足了人们在户外场景下收听广播的需求。这款设计的创新点表现在三个方面：第一，拓展了收音机的使用情境。第二，造型上的创新。收音机正面的扬声器孔整齐有序地排列，形成了正方形造型，右边的按键和调频旋钮布局简单、直观，不常用的部件及插孔都被安排到收音机的侧面。他的这款设计在后来也深深地影响了苹果公司的设计，如 iPod 系列。第三，人机界面的创新。迪特·拉姆斯将主要的操作按键和旋钮用清晰的形态语言来表达，更加直观，并将主要功能集中在一个区域，使用户便于操作和使用，迪特·拉姆斯正是通过自己的设计实践践行了好设计的十大原则中的“好的设计使产品易于理解”。

图 15-10 博朗 T3 收音机

博朗 TP1 收音留声机（图 15-11）是迪特·拉姆斯在 1959 年设计的一款便携式收音留声机，它被称为“最早的随身听”，比索尼公司生产的随身听整整早了 21 年。TP1 收音留声机上半部分是便携收音机，而下半部分可以播放黑胶唱片，两部分可以拆分使用，这款设计在功能和美学上达到了高度统一。黑胶唱片机部分的设计极具创新性，迪特·拉姆斯把唱臂巧妙地收纳在一个舱门里，当使用者安装好唱片，打开听音乐的时候，舱门会缓缓打开，从黑胶唱盘的底部将唱臂升起，然后利用便携收音机的喇叭播放。TP1 收音留声机正面的外观尺寸比例都是通过黄金比例分割出来，整体布局显得清晰、美观、协调。

图 15-11 博朗 TP1 收音留声机

1961 年，迪特·拉姆斯为博朗设计了 RT20 收音机（图 15-12）。从人机界面的设计角度看，操作面板上左边的扬声器是由规则排列的细长长方形孔组成的

图 15-12 博朗 RT20 收音机

圆形，右边是操作旋钮和调频指示窗口，旋钮呈竖排和横排排列方式，整齐、有序，透明的调频指示窗口给用户以清晰的指示。从侧面看，收音机并不是标准的长方体，它的正面不是与桌面垂直的，而是向后倾斜，和桌面形成一定角度，这样更便于用户操作和使用。这正印证了迪特·拉姆斯好设计十大原则中的“好的设计是追求细节的”，他在细节中低调地表达了对用户的关怀。RT20 收音机整体设计得简约而又不失秩序的美感，体现了功能性与形式美的完美统一。正如迪特·拉姆斯所说，通过烦琐浮夸的表面设计引起消费者的注意，是不能得到情感上的回应的，只有在设计里越少地加入信息，才越能引起消费者情感上的回应。而这种情感回应，需要在细节中才得以实现。

1987 年，迪特·拉姆斯与迪特里希·卢布斯（Dietrich Lubs）一起为博朗设计了经典的 ET66 电子计算器（图 15-13），通过它可以看出拉姆斯对产品细节的精致追求。第一，按键造型的设计。按键造型被设计成向上凸起的圆形，而不是有稍微下陷的凹面，这是因为设计师们在反复模拟测试后得出了一个结论：对于用户来说，能否准确地触摸到按键，比按键按下去的手感更为重要。第二，按键颜色的设计。按键被设计成几种颜色并非为了美观和哗众取宠，而是基于功能上的需求，同一种颜色的按键代表同样的功能分区，颜色的选择方面也采用了低饱和度的色彩，充分体现了迪特·拉姆斯一向谦虚、低调的设计风格。

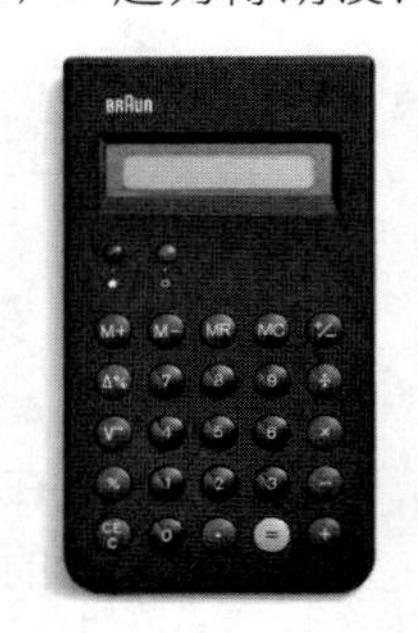

图 15-13 博朗 ET66 电子计算器

（2）卢吉·科拉尼

卢吉·科拉尼（Luigi Colani），1926 年出生于德国柏林，早年在柏林学习雕塑，后到巴黎学习空气动力学，被誉为“21 世纪的达·芬奇”，以及“离上帝智慧最近的设计大师”。卢吉·科拉尼是一位具有创新精神和深厚设计才华的设计师，他将人机工程学、空气动力学和仿生学等领域的学科知识结合在一起，同时将环保、可持续发展和人性化设计等作为设计理念，这些理念使他的作品不仅在视觉上独具特色，还为人们提供了更加实用、舒适和愉悦的使用体验。

卢吉·科拉尼设计的汽车，在造型和工程制造方面都进行了优化，他将生物学的原理和自然界的形态融入设计中，强调了流线型设计风格，并运用了先进的空气动力学技术减少了风阻，降低了油耗，改善了车辆的操控性和稳定性。其设计的宝马、奔驰、法拉利等汽车在拥有优雅外观的同时，也兼有出色的性能。卢吉·科拉尼注重人性化设计，他始终认为设计是为人类服务的，在产品功能性和舒适性方面都充分考虑了人的需求和感受。

图 15-14 菲亚特 1100TV

菲亚特 1100TV（如图 15-14）是卢吉·科拉尼为菲亚特公司设计的一款汽车，并在 1954 年日内瓦举办的国际汽车设计大奖会上获得了奖项，从此声名鹊起。科拉尼对卡车的造型设计也有独特见解，从 20 世纪 70 年代开始，科拉尼设计并制造了多款卡车，他设计的卡车风格独特、造型前卫，被称为

“科拉尼卡车”（如图 15-15）。

（3）理查德 • 萨帕

理查德 • 萨帕（Richard Sapper）于 1932 年出生于德国慕尼黑，20 世纪 50 年代开始涉足工业设计领域，他的设计作品获得了多项国际设计奖项，包括金圆规奖、雷蒙德 • 罗维基金会的好运奖等，是 20 世纪著名的工业设计大师之一。他的多项设计作品在纽约现代艺术博物馆、伦敦维多利亚和阿尔伯特博物馆等多个博物馆展出。他的作品通常简洁而实用，同时具有创新和智慧的表现。他的作品内容涵盖了家具、电子产品、建筑等多个领域，技术、美学和人机工程学在他的作品中都有深刻体现。理查德 • 萨帕注重产品的材料和制造工艺，因此在选择材料和工艺时非常注重细节和品质，他认为材料和工艺是产品品质的重要保障。他主张创新思维在设计过程中的应用，以更好地满足用户需求和偏好，以及提升用户体验。理查德 • 萨帕还主张通过设计来促进社会的可持续发展，重视与其他领域进行跨界合作，这些主张与举措对推动现代工业设计的发展起到了积极的作用。

图 15-15 科拉尼卡车

图 15-16 桌钟

理查德 • 萨帕在 1960 年受朋友引荐为 Lorenz 公司设计了一款 Lorenz Static 桌钟（图 15-16）。根据 Lorenz 公司的要求，他需要在设计时用掉制造商库存的鱼雷机计时器，于是他巧妙地将计时器包裹在钢管中，钢管底部做平以保证桌钟的稳固性，同时在钢管中放入电池，把钢管面向使用者的一面巧妙地做成了钟面。

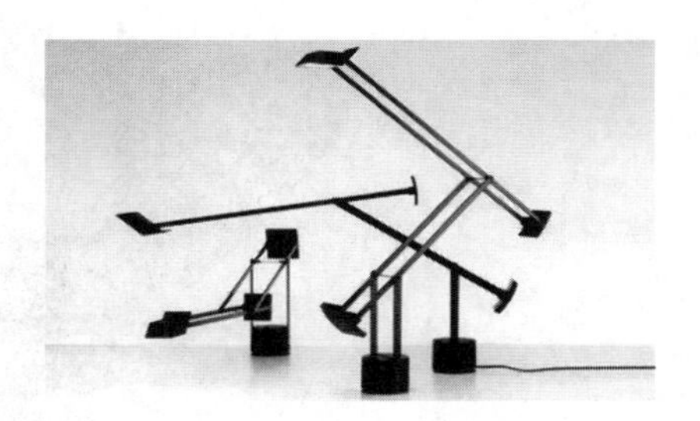

图 15-17 卤素台灯

理查德 • 萨帕于 1972 年设计的卤素台灯（图 15-17）体现了他对平衡力学的巧妙运用。他希望光线只投射在面前的书页上，而四周仍保持着幽静和朦胧。这款台灯结构造型独特，灯体可以在水平面旋转 360 度，也可以沿着杆位滑动来调节灯座高度，呈现出多角度的平衡美感。

理查德 • 萨帕于 1983 年为 IBM 公司设计了一款 ThinkPad 笔记本电脑（图 15-18），在 IBM ThinkPad 的设计中，理查德 • 萨博主张简约主义的设计风格，不仅在外形上追求

图 15-18 ThinkPad 笔记本电脑

简洁，还在电脑功能和使用体验上追求极致的便捷和高效。ThinkPad 的设计亮点在于它的键盘部分采用了人机工程学设计，提高了用户在使用过程中的舒适性。除了键盘部分，萨帕还将小红点（指点杆）引入了 ThinkPad 的设计中，用户不用使用鼠标，仅通过小红点就可进行光标定位，双手不离开键盘就能完成操作，这一设计也成为了 ThinkPad 的一大特色。理查德·萨帕设计的 ThinkPad 电脑是笔记本电脑设计史上的一个里程碑，它不仅代表了简约主义设计的精髓，也体现了人性化设计的理念。

（4）马克·纽森

马克·纽森（Marc Newson）于 1963 年出生于澳大利亚悉尼近郊，是一位著名的工业设计师。2005 年纽森被美国《时代》周刊评为全球 100 名最有影响力的人物。马克·纽森将有机形态、流线型设计风格的流畅线条等温暖与自然的元素融入飞机、家具、珠宝和时装等多领域的设计中，使作品呈现出一种自然、和谐的美感，减轻了高科技工业给产品所带来的冰冷感、坚硬感。他的设计考虑到了人机工程学和舒适性，不仅具有美观性，也注重实用性和功能性，可以让人们在日常生活中感受到更多的舒适和便捷。他的设计理念可以概括为“柔和极简主义”，他主张在设计过程中尽可能地简化元素和线条，去除过多的装饰和细节，而追求简洁、流畅和优雅的产品设计风格。他不断探索未知的领域，尝试运用前沿科技设计作品，展现出他对未来设计的追求和思考。

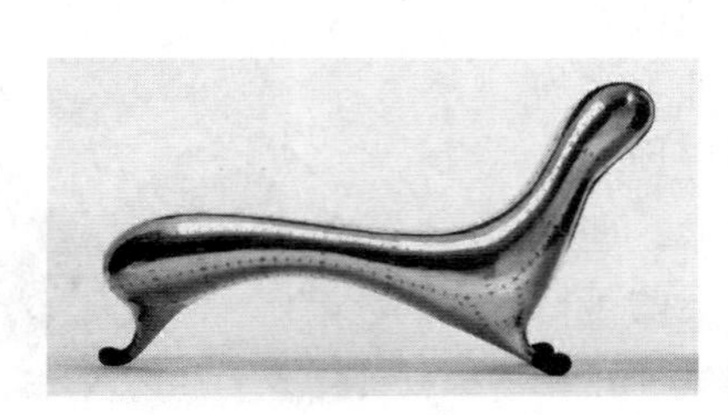

图 15-19 Lockheed 躺椅

Lockheed 躺椅（图 15-19）是一把马克·纽森以“创造一个流动的金属形式”为概念手工打造的、以再生银色金属漆与弧形线条为主要设计元素的作品。这款躺椅的主体部分主要由强化玻璃纤维塑料制成，椅腿自然曲线垂下，并在末端用橡胶包住，整个表面都由附加有盲铆钉的薄壁铝板覆盖，这些片材并不重叠，但几乎是无缝连接的。躺椅呈现出具有迷幻色彩的流动性，给人一种飞机机身的感觉，仿佛是一件从未来世界走出的艺术品。

图 15-20 感觉椅

感觉椅（图 15-20）将雕刻般的造型和柔软的材质有机地结合了起来，椅子采用玻璃纤维强化的聚酯纤维材料来制作，椅身呈现出的独特柔软的线条，让人可以悠闲地靠坐在里面。

图 15-21 Newson Aluminum 座椅

马克·纽森在 2018 年设计的一款名为 Newson Aluminum（纽森铝）的座椅（如图 15-21）是一款极具现代感和创新性的家具，是马克·纽森柔和极简主义风格的典型代表，是现代家居设计中的精品。椅子的设计采用了铝框架，椅背形成一个连续的环路，不间断的线条呈现出了一种悬浮般的视觉形态。椅背和坐垫由网格织物组成，这款椅子所具有的平衡结构，保证了椅背和坐垫不会相互碰到，这种精细的设计与制造工艺使得椅子在满足实用功能的同时，也具备了良好的美感。

（5）喜多俊之

喜多俊之，1942 年生于日本大阪，1964 年毕业于浪速短期大学（现大阪艺术大学短期大学部）工业设计专业。他是一位在环境、空间、工业设计领域国际舞台上活跃的工业设计师，他的作品在国际上拥有极高的声誉和评价，被纽约现代艺术博物馆以及世界许多博物馆选定为永久收藏品。

喜多俊之的设计理念主要围绕“给设计以灵魂”。他凭借敏锐的感知能力从生活中发现设计的本质，能充分考虑产品使用者的感受，洞彻设计的需求。他一直致力于将濒临失传的传统技术和材料运用于现代设计，并将中国宋代美学理念与元素和现代设计理念与技法进行生活化的结合，充分展示产品的实用性和美感。

花之瓣系列的花朵造型瓷器，是喜多俊之和日本佐贺县有田町瓷器工房合作打造的，以“厨师的全新画布”为设计理念的有机瓷器系列。如图 15-22 所示餐盘运用独特的设计与艺术完美结合，为厨房增添了更多的色彩和情感。这个系列的餐盘造型有圆润的曲线，可以完全服帖于掌心，餐盘型有如三瓣花朵，这也是系列名称的由来。喜多俊之通过这种有机外形设计以及对餐具材料的严格把控，把对厨艺的独到见解，以及美食的艺术呈现得淋漓尽致。

喜多俊之在 XELA 系列餐具（如图 15-23）设计上延续了一贯的简洁、实用、环保的设计理念。圆润的造型一扫金属餐具原本冰冷的感觉，餐具的刀片部分采用薄而锋利的设计，增强了切割能力。餐具刀片部分与柄部之间采用一体化设计，以确保在使用过程中刀片不会产生松动或脱落现象，从而降低了使用风险。

喜多俊之设计的漆器（如图 15-24），造型厚实圆润，同时考虑了创新、环保和文化元素的融合。漆器所表达出的独有的沉淀感光泽，以及天然朴素的材质感，给人以温馨和踏实的感觉。

喜多俊之将日本濒临失传的传统技艺融入现代

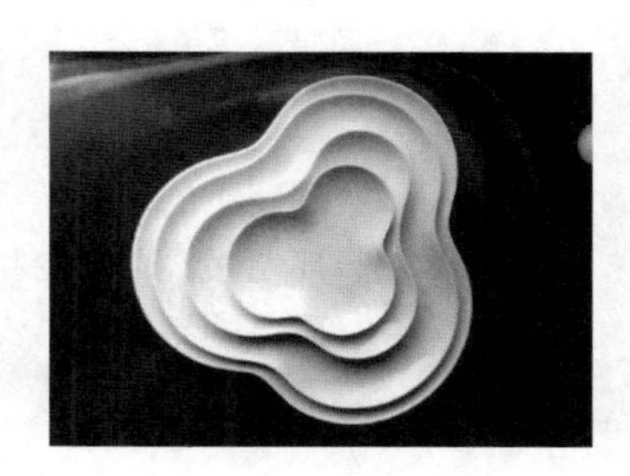

图 15-22 花之瓣系列餐盘设计

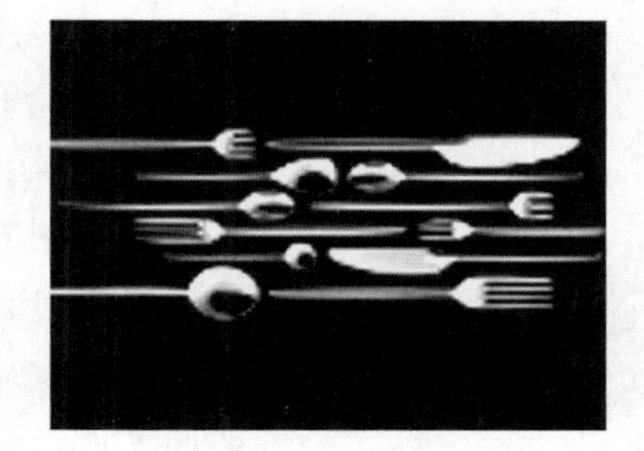

图 15-23 XELA 系列餐具

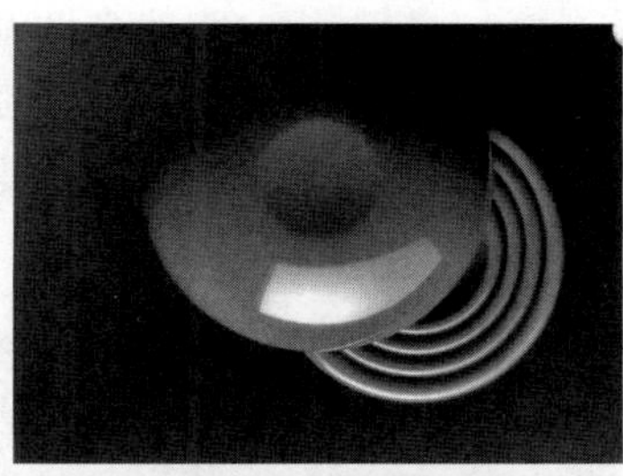

图 15-24 漆器设计

图 15-25 TAKO 灯具设计

设计，设计出了既实用又具有文化内涵的TAKO灯具（如图15-25）。灯罩只是单纯吊挂在灯泡前方，灯罩材料采用日本传统的手写和纸，这种和纸具有轻、韧、柔且不变色的特性，经过特殊处理，可以透光，经过漫射，可以使得刺眼的光线变得更加温暖柔和，有种复古的美感。灯具固定架的材料选择了可循环利用的材料——可回收的铝制品，支架部分使用钢材，灯具的底座采用稳定的三角形设计，使灯具有更好的稳定性。

15.3.2 工业设计大师的职业素养

工业设计大师通常善于不断探索新的设计方法和理念，运用创新设计思维，通过观察、调研和分析挖掘用户的潜在需求，并严格把控每个设计环节的质量和进度，将用户需求贯穿于产品设计的全过程。他们往往运用前瞻性设计理念，预见未来的趋势和发展，将用户未来的需求和元素融入当前的设计中，如通过可持续发展理念，采用环保材料和节能技术等手段，注重环保和资源利用的可持续性，实现产品设计和自然环境的和谐共生等。

工业设计大师善于不断探索和掌握各种创新技术，为产品设计提供强有力的支持。如通过人机交互技术，研究人与产品之间的交互方式，为产品设计提供更为直观、高效和人性化的交互体验。同时他们还能够对市场需求和竞争态势进行深入分析，明确产品设计的方向和目标。工业设计大师还擅长与科技企业进行跨界合作，将最新的技术和趋势融入产品设计中。他们还会与艺术、建筑等相关领域进行合作，从不同领域中汲取养分和灵感，拓展产品设计的思路和视野。

15.4 设计驱动型品牌及相关优秀案例

15.4.1 设计驱动型品牌的概念

设计驱动型品牌（brand driven by design，BDD）是广州美术学院童慧明教授基于长期对国内外产业系统设计实践的观察与研究，于2017年7月在北京举办的“国际体验设计大会”上提出的一种设计产业发展新趋势理念。“BDDWATCH　设计驱动型品牌观察”是童慧明教授于2018年1月初创建的微信公众号，聚焦研究2011年以来诞生的设计驱动型品牌创业公司的成长历程与经验总结。设计驱动型品牌观察经过多年的研究推进，已发展成为一个设计驱动型品牌研究、传播、推动、赋能与引领系统生产的平台。它通过研究、推介、分享BDD创业公司典型案例与成长历程，策划组织各种线上、线下活动，倡导以设计思维引导产业变革，为设计、科技与商业的深度融合创新赋能，推动企业走向成功。奋进在BDD创业一线的创始人、联合创始人、CEO在设计驱动型品牌论坛登台演讲，交流心得与经验。论坛以“实践优于理论”为宗旨，提供分享品牌理念、产品特色、成长业绩以及创业感悟的平台，为抱持BDD创业梦想的创业者及设计师带来启迪与鼓舞。

童慧明教授是“设计驱动型品牌”理念的主要推动者。这个理念强调以设计为主导的品牌建设方式，将品牌战略和设计策略紧密结合起来，提升品牌的设计水平和创新能力。设计师通过深入了解品牌的目标、定位和受众，理解品牌的需求，设计出优良的产品，有效地传达和体现品牌的核心价值并实现个性化推动品牌发展的策略。同时设计师运用设计元素和原则，以品牌的核心定位、品牌标识、品牌视觉风格等为基础，创造出独特的品牌形象和视觉识别系统，使得品牌在市场中具备辨识度和吸引力，让品牌的价值和理念的传递更为有效，以此能够与竞争对手区分开来，获得更多的市场关注。

在第三届世界工业设计大会上，Designet 为 BDD 打造了 BDD 博物馆（BDD Museum）（如图 15-26），这是设计驱动型品牌理念推广的年度线下展览，主要汇集展示中国 BDD 创业典型公司的优良设计作品。展馆的整体设计参考博物馆，通过知识性 + 展品的体验方式进行创意发散，突出展品功能、注重参展者交互体验感受，呈现出形式追随功能、弱化装饰的极简设计风格。

图 15-26　设计驱动型品牌博物馆

小米品牌是中国设计驱动型品牌的典型代表。小米公司创始人雷军在 2010 年创立小米公司时，就把从乔布斯创立并引领苹果公司发展中学到的宝贵经验用到了创始人团队组建上，以“要做一家好的创业公司必须有设计师参与”为原则，创立了拥有 2 位设计师参与的 8 人创业团队。雷军注重公司的自研技术和设计创新，希望通过设计创新商业模式及推出创新性的产品，推动小米品牌不断进行自我创新和高端化转型。在小米产品生态链的后台有大量的设计师成为创始人、CEO，在统一的设计管理下，生态链全部产品正日益清晰地呈现小米风格，这为消费者带来更为清晰的品牌识别度及更好的使用体验。

好的设计可以使小米品牌更具有吸引力和竞争力，提高品牌价值和市场占有率。小米从最初的产品系统，再到生态链产品，每一步都离不开设计的支持。小米公司的设计理念强调“用心打造，追求完美”，这使得小米的产品在外观、功能和用户体验方面都得到了极大的提升。如小米 MIX Fold 系列折叠屏手机（如图 15-27）的设计就充分体现了小米对科技与艺术的追求。该系列折叠屏的产品配置强大，性能优异，而且在影像、屏幕等方面均表现出色，在市场上取得了很好的销售成绩。其外观简洁大气，采用了创新材料和工艺，注重功能性和用户体验，让用户真正感受到了科技的魅力，这也进一步提升了小米品牌的知名度和影响力。

图 15-27　小米 MIX Fold 系列折叠屏手机

小米在设计方面的创新也体现在其品牌形象的展示上，小米的标志经历了多次变化，每一次变化都是应对市场目标定位，对品牌形象的提升和进化。如最新的小米标志更加简洁现代，符合小米年轻、时尚的品牌形象。

15.4.2 设计驱动型品牌发展理念的推广

推动设计驱动型品牌的发展意义重大。童慧明教授认为，设计必须与商业相结合，他积极推动设计与商业的融合，让设计更好地服务于公司的商业目标。为此设计团队要与公司的各个业务部门密切合作，一方面可以加强对市场的了解，能根据市场需求进行产品优化设计，从而帮助企业建立和巩固自身的品牌价值。另一方面设计团队与企业各部门建立紧密的联系后，通过设计也能更有效地传递企业品牌理念、品牌故事和品牌个性，同时确保品牌无论是在包装设计、广告宣传还是网站界面等各种媒体和渠道上保持一致的视觉形象，进而树立品牌形象和声誉，帮助顾客更好地识别和理解品牌，提升企业品牌的认知度，吸引目标受众，使企业品牌在激烈的市场竞争中脱颖而出，并建立起目标受众与品牌的情感联系，其产生的情感共鸣能够建立品牌与受众之间的情感纽带，增强受众的品牌忠诚度和品牌的口碑传播，有利于公司商业目标的实现。

成功的品牌形象的树立以及企业商业目标的实现，在一定程度上也会激发设计团队更为深入地了解目标受众的需求、偏好和价值观，更有利于引导设计师打造出与受众紧密联系的设计作品。同时通过设计打造的独特的企业品牌形象、视觉识别系统和用户体验，反过来又可以使设计在实现品牌的长期影响力和市场竞争力方面发挥更大的作用。从长期视野来看设计与品牌发展互为促进的过程，有助于市场在不同时期和不同条件下的持续和稳定发展。

15.4.3 设计驱动型品牌发展与工业设计

设计驱动型品牌理念得到推广与发展，体现了中国工业设计的崛起与发展活力。中国工业设计的崛起为中国制造业的升级和创新提供了强力支持。工业设计帮助企业进行产品创新和技术升级，提高产品质量、功能和用户体验，并在国际市场上获得更多的竞争优势。工业设计的崛起还有助于推动可持续发展理念在中国企业中的应用。在设计中通过注重产品的环境友好性、可持续性和循环利用，减少资源的消耗和对环境的影响，这有助于提高企业品牌的社会责任感，有利于促进中国经济的可持续发展。

中国工业设计的崛起对于企业品牌的建设和价值提升至关重要。品牌形象是企业核心竞争力的体现，工业设计在企业品牌塑造中扮演着至关重要的角色，其通过独特的产品设计、视觉传达和品牌故事，建立起与产品形象和品牌定位一致的视觉形象，帮助企业树立鲜明的品牌形象，为企业打造独特的竞争优势，进而提升品牌价值和市场竞争力。未来随着技术和设计的不断进步，中国工业设计的发展将在品牌发展中发挥更加重要的作用。

伴随着设计驱动型品牌的发展，设计团队在行业内的地位和影响力也得到提升。童慧明教授积极倡导公司对设计团队的投资和重视，让设计团队在公司内部拥有更多的发言权和决策权；鼓励设计团队成员持续学习和提升自己的专业技能，参与行业内的交流和学习。设计团队还应与企业其他部门（如业务部门、技术部门等）进行紧密合作，共同推进项目。通过加强设计团队与公司各部门的沟通与协作，使设计团队能够更好地理解业务需求，并将其转化为具有可行性的设计方案，这种合作模式有助于提升设计团队在公司的地位，进一步扩大设计团队影响力。

随着科技的迅速发展和市场竞争的加剧，中国工业设计在优化和再造整个产业体系中发挥着越来越重要的作用，更多优秀的设计团队的地位和影响力以及知名度和认可度都有了极大的提升，促使优秀设计团队逐步建立自己的品牌形象，通过优秀的设计作品和成果展示设计实力。因此重视工业设计的地位和作用，并加强工业设计的推广和应用，有利于促进整个产业体系的优化与发展。

15.4.4 中国自主品牌的发展与民族自信

自主品牌是企业自主开发，拥有自主知识产权的品牌。民族自信心是一个民族对于自身价值和能力的肯定和认同，是民族精神的重要组成部分。随着全球化的深入，企业在市场竞争中需要拥有自己的品牌，才能够更好地发挥自身优势，赢得市场认可。自主品牌的推广不仅可以提升企业的竞争力和盈利能力，更可以带动民族产业的发展，提升国家形象。

随着中国经济的不断发展和国际地位的提升，自主品牌成为了中国企业追求的重要目标。优秀的自主品牌更是民族自信心和国家形象的重要体现，而民族自信心的提升又可以促进自主品牌的发展。

中国自主品牌在过去一段时间的建设与发展中，其品质和性能都取得了令人瞩目的提升。许多中国自主品牌通过技术创新和持续改进，生产出可与国际品牌媲美甚至更加优越的产品。随着中国工业设计的崛起，设计驱动型品牌得到快速发展，中国自主品牌通过品牌定位、市场调研和品牌策略的创新与制定，推出许多具有中国特色的设计作品，积极塑造出独立的自主品牌形象。随着国内消费者对本土品牌的认可度提高，中国自主品牌获得了更多的市场份额，这种认可度和市场份额的增长是对中国自主品牌信心的明显体现。

中国工业设计通过创造具有独特外形、色彩、材质，以及功能性强、用户体验好的产品，提高了产品的附加值，提升了中国自主品牌的认知度和吸引力。并且凭借对品牌理念和品牌故事的有效传达，促使消费者在购买和使用产品的过程中，更深入地理解和认同品牌，使企业在激烈的市场竞争中更具竞争力。同时中国工业设计在国际设计竞赛、国际展览和国际会议等国际性活动中的参与与取得的优秀成绩，也展示出中国本土工业设计的发展成果，提升了中国工业设计自主设计品牌的国际影响力。

随着设计创新技术和品牌实力的提升，中国自主品牌也开始在国际市场上拓展业务。它们通过参与国际展览、参与构建全球供应链体系和加强国际标准的质量控制，向世界展示自己特色的产品和品牌。这种积极进取的姿态表明了中国自主品牌在国际舞台上的自信。在未来的发展中，中国企业应该更加注重自主品牌的建设和推广，让更多的消费者了解和认可中国自主品牌，进一步提升民族自信心和国家形象。

参考文献

[1] 程能林，何人可 . 工业设计概论 [M]. 4 版 . 北京：机械工业出版社，2018.

[2] 李艳，张蓓蓓 . 工业设计概论 [M]. 北京：化学工业出版社，2017.

[3] 寇树芳，吴宇，侯晓鹏 . 工业设计概论 [M]. 2 版 . 北京：冶金工业出版社，2015.

[4] 王震亚，赵鹏，高茜，等 . 工业设计史 [M]. 北京：高等教育出版社，2017.

[5] 赵立新，孙巍巍，范大伟，等 . 工业设计概论 [M]. 双语版 . 北京：中国水利水电出版社，2016.

[6] World Design Organization. Industrial Design Definition History[EB/OL]. https://wdo.org/about/definition/industrial-design-definition-history/.

[7] World Design Organization. Definition of Industrial Design[EB/OL]. https://wdo.org/about/definition/.

[8] 付秀飞 . 试匡正对 ICSID 工业设计定义的不当引译 [J]. 艺术教育，2011（07）：12-13.

[9] Liu Y. Research on the Value of CMF Design In Industrial Products [C]//Boess S U，Cheung Y M，Cain R. Synergy－DRS International Conference 2020. London：Design Research Society，2020：853-865.

[10] Hohmann P. Design—a strategic business tool[J]. Hitachi Review，2006，55：162-166.

[11] IDSA. About IDSA[EB/OL]. https://www.idsa.org/about-idsa.

[12] IDSA. What Is Industrial Design[EB/OL]. https://www.idsa.org/what-industrial-design.

[13] 何人可 . 工业设计史 [M]. 5 版 . 北京：高等教育出版社，2019.

[14] 尹定邦，邵宏 . 设计学概论 [M]. 全新版 . 长沙：湖南科学技术出版社，2016.

[15] UNESCO. The Architectural Work of Le Corbusier，an Outstanding Contribution to the Modern Movement[EB/OL]. https://whc.unesco.org/en/list/1321.

[16] Willette J. Streamline Design：Norman Bel Geddes[EB/OL]. https://arthistoryunstuffed.com/streamline-design-norman-bel-geddes/.

[17] 张朵朵 . 图说北欧设计 [M]. 武汉：华中科技大学出版社，2013.

[18] 向帆 . 拜见胜见——日本现代设计运动的先驱胜见胜 [J]. 装饰，2015（12）：24-28.

[19] 王受之 . 王受之设计史论丛书：世界现代设计史 [M]. 北京：中国青年出版社，2002.

[20] 李通，赵莹雪 . 设计管理 [M]. 天津：天津大学出版社，2021.

[21] 吴翔 . 设计形态学 [M]. 重庆：重庆大学出版社，2008.

[22] 陈浩，高筠，肖金花 . 语意的传达：产品设计符号理论与方法 [M]. 北京：中国建筑工业出版社，2005.

[23] 贾伟 . 产品三观 [M]. 北京：中信出版集团，2021.

[24] 邱松 . 设计形态学研究与应用 [M]. 北京：中国建筑工业出版社，2019.

[25] 赵毅衡 . 符号学：原理与推演 [M]. 南京：南京大学出版社，2016.

[26] 姚璐，张鹏翔，林慧颖，等 . 环境设计概论 [M]. 北京：中国水利水电出版社，2020.

[27] 靳埭强 . 视觉传达设计实践 [M]. 上海：上海文艺出版社，2005.

[28] 单阳 . 文创产品设计 [M]. 北京：机械工业出版社，2023.

[29] 李想 . 工业产品设计中的视觉动力 [M]. 北京：人民邮电出版社，2022.

[30] 喜多俊之 . 给设计以灵魂：当现代设计遇见传统工艺 [M]. 郭菀琪，译 . 北京：电子工业出版社，2012.

[31] 诺曼 . 设计心理学 1：日常的设计 [M]. 小柯，译 . 北京：中信出版社，2014.

[32] 诺曼 . 设计心理学 3：情感化设计 [M]. 小柯，译 . 修订版 . 北京：中信出版社，2015.

[33] DTPWORLD 编辑部 . 提升创意力的设计诀窍书 [M]. 黄文娟，译 . 北京：中国青年出版社，2013.

[34] 卡根，佛格尔 . 创造突破性产品 揭示驱动全球创新的秘密 [M]. 原书第 2 版 . 辛向阳，王晰，潘龙，译 . 北京：机械工业出版社，2017.